S. I. WAWILOW · ISAAC NEWTON

Abb. 1. Isaac Newton nach dem Porträt von Kneller
(Sammlung des Herzogs von Portsmouth)

ISAAC NEWTON

VON

S. I. WAWILOW †

PRÄSIDENT DER AKADEMIE DER WISSENSCHAFTEN
DER UDSSR

MIT 32 ABBILDUNGEN IM TEXT UND AUF TAFELN

1 9 5 1

AKADEMIE-VERLAG · BERLIN

С. И. ВАВИЛОВ
ИСААК НЬЮТОН

Erschienen im Auftrage der Akademie der Wissenschaften der UdSSR unter der allgemeinen Redaktion der Kommission der Akademie der Wissenschaften der UdSSR für die Herausgabe populär-wissenschaftlicher Literatur. Vorsitzender der Kommission: Prof. S. I. Wawilow †, Präsident der Akademie der Wissenschaften der UdSSR; Vizevorsitzender: Prof. P. F. Judin, korrespondierendes Mitglied der Akademie der Wissenschaften der UdSSR. Die Übersetzung besorgte Franz Boncourt, Berlin, nach der zweiten durchgesehenen Auflage 1945. Die wissenschaftliche Bearbeitung lag in den Händen von Dr. Iris Runge

Erschienen im Akademie-Verlag GmbH, Berlin NW 7, Schiffbauerdamm 19
Verlags-Lizenz-Nr. 156. 2494/48 – 3760/47
Einbandentwurf von Bruno Skibbe, Berlin
Satz, Druck und Einband: VEB Leipziger Druckhaus, Leipzig O 5, Täubchenweg 26 (III/18/203)
Bestell- und Verlagsnummer 5006

Der Verfasser der vorliegenden Biographie Isaac Newtons,

SERGEJ IWANOWITSCH WAWILOW,

die der Akademie-Verlag mit seiner Zustimmung in deutscher Sprache veröffentlichen darf, vertrat das Fach der Physik an der Lomonossow-Universität in Moskau und war Präsident der Akademie der Wissenschaften der UdSSR, bis ihn am 25. 1. 1951 der Tod aus Forschungen und Lehre abberufen hat. Schon traf die Wissenschaft der Welt für die Feier seines 60. Geburtstages die ersten hoffnungsvollen Vorbereitungen. Mit der Deutschen Akademie der Wissenschaften zu Berlin, deren korrespondierendes Mitglied er war, und ihrem Präsidenten haben ihn nahe wissenschaftliche und persönliche Beziehungen verbunden.

In der vorliegenden Biographie erweist sich Wawilow aufs nächste vertraut mit dem Geisteserbe Newtons und seinem Einfluß auf das naturwissenschaftliche Zeitalter, dem als einer der größten Autoritäten Isaac Newton Wegweiser war. Wawilows eigene Forschungen hatten ihn insbesondere mit dem Gebiete der Optik und den dazugehörenden Schriften von Newton vertraut gemacht. Er hat einen Teil derselben ins Russische übersetzt und in erklärenden Schriften behandelt. Von dort aus hatte er aber auch das Gesamtbild der eigenartigen und eigenwilligen Forscherpersönlichkeit Newtons aufgefaßt und es unternommen, ihn und zugleich die Hauptgebiete seiner damals neuen Physik und Mechanik als Entwicklungsstufe der modernen Naturwissenschaften dem modernen Leser verständlich zu machen. Zum ersten Male erschien Wawilows Biographie im Jahre 1943 anläßlich der 300. Wiederkehr des Geburtstages Isaac Newtons in einer populärwissenschaftlichen Reihe, die von der Akademie der Wissenschaften der UdSSR herausgegeben wird. Die deutsche Übertragung, die der Verlag der Deutschen Akademie der Wissenschaften herausgibt, gründet sich auf den Text der 2. Auflage, die im Jahre 1945 erschienen ist. Mit ausdrücklicher Genehmigung des Verfassers sind einige zeitbedingte Stellen der Fassung von 1945 verändert oder fortgefallen.

Johannes Stroux

Präsident
der Deutschen Akademie der Wissenschaften
zu Berlin

Inhaltsverzeichnis

ERSTES KAPITEL

Kindheit und Jugend I. Newtons

1643–1661

Newton[1] wurde im ersten Jahr des großen englischen Bürgerkrieges geboren. Im Laufe seines 85 Jahre langen Lebens erlebte er die Hinrichtung Karls I., die Regierung Cromwells, die Restauration der Stuarts, die zweite sog. „unblutige glorreiche Revolution" des Jahres 1688. Gestorben ist er zur Zeit des wiedererstarkten konstitutionellen Regimes. Newton war ein Zeitgenosse Peters I. und Ludwigs XIV. Doch haben politische Stürme keine tiefen Spuren in seinem Leben hinterlassen. Er war, zumindest äußerlich, der Typ des „unpolitischen Philosophen", wie ihn die damalige Zeit prägte.

Newtons Leben verlief ruhig, still und eintönig; er starb unverheiratet. Nie ist er über Englands Grenzen hinausgekommen. Seine Reisen verliefen zwischen Grantham, Cambridge und London (ungefähr 200 km). Newton erfreute sich einer ungewöhnlichen Gesundheit. Nähere Freunde hat er nie besessen. Sein privates Leben läßt sich durch eine Reihe offizieller Daten und ein Dutzend Anekdoten und Legenden schildern. Dieses alles bietet aber nur die äußere Hülle für Newtons eigentliches Wirken. Mindestens in der ersten Hälfte seines Lebens war er von seiner Arbeit vollkommen besessen. Die Früchte dieser Arbeit waren die „Optik", die „Prinzipien" und die Grundlagen der Infinitesimalrechnung.

Newton war trotz der ungewöhnlichen Weite seiner wissenschaftlichen Interessen kein Universalgenie wie Leonardo da Vinci, auch kein „Polyhistor"[2] wie Leibniz. Seine Gedanken, seine Arbeit konzentrierten sich auf die „Naturphilosophie" oder Physik. Mathematik und Astronomie bedeuteten für ihn nur Hilfsmittel, um spezielle physikalische Aufgaben zu lösen.

Die theologischen und historischen Arbeiten Newtons sind ein Produkt der Zeit und ihres Geschmackes, er selbst hat sie zeitweilig als sein

Hauptwerk angesehen. Die theologischen Arbeiten liegen, soweit ich das beurteilen kann, nicht über dem Durchschnitt; ihnen fehlt völlig der stark individuelle Ton, der für Newtons wissenschaftliche Arbeiten so charakteristisch ist.

Die friedlichen äußeren Lebensumstände, die Möglichkeit schärfster Konzentrierung auf geistige Arbeit erklären die äußere Seite der gewaltigen Schöpfungen Newtons; die letzten Urgründe sind das Geheimnis des Genies, das dem Träger selbst unverständlich bleibt. Wir können es nur bewundern.

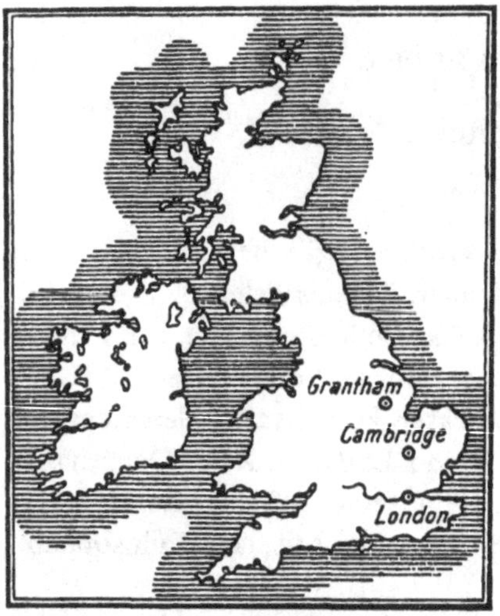

Abb. 2. Die englischen Städte, in denen sich das Leben Newtons abspielte

Die Heimat Newtons ist das Dorf Woolsthorpe, 10 km südlich von Grantham, nahe der Ostküste Englands (Abb. 2)[3]. Über die Herkunft der Familie Newtons liegen nur wenig Daten vor. Bis zur Erhebung in den Adelsstand hat sich Newton anscheinend wenig für seine Ahnen interessiert. Wie so häufig, erinnerte auch er sich nur noch der Großeltern. Nach Verleihung des Adelstitels reichte dann Newton der Heraldikkammer einen offiziellen Stammbaum ein. Dieser reicht fünf Generationen zurück, bis auf John Newton aus Westby in der Grafschaft Lincoln (Abb. 3).

Über die soziale Stellung John Newtons fehlen zuverlässige Daten. Später, kurz vor seinem Tode, erzählte Newton in einem Privatgespräch dem Mathematiker Gregory, daß sein Urgroßvater ein schottischer Edelmann gewesen sei, der unter Jakob I. nach England gewandert und hier verarmt sei. Grundlagen für diese Behauptung sind nicht bekannt. Newton hat sich in dieser Angelegenheit brieflich an einen Vertreter der schottischen Adelsfamilie Newton of Newton gewandt; eine Antwort hat er nicht erhalten. Newtons Vater — auch Isaac mit Vornamen — heiratete erst einige Monate vor seinem Tode Anna Ayscough. Seinen Vater hat Newton somit nicht gekannt. Bekannt ist nur, daß sein Vater im Alter von 37 Jahren gestorben ist und nach Angaben seines Stiefvaters, Barnabas Smith, ein „wilder, eigenartiger und schwacher Mensch" gewesen sein soll. Die Mutter Newtons, die aus einer im ganzen Bezirk angesehenen Familie stammte – anscheinend aus bäuerlichen Kreisen – wird dagegen als eine Frau „von seltener Tugend und Güte“ charakterisiert. Dies ist aber auch alles, was wir wissen.

Newton wurde kurz nach dem Tode des Vaters am 25. Dezember (alten Stiles)* des Jahres 1642 geboren, und zwar unter ausgesprochen schwierigen Verhältnissen. Es war eine Frühgeburt, das Kind ungewöhnlich schwach und klein; man rechnete mit seinem Ableben. Tatsächlich ist Newton 85 Jahre alt geworden und zeichnete sich durch eine beständige Gesundheit aus. Der kleine Gutshof, auf dem Newton geboren wurde, ist ungefähr 100 Jahre lang Eigentum der Newtons geblieben; erst 1732 nach Isaacs Tode ging er in fremden Besitz über.

Das kleine Geburtshaus aus grauem Stein steht mit gewissen Veränderungen noch heute (Abb. 4 und 5).

Drei Jahre nach der Geburt des Sohnes verheiratete sich die Mutter von neuem, und zwar mit dem Pfarrer Barnabas Smith; der kleine Isaac blieb in Woolsthorpe zurück, seine Erziehung übernahm seine Großmutter; hier in den benachbarten Dorfschulen erlernte er das Lesen, Schreiben und Rechnen. Zum Glück genügte das seinen Verwandten nicht, und sie schickten den Zwölfjährigen nach Grantham zur Lateinschule. Der städtische Apotheker Clark nahm ihn in Pension. Ein solches Interesse für den Bildungsgang des Knaben zeigt, daß seine nächsten Anverwandten nicht restlos in den bäuerlichen Verhältnissen des flachen Landes aufgingen. Unter den Verwandten Newtons sind Geistliche, ein Arzt, ein Apotheker, mehrere Landwirte. Die Zukunft des Knaben wäre unter solchen Umständen wahrscheinlich die eines Geistlichen oder Arztes gewesen. Sonst kam nur die Arbeit als Landmann in Frage. Das Schwanken zwischen diesen beiden Wegen war nur kurz. 1656 wurde Newtons Mutter zum zweitenmal Witwe und kehrte mit drei Kindern – einem Knaben und zwei Mädchen – nach dem Heimatdorf zurück. Newton war 15 Jahre alt; er kam als Hilfe für die Wirtschaft in Betracht, und seine Mutter holte ihn 1658 wieder nach Hause. Sein Aufenthalt im Dorf dauerte zwei Jahre, keine kurze Zeit für den heranwachsenden Isaac. Doch bis auf einige Anekdoten ist uns aus dieser fraglos wichtigen Entwicklungsperiode nichts bekannt. Jedenfalls ist Newton im Herbst 1660 wieder in der Grantham School, wo er sich für Cambridge intensiv vorbereitet. Am 5. Juni 1661 wird er ins Trinity College aufgenommen.

Es ist äußerst schwer, in den Erzählungen aus dem Schulleben New-

*) Der Gregorianische Kalender wurde in England erst 1752 eingeführt.

tons, die nach seinem Tode erschienen, Legendäres von Tatsächlichem zu unterscheiden. In dem Anekdotenhaften drückt sich klar und natürlich der Wunsch aus, charakteristische Eigenschaften, die sich zum Teil erst später entfalteten, herauszuarbeiten. Die Grantham School, die Newton fünf Jahre lang besuchte, hatte einen nicht geringen Einfluß auf die Bildung seines Charakters. Dazu hat sie ihm die für die Universität erforderlichen grundlegenden Kenntnisse in Mathematik, Latein und Theologie gegeben.

Leiter der Schule war ein gewisser Henry Stokes, der im ganzen Bezirk den Ruf eines ausgezeichneten Lehrers genoß. Es wird erzählt, daß er Newtons Fähigkeiten und Fleiß sehr hoch geschätzt habe. Er soll Newton beim Verlassen der Schule mit Tränen in den Augen begleitet und in einer Ansprache seinen Charakter und seine Begabung gelobt haben. Das alte Schulgebäude ist noch heute erhalten (Abb. 6). In jedem Fall erweist es sich an der Universität, daß Newton weit besser vorbereitet war als seine Mitstudenten.

Folgendes wird erzählt: Newton sei von seinem Onkel, dem Pfarrer Ayscough, hinter einer Hecke überrascht worden, wo er sich völlig in mathematische Probleme vertieft hatte. Bald darauf gelang es dem Onkel, der ebenfalls die Universität von Cambridge besucht hatte, die Mutter Newtons davon zu überzeugen, daß ihr Sohn unbedingt weiterlernen müsse. Dies soll 1660 der Anstoß zu seiner Rückkehr zur Schule gewesen sein. Weniger anekdotenhaft klingt die Erzählung, daß es Stokes gewesen sei, der Newtons Immatrikulation an der Universität veranlaßt habe. Stukeley, dem wir das wertvollste Material über Newtons Jugend verdanken, führt Newtons Rückkehr zur Schule ebenfalls auf die Initiative von Stokes zurück.

Es wird erzählt, daß der Knabe Modelle von Wassermühlen, Automaten, Wasser- und Sonnenuhren baute. Das kleine Zifferblatt einer seiner Sonnenuhren, das aus der Wand eines Bauernhauses geschnitzt ist, keine sehr präzise Arbeit, wird seit 1844 in der Royal Society aufbewahrt. Der junge Newton beschäftigte sich auch damit, Drachen steigen zu lassen, manchmal sogar nachts, wobei er farbige Papierlaternen an die Drachen anheftete. Auch verbreitete er Gerüchte, daß neue Kometen aufgetaucht wären. Der Mann einer Nichte Newtons erwähnt, Newton hätte ihm erzählt, sein erstes „Experiment" hätte er 1658, im Todesjahr Cromwells, gemacht, und zwar wäre der damals 16jährige, um die Windstärke festzustellen, erst gegen den Wind und dann in Richtung des Windes gesprungen, um die verschiedene Weite seines Sprunges zu messen.

Diese Erzählungen weisen alle auf den später äußerst umsichtigen Experimentator, den Freund durchdachter, feiner und geschickter Versuche hin. Weiter wäre noch hinzuzufügen, daß Newton im Schleifen von Spiegeln, Prismen und Linsen die besten Londoner Handwerker übertraf. Sein Interesse für Chemie und Alchemie, Gebiete, denen er später viel Zeit widmete, konnte sehr leicht in der Apotheke von Clark erwachsen sein. Der Weg, der aus der Apotheke des 17. Jahrhunderts zum chemischen Laboratorium führt, ist nicht lang.

Die Wurzeln der religiösen Stimmungen und theologischen Arbeiten Newtons liegen in erster Linie in der allgemeinen Lage Englands im 17. Jahrhundert[4]; dazu kommt noch, daß zwei Personen, die ausgesprochenen Einfluß auf den heranwachsenden Newton hatten — sein Stiefvater B. Smith und sein Onkel Ayscough — beide Geistliche waren.

Vor einigen Jahren (1927) hat D. E. Smith Auszüge aus Heften Newtons veröffentlicht. Sie enthalten Notizen aus den Jahren 1655—1662, umfassen also seine Schulzeit und die ersten Universitätsjahre. In die Schuljahre gehören Notizen über ziemlich vielseitige Studien der Zeichen- und Maltechnik — diese weisen auf die Ursprünge von Newtons bedeutenden praktischen Kenntnissen auf dem Gebiet der Farben hin, die in seiner Optik zutage treten. Dann folgen chemische Kunststücke, anscheinend rein zufällig einige medizinische Rezepte und ein eigenartiges Wörterbuch, in dem die Wörter in 16 Rubriken eingeteilt werden, z. B. in Wörter der Künste, Handwerke, Wissenschaften, Vögel, Gewebe, Krankheiten, Gräser usw. Dieses Wörterbuch hat 42 Seiten. Es weist auf ein anscheinend großes Interesse des Knaben für Handwerk und Handarbeit hin, andererseits auf ein Bedürfnis, zu systematisieren und einzuordnen. Vor einigen Jahren ist übrigens festgestellt worden, daß es sich dabei um eine Abschrift Newtons aus dem Buch von Bath „Geheimnisse der Natur und Kunst" handelt[5].

Es liegen nicht wenig Beweise dafür vor, daß Newton gut zeichnete. Die Wände seines Zimmers im Hause des Apothekers waren behängt mit gezeichneten Porträts der Schulleiter. Eine Zeichnung des hingerichteten Königs Karl I. weist vielleicht auf königstreue politische Einstellung Newtons zur Zeit Cromwells hin. Unter dem Bilde befanden sich Verse, die frühere Biographen Newton zuschrieben. Jetzt ist einwandfrei nachgewiesen, daß sie aus einer gedruckten Ausgabe des „Eikon Basilice"[6] stammen.

Zur Granthamschen Periode gehört auch die einzige romantische Episode im Leben Newtons. Im Hause des Apothekers Clark befreundete er sich mit der kleinen Miß Storey, einem Zögling des Apothekers.

Späterhin, meinen die Biographen, sei die Freundschaft in wärmere Gefühle übergegangen, die Möglichkeit einer Ehe wurde erwogen. Doch als sich die wissenschaftliche Laufbahn Newtons klar abzuzeichnen begann, nahm er von dem Gedanken an eine Ehe Abstand. Nach mittelalterlicher Tradition mußten die Mitglieder eines College ledig bleiben. Mrs. Vincent (die geb. Storey), sprach noch in ihrem Alter davon, daß Newton ein klardenkender, aber schweigsamer und nachdenklicher junger Mann gewesen sei, der sich äußerst selten an den Spielen der Kameraden beteiligte. Er blieb lieber zu Hause, und dort sogar in der Gesellschaft von Mädchen, denen er kleine Tische, Schränke usw. herstellte. Auch berichtet sie uns, daß Newton gerne Heilkräuter sammelte.

Bis zu seinem Tode unterhielt Newton freundschaftliche Beziehungen zu seiner einstigen kleinen Jugendgenossin, half ihr und besuchte sie, wenn er sich wieder einmal in der Heimat aufhielt. Sie hat Newton überlebt und ist 82 Jahre alt geworden. Das alte Apothekerhaus blieb somit aus vielerlei Gründen für Newton sein Leben lang ein Anziehungspunkt.

Es wird erzählt, daß der junge Landwirt bei seinen häufigen Besuchen auf dem Markt von Grantham seine täglichen Einkäufe öfter vergaß, das Pferd dem alten Knecht, der ihn begleitete, überließ und sich dann stundenlang bei Clark aufhielt.

Mit der Übersiedlung nach Cambridge tritt eine entscheidende Änderung im Leben Newtons ein. Die Familieninteressen, die häusliche Wirtschaft, Bekannte und Freunde, alles tritt in der fast klösterlichen Atmosphäre des Trinity College völlig in den Hintergrund.

ZWEITES KAPITEL

Das Trinity College

1661–1669

Manche Universitäten tragen noch heute mittelalterliche Züge. Charakteristisch für sie ist die unlösbare Einheit zwischen Lehrbetrieb und rein wissenschaftlichen Funktionen.

Von den Kathedern wird vor der jungen Generation die traditionelle alte Wissenschaft gelehrt; von denselben Kathedern aus wird sie aber häufig rücksichtslos kritisiert, es entsteht eine neue Lehre, und der Schüler wird so häufig zum Kritiker und Lehrenden. Beim Studenten wird ein hohes Maß an Selbständigkeit vorausgesetzt, und es ist letzten Endes schwer zu sagen, ob die Universitäten Männer wie Newton und Lomonossow geformt haben, oder diese die Universitäten. Das Zusammentreffen von Altem und Neuem ist charakteristisch für alle Universitäten und bedingt ihre Lebensfähigkeit.

Besonders die englischen Universitäten, und unter ihnen wieder insbesondere die berühmteste, die von Cambridge, lassen der Initiative des einzelnen Studenten den weitesten Spielraum. Um die Bedeutung der Universität im Leben einer überragenden Persönlichkeit wie Newton richtig einzuschätzen, darf man nicht nur an die wissenschaftliche Seite denken. Der begrenzte strenge Rahmen des täglichen Lebens, das Abgeschlossensein von Tagesinteressen, das ständige Zusammensein mit Gelehrten – das alles ist sicher auch von eminenter Wichtigkeit für Newtons Entwicklung gewesen.

Der langandauernde Bürgerkrieg hat tiefe Spuren an den englischen Universitäten, darunter auch der von Cambridge und speziell dem Trinity College hinterlassen. Das College hatte viele hervorragende Mitglieder (fellows) verloren, seine Einkünfte waren stark zurückgegangen, die alte Tradition hatte Risse bekommen, ohne daß sich eine neue herausgebildet hätte, das Puritanertum hatte der gesamten Lehrtätigkeit und wissenschaftlichen Arbeit seinen Stempel aufgedrückt. Der neue frische Wind freier Forschung, die Wissenschaft Galileis, Keplers,

Descartes' war kaum über den Kanal gelangt. Trotz Bacons Einfluß war die Atmosphäre von Cambridge eine rein mittelalterlich-theologische und scholastische.

Im Geburtsjahr Newtons wurde z. B. die englische Übersetzung des Traktats eines Cambridger Gelehrten, I. Medes, veröffentlicht, „der Schlüssel zur Apokalypse", in welchem ein Zusammenhang zwischen den göttlichen Offenbarungen und dem Ablauf der menschlichen Geschichte nachgewiesen wurde. Im Erscheinen dieses Buches ist unschwer der Anstoß zu Newtons späteren Untersuchungen über die Apokalypse zu finden. Die mystischen Lehren Jakob Böhmes, Streitigkeiten der katholischen und anglikanischen Kirche, philologische Versuche, alle Sprachen auf das Hebräische (die Ursprache Adams und Evas) zurückzuführen, das sind einige Themen der wissenschaftlichen Arbeit von Cambridge in der vornewtonschen Zeit. Von diesem theologischen Einfluß ist Newton bis zu seinem Tode nicht frei geworden.

Das Studium in Cambridge war wohl auch der Weg, den die Verwandten und Freunde Newtons gegangen waren. Dort hatte sein Onkel, der Pfarrer James Ayscough, studiert. Der senior fellow des Trinity College, Babington, war ein naher Freund des Apothekers Clark; es existierten noch weitere Verbindungen.

Am 5. Juni 1661 wurde Newton im Trinity College als Subserver aufgenommen (dies war die Bezeichnung für arme Studenten, die gegen Bezahlung die Bedienten im College machten; sie bedienten die Bakkalauren, Magister usw.). Nach den Notizen Newtons zu urteilen, verliefen, was das Studium anbelangt, seine ersten Jahre in Cambridge völlig normal. Im Laufe der ersten zwei Jahre lernte er Arithmetik, Euklidische Geometrie, Trigonometrie, theologische Fächer und die alten Sprachen. Großes Gewicht wurde auf Latein gelegt, Griechisch und Hebräisch spielten eine weit geringere Rolle. Aus dem Notizbuch, das im vorigen Kapitel erwähnt wurde, ist des weiteren zu ersehen, daß Newton zu jener Zeit das System des Kopernikus kennengelernt hat. Von 1663 an zeigt sich bei ihm ein besonderes Interesse für Optik. Hier konnte Newton seine großen Fähigkeiten im Experimentieren, seine Geschicklichkeit im Bau von Apparaten, seine Liebe zum Handwerklichen betätigen. Die Lehre vom Licht erwies sich als ein Gebiet, auf welchem Newton gleichzeitig seine mathematische Abstraktionsfähigkeit und seine Lust am Experimentieren voll entwickeln konnte.

Der einzige Lehrer, der auf Newton einen großen Einfluß ausgeübt hat, war Isaac Barrow, der erste Lucasische Professor. Das Lucasische Katheder des Trinity College ist im Jahre 1663 gegründet worden, und

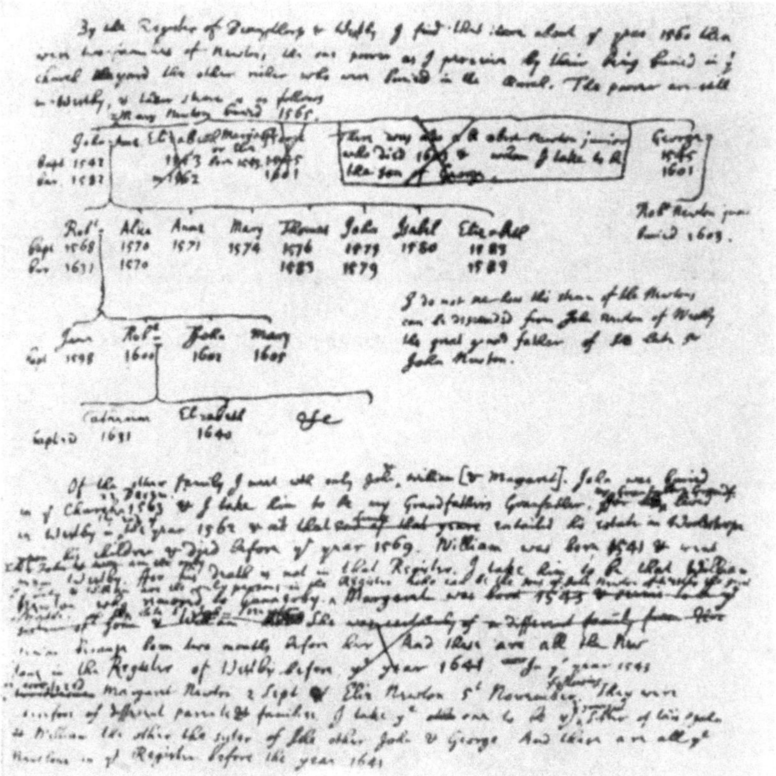

Abb. 3. Newtons eigenhändiges Manuskript seines Stammbaums (1705)

Abb. 4. Haus in Woolsthorpe, wo Newton geboren wurde
Nach einem Bilde Stukeleys, Anfang des 18. Jahrhunderts

Abb. 5. Das Haus in Woolsthorpe, wo Newton geboren wurde, im derzeitigen Zustand

Abb. 6. Inneres der Schule in Grantham im heutigen Zustand

Epistola ad Lectorem.

factitant, à me depulsum partum amicorum haud recusantium nutriciæ curæ commisi, prout ipsis visum esset, educandum aut exponendum. quorum unus (ipsos enim honestum duco nominatim agnoscere) D. Isaacus Newtonus, *collega noster (peregregiæ vir indolis ac insignis peritiæ) exemplar revisit, aliqua corrigenda monens, sed & de suo nonnulla penu suggerens, quæ nostris alicubi cum laude innexa cernes. alter (quem nostræ gentis haud immerito* Mersennum *dixero, cùm suâ tum aliorum operâ provehendis hisce literis natum) D.* Joh. Collinsius, *ingente suo cum labore editionem procuravit. Possem jam alios expectationi tuæ obices ponere, seu veniæ conciliatrices causas obtendere (meam ingenii tenuitatem, experimentorum inopiam, alias intercurrentes curas) nisi* Catonis *senioris mordaculum illud in me subvererer recasurum:* Rectè si Amphictyonum decreto constrictus hæc evulgas. *Hujusmodi saltem præloquium partim*

Abb. 7. Zeilen aus dem Vorwort zu den „Vorlesungen" Barrows, wo zum erstenmal der Name Newtons im Druck erwähnt wird

zwar aus Mitteln, die ein gewisser Henry Lucas gestiftet hatte. Laut Statut ist der Professor verpflichtet, im Laufe einer Woche eine Vorlesung über Arithmetik, Geometrie, Astronomie, Geographie, Statik oder austauschweise auf einem anderen Gebiet der Mathematik zu halten. Vier Wochenstunden sind außerdem noch für das Besprechen des durchgenommenen Stoffes mit den Studenten vorgesehen. Der erste Lucasische Professor war der Lehrer Newtons, Barrow, der zweite Newton selbst. Dieser Lehrstuhl, der noch heute besteht, hat natürlich einen ganz besonderen Ruf; von ihm aus zu lehren gilt als eine besondere Ehre. In unseren Tagen hat ihn P. Dirac inne, einer der Begründer der modernen Quantenmechanik.

Isaac Barrow (1630—1677) war zu Newtons Studienzeit ein noch junger Professor und wurde anscheinend bald sein Freund. Als Neffe eines Bischofs und Sohn eines Royalisten verließ er England aus politischen und religiösen Gründen für eine Reihe von Jahren. Nach einer vierjährigen mit vielen Abenteuern verbundenen Reise durch Frankreich, Italien und Anatolien erhielt er bei der Restauration 1660 den Lehrstuhl für griechische Sprache in Cambridge. Barrows Kenntnisse waren äußerst vielseitig. 1662 erhielt er eine Professur für Philosophie in London. 1663 wurde er Mitglied der Royal Society und Professor für Mathematik in Cambridge.

Übrigens trat er schon 1669 von dem Lucasischen Lehrstuhl zurück und übergab ihn seinem Schüler Newton. Er selbst übernahm das Amt eines Hofkaplans in London. 1672 wurde Barrow dann zum Direktor („Master") des Trinity College gewählt. Dank seinen Bemühungen erhielt das College eine neue Bibliothek, die von dem berühmten Architekten Wren erbaut wurde.

Die ausgezeichneten Kenntnisse der antiken Sprachen und der Mathematik prädestinierten Barrow direkt zu einem hervorragenden Übersetzer der alten Geometriker (Archimedes, Euklid, Apollonius). Als bleibende Erinnerung seiner Lehrtätigkeit am Trinity College hinterließ er die „optischen und geometrischen Vorlesungen"[7]. In einem Brief an den Leser, mit dem Barrow, wie die Tradition es forderte, seine Vorlesungen einleitet (Abb. 7), erwähnt er unter den Freunden, für deren Hilfe er sich bedankt, an erster Stelle Newton. „Unser berühmter und wissensreicher Kollege Dr. I. Newton", so schreibt Barrow, „hat dieses Manuskript durchgesehen, einige notwendige Korrekturen vorgenommen und persönlich einiges hinzugefügt, was sich an mehreren Stellen angenehm bemerkbar macht." Der Text selbst enthält einige genaue Hinweise auf Newtons Mitarbeit.

Häufig halten es die Biographen Newtons für ihre Pflicht, ihr Erstaunen darüber auszudrücken, daß er, der gewaltige Reformator auf dem Gebiet der Optik in einem von ihm durchgesehenen Buch, das sogar eigenhändige Notizen von ihm enthält, völlig veraltete Anschauungen duldet. Barrow stellt z. B. die Behauptung auf, daß die rote Farbe konzentriertes Licht, die blaue aufgelöstes enthalte. Hierzu ist zu bemerken, daß das Hauptgewicht des Buches auf der Mathematik ruht, auf der Strahlentheorie und Fragen der Geometrie; Fragen des Lichts und der Farbentheorie werden nur ganz flüchtig und mit offenbarer Zurückhaltung gestreift. Wir wollen einige Zeilen zitieren, die Barrows skeptische, ja geradezu leicht spöttische Einstellung zur Lichthypothese charakterisieren. „Die Physiker", schreibt Barrow, „streiten viel über die Natur des Lichtes, einige halten es für eine körperhafte Substanz, andere für eine allegorische Eigenschaft oder auch eine Bewegung. Des weiteren wird über die Herkunft des Lichtes gestritten, ob es sich ohne Unterbrechung fortpflanzt oder in gewissen Stößen, wobei es sich evtl. selbst vervielfältigt. Ich werde auf diese interessanten Fragen nicht näher eingehen. Aufrichtig gesagt, ist es mir nicht gelungen, diese geheimnisvollen Eigenschaften des Lichtes aufzudecken. Selbst die klügsten Philosophen können Fragen wie folgende nicht beantworten: wie vermehrt sich das Licht, worin besteht sein eigentliches Wesen, wie offenbart es seine Kraft? Beide Auffassungen vom Licht stoßen auf die gleichen Schwierigkeiten. Aus diesem Grunde bin ich der Meinung, daß das Licht durch beide Bewegungsformen entstehen könne – sowohl durch körperhaftes Ausströmen als auch durch ununterbrochene Impulse. Vielleicht ist es richtig, einige Ausdrucksformen der einen, die übrigen aber der anderen Entstehungsart zuzuschreiben. Soweit es notwendig ist, etwas vom Wesen des Lichts zu sagen, so erkläre ich mich mit beiden Hypothesen einverstanden."

Diese skeptische Erklärung Barrows erinnert dem Geiste nach an das berühmte Wort seines Schülers „Hypotheses non fingo". Verständlich wird die Abneigung, zum mindesten Gleichgültigkeit Newtons gegen Hypothesen. Hier ist durchaus ein gewisser Einfluß Barrows zu verspüren. Newtons Biographen haben mit Ausnahme des oben erwähnten Zitats von den Farben sich verhältnismäßig wenig um die „Vorlesungen" gekümmert. Wenn man sich dagegen das Original der „Vorlesungen" vornimmt, so findet man vor der Entwicklung der veralteten Farbentheorie folgenden ironischen Satz: „Da wir nun an die Farben geraten sind, so müssen wir hier nach Brauch und Ordnung auch an ihnen ein wenig herumrätseln."[8] Damit beweist Barrow ganz deutlich seine skeptische Einstellung zu den weiter unten entwickelten Farbentheorien. Die angeführten Zitate ergeben das folgende klare Bild: Barrow nimmt die Hypothesen, deren er sich als Hilfsmittel in seinem Buch bedient, persönlich nicht ernst. Hieraus ergibt sich für Newtons Korrektur der Manuskripte, daß er seine Korrekturen auf den grundlegenden Teil, d. h. den mathematischen beschränkt hat; die verschiedenen Hypothesen, auf die der Autor selbst keinen Nachdruck legt, hat er sicher ebenso skeptisch behandelt, wie Barrow selbst. Newton wird die Durchsicht der „Vorlesungen“ wahrscheinlich zu einer Zeit vorgenommen haben, wo er sich noch nicht mit den Vorarbeiten zu seinen eigenen „Vorlesungen über Optik“ beschäftigte.

Wie in dem Vorwort zur ersten lateinischen Ausgabe der „Vorlesungen über Optik“ von Newton vom Jahre 1729, die nach seinem Tode erschienen ist, ausdrücklich erwähnt wird, richtete sich Newton in den Grundelementen der Optik völlig nach Barrow.

Andererseits nennt Barrow in einem Brief an Collins die Vorlesungen Newtons „das vielleicht bedeutendste Werk unserer Zeit“. Somit läßt sich der Gedanke eines Gegensatzes zwischen Barrow und Newton kaum aufrechterhalten. Barrow betrachtet alle Hypothesen vom Licht äußerst skeptisch, er führt nur einige der Ordnung wegen an; Newton dagegen versucht, auf sie ganz zu verzichten und sie durch Experimentalaxiome und Prinzipien zu ersetzen.

Die Hauptverdienste Barrows liegen auf dem Gebiet der Mathematik. Sein Name ist mit der neuen Methode der Tangentenbestimmung an Kurven mit Hilfe von ähnlichen Dreiecken verbunden. Diese Methode wurde eine wichtige Etappe auf dem Wege zur Infinitesimalrechnung.

Der frühe Tod Barrows in London 1677, im Alter von 47 Jahren, rief große Trauer unter allen Wissenschaftlern, die ihn kannten, hervor. Newton erwähnte im Alter, daß es für ihn der größte Schicksalsschlag gewesen sei. Über die Wahl eines Fachgebietes war sich Newton beim Eintritt in das Trinity College anscheinend völlig klar. Die einzelnen Universitätsgrade der damaligen Zeit erreichte Newton in kurzer Zeit. 1664 wurde er Scholar, Anfang 1665 erhielt er mit 25 anderen Studenten des Trinity College den Titel des Bakkalaureus.

Im Jahre 1667, nachdem er drei Jahre Bakkalaureus gewesen war, wird er zum „minor fellow“ des College gewählt. Schon im März 1668 wird er „major fellow“ und im Juli desselben Jahres „Master of Arts“, d. h. Magister. Nach einem Jahr tritt Barrow ihm seinen Lehrstuhl ab, damit hat Newton den äußeren Höhepunkt der ersten Periode seines Lebens erreicht.

Im Jahre 1677 soll der Bischof Tennyson Newton den nach Barrows Tode vakant gewordenen Posten eines Direktors des College unter der Bedingung, daß er Geistlicher würde, angeboten haben. Jedenfalls hat Newton dieses Angebot abgelehnt.

Den überlieferten trocknen Personalakten Newtons vom Jahre 1661 bis 1669 entspricht faktisch der gewaltige Entwicklungsprozeß eines der größten Genies der Menschheit. Der Student Newton verwandelt sich aus einem braven, akkuraten Schüler (als solchen zeigen ihn seine Notizbücher und die wenigen noch erhaltenen Dokumente) zu einem Wissenschaftler von erstaunlicher Selbständigkeit und Originalität. Später, während seines Streites mit Leibniz, stellt Newton auf Grund seiner Notizen fest, daß er in den Jahren 1664 und 1665 seine Methode der unendlichen Reihen gefunden und die Hyperbelfläche bis auf die Genauigkeit von 52 Stellen berechnet habe.

Ebenfalls sehr früh begann Newton mit seinen Versuchen auf dem Gebiet der Optik; schon zwischen den Studentennotizen Newtons stoßen wir auf Hinweise über die Brechung des Lichts, über das richtige Schleifen von Linsen usw. In seiner „Optik" beschreibt er Kreise um den Mond, die er am 19. Februar 1664 beobachtet hat. In der Beschreibung werden mit größter Genauigkeit die Färbung der Kreise und ihre Größe angegeben. Dies weist deutlich auf die Benutzung von Instrumenten hin*).

Von ungeheurer Bedeutung für Newton, ja für die Geschichte der Wissenschaft überhaupt ist die lange ungewollte „schöpferische Pause" gewesen, die durch die Menschheitsgeißel der Pest veranlaßt wurde. Die Pest wütete von 1661 bis 1667 in ganz England; im Sommer 1665 starben allein in London über 30tausend Personen. Die Menschen flüchteten vor der Seuche aus den Städten in die Dörfer; auch der junge Gelehrte verließ das College und begab sich in die Stille seines Heimatdorfes, den Kopf voller Pläne und Projekte. Anscheinend hat er sich vom August 1665 bis 25. März 1666 und vom 22. Juni 1666 bis 25. Mai 1667 dort aufgehalten.

Somit verbrachte er rund zwei Jahre in ländlicher Stille, fern vom College mit seinen beruflichen Aufgaben, seinen Intrigen und kleinen Eitelkeitskämpfen. Hier konnte er sich in voller Ruhe konzentrieren und seine neuen Gedanken, die wohl schon im College aufgetaucht sind, restlos verarbeiten. Nachher ist bekannt geworden, daß Newton

*) Es ist eine Notiz vom September 1665 über den Ankauf eines Prismas auf dem Jahrmarkt von Stowbridge erhalten.

in diesen Pestjahren die Analyse des unendlich Kleinen, d. h. die Differential- und Integralrechnung geschaffen hat. Die Methode wurde in fünf kurzen Denkschriften, die vom 20. Mai 1665 bis November 1666 geschrieben worden sind, niedergelegt. Auch sein Genie als Experimentator entfaltete sich während dieser Zeit. Schon im Trinity College, aber besonders zu Hause, kauft Newton sich eine große Sammlung optischer Geräte, Linsen, Prismen, Spiegel, Teleskope, Mikroskope, gläserne Gefäße verschiedenster Form. Mit der Zeit hatte er ein für damalige Verhältnisse erstklassiges optisches Laboratorium beieinander[9] (Abb. 8). Von dieser Kollektion kann man sich an Hand der genauen Beschreibung seiner Versuche, wie er sie in seiner „Optik" schildert, ein zuverlässiges Bild machen. Außerdem war Newton selbst ein äußerst geschickter Handwerker, der sich mit Begeisterung mit dem Schliff von Glas und Metall und der Konstruktion von Apparaten beschäftigte. Mit diesen Apparaten führte Newton erst zu Haus, dann im Trinity College seine berühmten Spektralversuche durch. Als Lichtquelle diente die Sonne, die Planeten und Kerzen. In Woolsthorpe begann Newton sein Spiegelteleskop zu bauen. Es ist anzunehmen, daß Newton sich bei diesen Versuchen über die Grundlagen der Lehre vom Licht klar geworden ist. Außerdem fallen in diese Jahre seine ersten Gedanken über die Gravitation.

Eine solche ungemein fruchtbare Schöpferperiode, wie sie die Jahre 1665 bis 1667 darstellen, wiederholt sich in ihrer Tiefe und Großzügigkeit bei Newton nicht. In diesen Pestjahren hat Newton die Grundlagen seiner ganzen späteren wissenschaftlichen Arbeit geschaffen, ja diese zum Teil sogar ausgeführt.

Man müßte annehmen, daß sich die Rückkehr nach Cambridge im Jahre 1667 zu einem Triumphzug für den jungen, erst 25jährigen Gelehrten gestaltet hätte, aber Newton hatte über seine Entdeckungen geschwiegen. Newton wurde der Welt als Entdecker der Analysis des Unendlichen erst nach 30 Jahren durch den unglückseligen Prioritätsstreit mit Leibniz bekannt. Von der Entdeckung des Gravitationsgesetzes erfuhr die Welt erst nach 20 Jahren. Am schnellsten, aber immerhin auch mit einer Verzögerung von fünf bis sechs Jahren, wurden Newtons Arbeiten auf dem Gebiet der Optik veröffentlicht. Der Grund zu diesem ungemein langsamen Tempo waren in erster Linie die sehr hohen Anforderungen, die Newton an die Fehlerlosigkeit und unantastbare Folgerichtigkeit seiner Behauptungen stellte. Diese Akkuratesse ist auch der tiefere Grund für seine Antipathie Hypothesen gegenüber. Dieser psychologische Grundzug seines Wesens begegnet uns bei ihm immer wieder.

Wie verlief nun das gesellschaftliche Leben Newtons in den ersten Cambridger Jahren? Hierüber ist wenig erhalten geblieben. Es ist bekannt, daß er zuweilen studentischen Gelagen beiwohnte und Karten spielte. Aber dies geschah nur deswegen, weil er den anderen nicht auffallen wollte.

Der junge Newton war sparsam und haushälterisch in seinen Ausgaben und gab viel Geld nur für Bücher und wissenschaftliche Instrumente aus. Seine Einnahmen waren von dem Augenblick an, da er Mitglied des College wurde, ziemlich bedeutend und erreichten (nach der Berechnung von Personen, die sich hierfür interessierten) 200–250 Pfund im Jahre. In den damaligen Zeiten konnte man mit diesem Geld – und insbesondere in der Provinz – ein behagliches Leben führen[10].

Ein sehr interessantes Dokument, das sowohl die gesellschaftlichen, als auch bis zu einem gewissen Grade die wissenschaftlichen Ansichten Newtons in der dargestellten Epoche umreißt, ist ein erhalten gebliebener Brief Newtons an den Cambridger Bürger Aston, einen späteren Sekretär der Royal Society, der eine Auslandsreise unternehmen wollte. Wir bringen hier die ungekürzte Übersetzung des Briefes:

Trinity College,
Cambridge, den 18. Mai 1669

Sehr geehrter Herr!

Da Sie mir in Ihrem Briefe die Freiheit einräumen, Ihnen über das, was Ihnen auf Reisen nützlich sein könnte, meine Meinung zu sagen, so will ich es freimütiger tun, als es sich vielleicht schicken möchte. Zuerst also will ich einige allgemeine Regeln aufstellen, von welchen Sie, wie ich glaube, die meisten bereits erwogen haben, aber wenn Ihnen einige derselben neu sind, so mögen Sie mich für die übrigen entschuldigen; wenn nicht, so bin ich mehr durch mein Schreiben, als Sie durch Ihr Lesen bestraft.

Wenn Sie in eine neue Gesellschaft kommen, so beobachten Sie 1. die Stimmung derselben; 2. richten Sie Ihr Benehmen darnach ein, so werden Sie durch diese Anpassung die Unterhaltung freier und offener machen; 3. lassen Sie Ihr Gespräch mehr aus Fragen und Zweifeln als aus entscheidenden Behauptungen bestehen, da es die Absicht des Reisenden ist, zu lernen und nicht zu lehren. Überdies wird es Ihre Bekannten davon überzeugen, daß Sie eine größere Achtung für sie haben, und es wird sie bereitwilliger machen, Ihnen das, was sie wissen, mitzuteilen; wogegen nichts leichter Geringschätzung und Zänkereien verursacht als abfälliger Ton. Sie werden wenig oder gar keinen Vorteil finden, wenn Sie weiser oder weniger unwissend erscheinen als die

Gesellschaft; 4. tadeln Sie selten etwas, oder tun Sie es nur mäßig, damit Sie nicht unvermutet zu einem unangenehmen Widerruf gezwungen werden. Es ist besser, über irgendeinen Gegenstand ein wenn auch nicht völlig verdientes Lob auszusprechen, als einen Tadel, selbst wenn er gerecht ist; denn Lob findet nicht so oft Widerspruch, wenigstens wird es gewöhnlich von Menschen, die anders denken, nicht so übel aufgenommen wie ein Tadel, und Sie werden sich durch nichts leichter bei den Menschen in Gunst setzen, als wenn Sie das zu billigen und zu loben scheinen, was ihnen gefällt; allein tun Sie es ja nicht durch Vergleichung; 5. wenn Sie in einem fremden Lande beleidigt werden, so ist es besser, eine Beleidigung mit Stillschweigen hinzunehmen oder sie als Scherz aufzunehmen, wenn auch mit einiger Unehre, als Genugtuung zu suchen, denn im ersten Falle ist Ihr Kredit niemals herabgesetzt, denn Sie kehren ja nach England zurück oder kommen in eine andere Gesellschaft, die von dem Streite nichts gehört hat, aber im anderen Falle haften Ihnen die Merkmale des Streites an, solange Sie leben, wenn Sie ihn überhaupt überleben. Aber wenn Sie sich unvermeidlich hineingezogen finden, so ist es nach meiner Meinung das beste, wenn Sie Ihren Zorn und Ihre Zunge mäßigen, sie in einem gewissen gemäßigten Grade möglichst gleich im Zaume halten und sie nicht so weit gehen lassen, daß Ihr Gegner erbittert wird, und daß seine Freunde entweder zu seinem Beistande sich aufgefordert fühlen oder, übermütig gegen den zu sehr Gedemütigten, veranlaßt werden, ihn zu insultieren. Mit einem Worte, wenn Sie Vernunft über Ihre Leidenschaft herrschen lassen, so wird das, gepaart mit Vorsicht, Ihre beste Verteidigung sein. Zu welcher Konsequenz Sie auch immer kommen mögen, obgleich Entschuldigungen wie — „Er trieb es so weit, daß ich es nicht länger ertragen konnte" — unter Freunden gelten mögen, sind sie doch unter Fremden nichtssagend und verraten nur die Schwäche eines Reisenden.

Diesen Bemerkungen möchte ich einige Hauptpunkte über Forschungen, Bemerkungen und Beobachtungen hinzufügen, so wie sie mir jetzt einfallen. 1. die Politik, den Wohlstand und die Staatsangelegenheiten der Nationen soll ein Privatreisender, soweit er es bequem tun kann, beobachten; weiter: 2. ihre Steuern auf alle Volksklassen, Handelsleute oder Waren, die bemerkenswert sind; 3. ihre Gesetze, Gewohnheiten und Gebräuche, insoweit sie sich von den unsrigen unterscheiden; 4. ihre Waren und Künste, worin sie uns Engländer übertreffen oder uns nachstehen; 5. Festungen, die Sie antreffen werden, ihre Bauart, Stärke und Vorteile zur Verteidigung, und andere militärische Gegenstände, die bemerkenswert sind; 6. die Macht und das Ansehen der verschiedenen

Gruppen des Adels und der Obrigkeiten; 7. es wird keine Zeitverschwendung sein, ein Verzeichnis der Namen und Würden derjenigen Personen anzufertigen, welche die weisesten, gelehrtesten und geachtetsten der Nation sind; 8. merken Sie sich den Mechanismus der Schiffe und die Art, wie man Schiffe steuert; 9. weiter die Erzeugnisse der Natur an verschiedenen Orten, besonders die der Bergwerke mit den Formen des Bergbaues, die Ausbeute der Metalle oder Mineralien aus ihren Erzen und ihre Gewinnung, und wenn Sie auf Übergänge eines Stoffes in einen anderen stoßen (wie etwa Eisen in Kupfer, irgendein Metall in Quecksilber, ein Salz in ein anderes oder in einen geschmacklosen Körper usw.), so werden diese vor allem Ihrer Aufmerksamkeit wert sein, da sie am auffallendsten sind und vielfach auch aufhellende Experimente in der Naturforschung zulassen; 10. die Preise der Lebensmittel und anderer Dinge und 11. die Stapelwaren an den Orten.

Wenn diese Hauptregeln (so wie sie mir jetzt einfielen) Ihnen zu nichts anderem dienen, so werden Sie Ihnen doch einen Plan entwerfen, helfen, um Ihre Reisen darnach einzurichten. In bezug auf Einzelheiten ist das folgende alles, was mir im Augenblick einfällt. Nämlich: 1. Ob man in Schemnitz in Ungarn (wo es Gold, Kupfer, Eisen, Vitriol, Antimonium, Minen usw. gibt) Eisen in Kupfer verwandelt, dadurch, daß man es in einem Vitriolwasser auflöst, das man in den Vertiefungen der Felsen oder in den Minen findet, und daß man dann die schleimige Lösung in einem starken Feuer schmilzt, welche nach dem Erkalten als Kupfer vorgefunden wird. Das gleiche, sagt man, geschieht an anderen Orten, an deren Namen ich mich jetzt nicht erinnern kann; vielleicht wird es auch in Italien gemacht. Vor ungefähr zwanzig oder dreißig Jahren gab es einen gewissen Vitriol, der von dort herkam (Römischer Vitriol genannt), aber von besserer Eigenschaft als der jetzt unter diesem Namen genannte; jener Vitriol ist jetzt nicht zu bekommen, weil man vielleicht einen größeren Gewinst durch eine besondere Anwendungsmethode hat (wie etwa Eisen damit in Kupfer zu verwandeln), als wenn man ihn verkauft. 2. Ob es in Ungarn, Slawonien, Böhmen, bei der Stadt Eila oder in den böhmischen Gebirgen bei Schlesien Flüsse gibt, deren Gewässer goldhaltig sind; das Gold wird vermutlich durch ätzende Wasser, gleich dem Königswasser, aufgelöst und von dem durch Erzadern laufenden Strome mitgeführt. Und ob der Gebrauch, Quecksilber in Flüsse zu legen, bis es einen Überzug von Gold erhält, und dann das Quecksilber durch Leder zu drücken, damit das Gold zurückbleiben könne, noch ein Geheimnis sei, oder ganz öffentlich verwandt werde. 3. Neulich hat man in Holland eine Mühle erfunden, mit der man ganz flache Gläser schleifen kann, und wie ich glaube – auch polieren; vielleicht wird es der Mühe wert sein, diese Mühle zu besichtigen. 4. Es lebt in Holland ein gewisser Borry, der vor einigen Jahren vom Papste verhaftet wurde, weil man von ihm (wie man mir erzählte) sehr wichtige Geheimnisse für die Arzneikunst schon wegen ihres materiellen Wertes erzwingen wollte; aber er entwich nach Holland, wo man ihm Schutz gewährte. Ich glaube, er geht gewöhnlich grün gekleidet. Ich bitte Sie, erforschen Sie über ihn, was Sie können, und ob sein Scharfsinn den Holländern von Nutzen ist. Sie wollen sich auch erkundigen, ob die Holländer besondere Kunstgriffe kennen, um ihre Schiffe auf Reisen nach Indien vor dem Wurmfraß zu sichern; ob Pendeluhren dabei helfen, die geographische Länge zu finden usw.

Nun bin ich sehr müde und werde mich daher nicht bei einem langen Abschiede aufhalten, sondern wünsche Ihnen eine gute Reise und daß Gott mit Ihnen sei. Isaac Newton.

„Ich bitte, lassen Sie uns auf Ihren Reisen Nachricht von Ihnen zukommen. Ich habe Ihre zwei Bücher dem Dr. Arrowsmith gegeben."

Einige Biographien, welche die historische Perspektive unbeachtet ließen, sahen diesen Brief als ein naives Erzeugnis oder gar als einen Scherz des jungen Newton an, indem man schwerlich den zukünftigen genialen Philosophen, Physiker und Mathematiker erkennen könne.

Eine solche Schlußfolgerung ist aber unbillig. Die taktischen Verhaltungsmaßregeln in ausländischer Gesellschaft, welche Newton Aston im ersten Teil des Briefes gibt, sind, entsprechend ihrer altmodischen Form, vielleicht naiv, aber sie sind ihrem Wesen nach sehr weitsichtig und haben selbst heute noch nicht ihre Aktualität und ihren Wert verloren. Es stimmt allerdings, daß es ihm später selbst an dieser Zurückhaltung, Ausgeglichenheit und sorgfältigen Umsicht gegenüber Menschen mangelte, welche er seinem Korrespondenten empfiehlt; aber sie blieben doch ein kennzeichnendes Merkmal seines Charakters. Die große Unlust, mit welcher Newton in der Folge seine Arbeiten veröffentlichte, entspricht bis zu einem gewissen Grad der skeptischen Bemerkung in dem Brief an Aston: „Sie gewinnen wenig oder nichts, wenn Sie klüger oder aber weniger unwissend erscheinen als die Gesellschaft, in der Sie sich befinden."

In diesem Brief tritt ein gewisses Interesse für staatliche Dinge in Erscheinung, und zum Teil wird so die spätere Zugehörigkeit Newtons zum Parlament, seine Tätigkeit in der Münze und die Arbeit in den verschiedenen Marinekommissionen verständlich. Die betreffenden Hinweise Newtons in die Kategorie der üblichen alchimistischen Verirrungen jener Zeit einreihen zu wollen, wäre wohl unbegründet. Zum Teil handelt es sich dabei um die Gewinnung von Kupfer aus Kupfervitriol und um die Amalgamierung des Quecksilbers. Auf Grund dieses Teils des Briefes kann man auf jeden Fall die Schlußfolgerung ziehen, daß sich Newton damals bereits ausführlich mit dem Studium der chemischen Erscheinungen befaßte. In dem Brief finden wir auch einen kurzen Hinweis auf das Interesse Newtons an der Kunst des Glasschleifens. Allein die Existenz eines solchen eindrücklich belehrenden Briefes kennzeichnet deutlich den soliden und ausgeglichenen Charakter Newtons, des damals noch jungen 27jährigen Magisters und Professors, und zeugt von der öffentlichen Achtung, deren er sich erfreute.

DRITTES KAPITEL

Die physikalische Optik vor Newton

Seit der Übernahme des Lucasischen Lehrstuhls in Cambridge im Jahre 1669 vergingen mehr als 20 Jahre ohne jede Veränderung in der Lebenslage Newtons. Betrachtet man die von Tag zu Tag von Edleston verfaßte chronologische Tabelle seiner Arbeiten und Werktage, so können wir in jener Zeit nicht ein einziges Ereignis von Bedeutung im Alltag Newtons bemerken: es werden nur Briefe, die Teilnahme an den Arbeiten der Royal Society, das Erscheinen von gedruckten Arbeiten, Universitätswahlen usw. verzeichnet. Newton blieb in Cambridge und reiste nur von Zeit zu Zeit nach London und Woolsthorpe. Aber hinter dieser Monotonie und äußeren Ruhe steht eine Periode angestrengter wissenschaftlicher Tätigkeit Newtons. In der Arbeit dieser Epoche stellt sich sein gesamtes Werk dar, und man kann ganz natürlich und ohne Unterbrechung der chronologischen Zeitfolge seines Lebens von den biographischen Tatsachen zu einer Schilderung der Arbeiten Newtons übergehen.

Die Geschichte der Lehre vom Licht bis Newton, als eine konsequente Reihe neuerer produktiver Resultate betrachtet, wurde hauptsächlich auf der Linie der geometrischen Optik entwickelt. Indem man die Fälle der Ausbreitung des Lichtes in trüben Medien (etwa dem Nebel) und die komplizierten Erscheinungen ausschließt, die beim Auftreffen eines Lichtstrahls auf sehr kleine Öffnungen oder Hindernisse beobachtet werden, kann man sagen, daß das Licht in einem gleichförmigen Medium gradlinig verläuft, und daß es seine Richtung nur bei der Reflexion und Brechung ändert. Dies war bereits im Altertum bekannt, wobei die antiken Optiker das Gesetz der Reflexion des Lichts kannten, sich jedoch hinsichtlich der Brechung nur auf experimentelle Angaben beschränkten. Erst im 17. Jahrhundert gelang es Snellius und Descartes, das Gesetz der Brechung zu entdecken. Diese physikalischen Begründungen der geometrischen Optik wurden in der ersten Hälfte des

17. Jahrhunderts vollends durchgeführt und fanden ihren glänzenden und tiefen Ausdruck im Fermatschen Prinzip des kürzesten Lichtweges.

Das Fernrohr Galileis und seine bemerkenswerten astronomischen Entdeckungen verwandelten die geometrische Optik aus einem abstrakten mathematischen Lehrfach in ein außerordentlich lebendiges und praktisches Gebiet, dessen Kenntnis für die rationelle Berechnung der Geräte unerläßlich war. Aber beim Vergleich dieser Berechnungen mit der Erfahrung wurde es immer klarer, daß die Prinzipien der geometrischen Optik an und für sich nicht für eine völlig richtige Beschreibung und Erklärung der Ausbreitung des Lichts ausreichten.

Vor allem mußte man irgendwie die Erscheinung der Färbung der Lichtstrahlen verstehen, die offensichtlich einen Strahl von dem anderen unterschied. Die Physik übermittelte Newton die traditionellen Anschauungen des Aristoteles in fast unveränderter Form. Man nahm an, daß die Farben aus einer Vermischung des Lichts mit der Dunkelheit in verschiedenen Proportionen entstehen. Bereits im Jahre 1609 schrieb Kepler, dessen schöpferische Arbeiten die Hauptquelle für die optischen Forschungen Newtons bildeten, daß die „Verschiedenheit der Farben durch eine verschiedene Disposition der Materie des Durchsichtigen zum Licht oder zur Dunkelheit je nach ihrer Dichte oder Dünne und durch verschiedene Grade der Dunkelheit bewirkt wird, welche der Materie anhaften". Zwei Jahre später versuchte der italienische Bischof Antonio de Dominis, dessen Abhandlung gleichfalls von Newton studiert wurde, die Bestätigung für eine solche Ansicht in der Erscheinung der prismatischen Farben zu finden. Antonio nahm an, daß der Sonnenstrahl, der das Glas bei dem Winkel durchdringt, wo die geringste Dicke ist und also auch die geringste Dunkelheit, hochrot heraustritt; zunächst folgt das Grün, bei stärkerer Dicke; endlich das Violett, bei weiter verstärkter Dicke. Solche Behauptungen widersprachen offensichtlich der Erfahrung und trugen anstatt zur Lösung der Frage zu ihrer weiteren Verwirrung bei. Das Entstehen eines farbigen Bildes aus einem weißen Strahl beim Hindurchgehen durch ein Glasprisma verleitete natürlich zur Hoffnung, gerade im Prisma den Schlüssel für eine Lösung des Problems der Farben zu finden. Außer Antonio suchte Marcus Marci von Kronland in seiner Abhandlung „Thaumantias" — erschienen in Prag 1648 — auf experimentellem Wege und mit Hilfe des Prismas die Aufgabe zu lösen. Die Schlußfolgerungen Marcis nehmen zweifellos einige spätere Resultate Newtons vorweg. Das Licht, so stellt Marci es dar, wird nur durch eine gewisse Brechung in einem dichteren Medium in Farben umgewandelt, und die verschiedenen Arten der Farben sind Teile verschiedener Brechungen. Weder kann dieselbe Farbe durch verschiedene Brechungen erzeugt werden, noch können von einer Brechung mehrere Farben herrühren. Eine Reflexion des gefärbten Lichtstrahls ändert die Farbe desselben nicht; aber auch eine spätere Brechung des schon gefärbten Lichtstrahls kann die Art der Farbe nicht mehr umwandeln. Nach diesen Beobachtungsresultaten vermochte Marci jedoch nicht die ihnen entsprechende Wahrheit zu erraten. Seiner Meinung nach entstehen die prismatischen Farben aus Strahlen, die von verschiedenen Punkten der Sonne herrühren und unter verschiedenen Winkeln auf das Prisma fallen. Die Differenz der Einfallswinkel von Strahlen, die von extremen Punkten der Sonnenscheibe herkommen, beträgt 0,5 Grad. Diese geringe Differenz wurde in der Folge mehrmals in den verschiedenen Farbentheorien und in wissenschaftlichen Auseinandersetzungen benutzt. Zum Teil stützten sich später einige Kritiker Newtons auf sie. Die Sonne war noch lange nach Newton tatsächlich fast die einzige Lichtquelle bei den optischen Experimenten, und die Sehwinkeldifferenz der Sonnenscheibe verleitete nicht wenige Forscher zu falschen theoretischen Annahmen.

Die Ursache des Farbenunterschieds suchte Marci in einer „Kondensation" – einer Verdichtung der Lichtstrahlen. In unklarer Form ist bei Marci das Licht wiederum die aristotelische Vermengung des Lichts mit der Dunkelheit. In den „Vorlesungen über Optik" von Barrow, an deren Prüfung vor der Drucklegung, wie oben gesagt wurde, Newton Anteil nahm, wird eine Farbenhypothese angeführt, die, ohne sie zu erwähnen, an die Ansichten Marcis erinnert. Die Hypothese lautet folgendermaßen: das Weiße ist dasjenige, welches reichliches Licht nach allen Seiten ausströmt, das Schwarze das, was in unbedeutendem Maße Licht abgibt, das Rote, was ein dichtes Licht ausstrahlt, das Blaue, was ein verdünntes Licht ausströmt, das Grüne, was dem Blauen nahekommt. Die übrigen Farben sind eine Mischung: das Gelbe aus dem Weißen und Roten, das Purpurne aus dem Blauen und Roten.

Wir haben bereits vermerkt, daß es falsch wäre, ernstlich solche Ansichten Barrow und gar Newton zuzuschreiben. Barrow führte die typische Meinung seiner Zeitgenossen an, indem er ihr nichts anderes entgegenstellte. Man kann hinzufügen, daß sich die Theorie des Aristoteles noch lange Zeit nach Newton in irgendeiner Form in der Physik hielt.

Goethe, der Newton heftig angriff, stellte ihm im wesentlichen die Lehre des Aristoteles entgegen. Noch im Jahre 1831 schrieb der Anhänger Schellings, Professor Wellanski in Petersburg: „... Die Farben sind ein gemeinsames Produkt des Lichts und der Dunkelheit, wobei sie in der Materie zustandekommen. Dem Licht und der Dunkelheit entsprechen die weiße und schwarze Farbe, die ihrerseits die Gesamtheit der Körperfarben darstellen und die sich nur durch das Wesen des Weißen und Schwarzen voneinander unterscheiden[11]."

Eine völlig andere Auslegung erfuhr der Farbenunterschied in der Theorie Descartes' („Prinzipien der Philosophie", 1664). Seinen mechanischen Vorstellungen entsprechend haben sich durch unaufhörliche Bewegung aus der ursprünglich einheitlichen, homogenen, alle Räume gleichmäßig erfüllenden Substanz drei Elementarmaterien herausgebildet, nämlich ein erstes Element, aus den feinsten, länglich gestalteten Teilchen bestehend, ein zweites Element, lauter gleich große kugelförmige Teilchen enthaltend, von denen die Teilchen des ersten Elements sich abgerieben haben, und endlich ein drittes Element aus größeren, gröberen Massen bestehend, welche aus den Teilchen des ersten Elements sich zusammengefilzt haben. In jedem leuchtenden Körper sind die feinen, flüssigen Teilchen des ersten Elements in heftigster Bewegung und üben auf die Kügelchen des zweiten Elements, zwischen denen sie liegen, einen starken Druck nach außen aus. Dieser Druck kann zwar der kontinuierlichen Raumerfüllung wegen keine Bewegung der Kügelchen hervorbringen, wohl aber muß er sich durch die einander berührenden Kügelchen als eine Tendenz zur Bewegung vom leuchtenden Körper nach allen Seiten hin momentan bis in alle Entfernungen fortpflanzen. Indem Descartes diesen Druck dem hydrostatischen Druck in der Flüssigkeit gleichstellt, sieht er ihn als Ursache der Empfindung des Lichts beim Auftreffen auf unser Auge an. Fällt nun ein Lichtstrahl schief auf die Grenzfläche zweier verschieden dichter optischer Medien, so erfahren die auftreffenden Lichtkügelchen, die in ihrer Vorwärtsbewegung gehindert sind, eine Rotationsbewegung um ihre Achse. Die Rotationen an der Seite des Lichtstrahls, die zuerst auf das optisch dichtere Medium stoßen, werden dabei schneller sein. Das Auge empfindet beim Auftreffen eines Lichtstrahls auf die Netzhaut nicht bloß den Druck der Kügelchen als Licht, sondern auch die Rotationsbewegung derselben als Farbe. Die größte Rotationsbewegung bedingt nach Descartes die Empfindung der roten, die kleinste die der violetten Farbe.

Descartes unterscheidet drei Arten von „elementaren" Farben; rot, gelb und blau. Die übrigen gehen aus deren Verbindung hervor.

In diesem Bild, das selbstverständlich nur historisches und spekulatives Interesse hat, verdient der Gedanke Aufmerksamkeit, der die verschiedenen Farben mit den verschiedenen Frequenzen einiger periodischer Bewegungen verbindet. Dieser Gedanke ist auch in die neuere Optik übergegangen. Uns erscheint es heute sonderbar, warum der gleiche Gedanke nicht bei den Anhängern der Wellentheorie des Lichts auftauchte. Eine rein qualitative Analogie zwischen Licht- und Schallerscheinungen sowie den Wellen auf der Wasseroberfläche war nicht selten. Solche Vergleiche findet man auch bei den Alten. In neuerer Zeit äußerte sich Leonardo da Vinci gleichfalls in diesem qualitativen Sinne. Nicht lange vor Beginn der optischen Experimente Newtons wiesen De la Chambre (La lumière, Paris 1657) und der Jesuit Grimaldi (Physico-Mathesis de lumine..., Bologna 1665) auf die Analogie zwischen Farben und Tönen hin. Aber die Schallerscheinungen waren damals ebensowenig wie die Lichterscheinungen erforscht, und, indem man vom Ton sprach, verstand man nicht recht, welchem mechanischen Faktor diese Eigenschaft des Schalles entspricht. Zugleich mit Huygens, der absichtlich in seinem berühmten „Traktat über das Licht" die Farbenerscheinungen überging, war Robert Hooke — fast bis zu seinem Tode ein unentwegter Gegner Newtons — ein kühner Verteidiger der Undulationstheorie. Mit ihm werden wir uns in der Folge noch öfters zu beschäftigen haben. Auf der Suche nach jener veränderlichen Größe der Wellenbewegung, welche die Strahlenfärbung charakterisieren könnte, verblieb Hooke bei dem Winkel, um den die Wellenflächen gegen die Fortpflanzungsrichtung geneigt sind. Jeder Strahl, dessen Wellenfläche senkrecht zur Fortpflanzungsrichtung ist, zeigt nach Hooke ein rein weißes Licht; jeder andere, dessen Wellenflächen durch Brechung schief zur Fortpflanzungsrichtung geworden sind, trägt in sich die Fähigkeit der Färbung, die aber erst hervortritt, wenn er sich nicht inmitten des Lichtes bewegt, sondern an einer Seite durch Dunkelheit begrenzt ist. Blau ist der Eindruck, welchen ein schiefer Wellenbogen auf der Netzhaut hervorruft, dessen geschwächter Teil als erster ins Auge fällt; rot aber ist der Eindruck, welchen ein Wellenbogen auf der Netzhaut hervorruft, bei dem der stärkere Teil vorangeht und der schwächere folgt. Auf Grund einer solchen Vorstellung suchte Hooke die Farben dünner Blättchen zu deuten.

In der Theorie Hookes wird die Bildung der Farben demzufolge im wesentlichen wieder wie bei Aristoteles durch eine Vermengung der Dunkelheit mit dem Licht erklärt.

Soweit war die Lehre über die Farben vor den Arbeiten Newtons gediehen. Alle dargelegten Theorien waren erdachte und künstliche, die bestenfalls eine kleine Gruppe von Fakten erklärten. Die Kritik war leicht und die Verteidigung solcher Theorien hoffnungslos. Vorsichtige Forscher in der Art Boyles und Barrows beschränkten sich auf einen Vergleich der verschiedenen Theorien. Jedoch wurde um die Mitte des 17. Jahrhunderts das Problem der Farbe so klar aufgeworfen, daß so oder so seine Lösung unvermeidbar war.

Die Anspannung, mit welcher die theoretischen und experimentellen Arbeiten im Bereich der Lichterscheinungen in den 60er und 70er Jahren dieses Jahrhunderts betrieben wurden, war tatsächlich beispiellos. Man kann mit vollem Recht sagen, daß in jenen Jahren die physikalische Optik geboren wurde. Es genügt, einige chronologische Daten anzuführen. 1662 erschien die Abhandlung des Amsterdamer Physikers Isaak Voss „Über die Natur des Lichts"*), in der u. a. der Gedanke zum Ausdruck gebracht wurde, daß man die Mannigfaltigkeit der Farben nicht den Körpern, sondern dem Lichte selbst zuschreiben müsse. 1665 wurde in Bologna posthum die Arbeit des Jesuiten Grimaldi veröffentlicht, welche u. a. eine klare Beschreibung der Erscheinung der Diffraktion des Lichts enthielt. Im gleichen Jahre erschien die „Mikrographie" Hookes, in der seine Theorie der Farben dargelegt und zum erstenmal die Erscheinung der Interferenz des Lichts in den Farben dünner Blättchen beschrieben wurde. Im gleichen Jahr 1665 druckte Boyle seine „Experimente und Urteile über die Farben"**), insbesondere über die Natur der weißen Farbe mit einer Beobachtung des Diamanten, der in der Dunkelheit leuchtet. 1670 entdeckte Erasmus Bartholinus die Doppelbrechung des Lichts in den Kristallen des isländischen Spats. 1675 bestimmte Ole Römer zum erstenmal die Geschwindigkeit des Lichts durch die Beobachtung der Verfinsterung der Trabanten des Jupiter. 1678 erschien die Abhandlung Huygens' über das Licht, welche zum erstenmal erfolgreiche quantitative Schlußfolgerungen der Wellentheorie des Lichts enthielt. Mitten in diese glänzende Epoche der Entwicklung der Optik fielen die hauptsächlichen optischen Forschungen Newtons.

---

*) „De lucis natura."

**) Robert Boyle, „Experimenta et considerationes de coloribus...", Genf 1680.

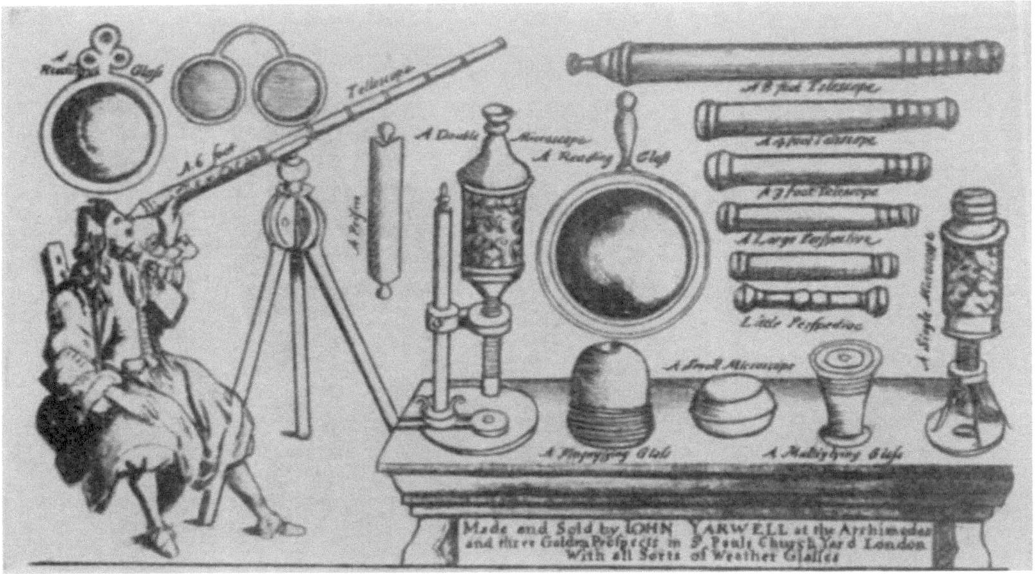

Abb. 8. Verkaufsankündigung optischer Instrumente des Londoner Optikers Yarwell
1672

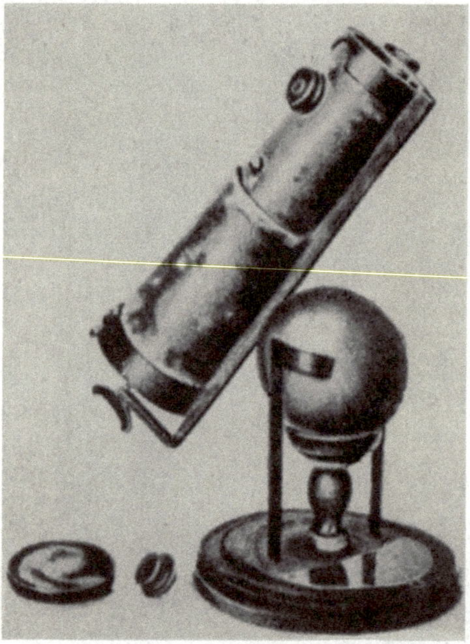

Abb. 9. Teleskopreflektor Newtons (Spiegelteleskop), aufbewahrt in der Royal Society in London

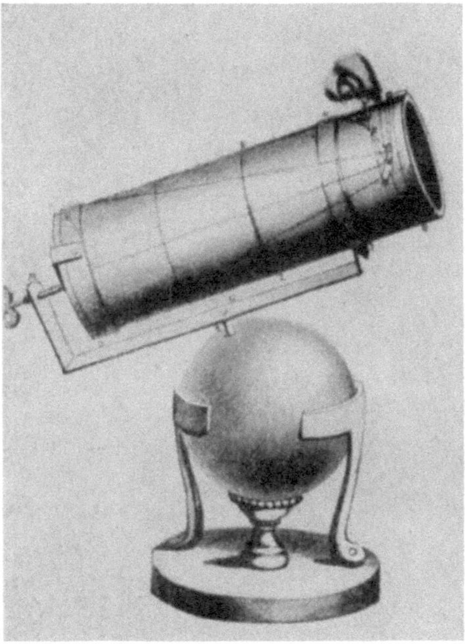

Abb. 10. Schema des Spiegelteleskops Newtons, aus der die mechanische Konstruktion des Gerätes ersichtlich ist

Abb. 11. Isaac Newton als Bakkalaureus, eine Gravure nach einem Porträt von P. Lely (1665—1670?). Das Porträt ist nicht echt

VIERTES KAPITEL

Das Spiegelteleskop Newtons und die Royal Society in London

1668-1672

Das Universitätsleben Newtons begann in jenen Jahren, als die gelehrte Welt Europas sich noch nicht von dem gewaltigen Eindruck erholt hatte, der durch die astronomischen Entdeckungen Galileis hervorgerufen wurde, die er in den Jahren 1609—1610 mit Hilfe seines Teleskops machte. Bis auf Galilei beschrieb die Wissenschaft im Laufe von Tausenden von Jahren die Erscheinungen, erklärte sie und führte zuweilen zum Bau nützlicher Geräte und Maschinen. Galilei zeigte zum erstenmal, daß die Wissenschaft zu etwas Größerem, zur Entdeckung von neuen, unerwarteten Erscheinungen fähig ist, die die uns bekannte Natur ungewöhnlich erweitern. Deswegen verglich man Galilei mit Kolumbus und sogar einem Gott, dem unbekannten Schöpfer der Welt.

Galilei erreichte dies mit Hilfe des Fernrohrs mit konvexen und konkaven Linsen. Deswegen ist es nicht verwunderlich, daß die Astronomen, Physiker und Mathematiker sich begeistert an die Vervollkommnung des Teleskops heranmachten. Das Schleifen und Polieren der Gläser, die Konstruktion von Maschinen zur Bearbeitung des Glases auf den sphärischen und asphärischen Oberflächen, die Ausarbeitung der geometrischen Optik der brechenden Medien und die verschiedenen Verfahren der Verbesserung des Teleskops — dies sind die ständigen Themen der Beschäftigung der Gelehrten der verschiedenen Fachrichtungen im 17. Jahrhundert.

Die Strahlen von einem Lichtpunkt, die durch sphärische Linsen von endlicher Dicke gehen, können sich nicht in einem Punkt treffen, sondern ihre Schnittpunkte erfüllen eine Fläche. Diese Erscheinung ist eine notwendige Eigenschaft der Kugelflächen und heißt deswegen „sphärische Aberration“[12]. Wir wissen heute, daß man diese Aberration bedeutend verringern kann, wenn man ein System von Linsen anwendet, welche von kugelförmigen Oberflächen verschiedener Krümmung begrenzt sind. Dergestalt erhält man moderne großwinklige und lichtstarke Objektive, die auch unter sehr ungünstigen Bedingungen arbeiten und trotzdem gut „korrigierte" Bilder liefern.

Im 17. Jahrhundert wußte man dies nicht; ein anderer Weg zur Verbesserung des Teleskops ist die Verminderung der sphärischen Aberration durch Vergrößerung der Länge des Fernrohrs, denn sie nimmt mit wachsender Brennweite des Objektivs ab. Deswegen wurden außerordentlich lange Systeme vorgeschlagen und gebaut. In Frankreich z. B. plante man ein Teleskop von einer Länge von mehr als 30 m. Einen zweiten Ausweg aus der Schwierigkeit suchte man in dem Ersatz der Kugel durch kompliziertere Oberflächen, – Ellipsoide, Paraboloide, Hyperboloide. Solche Oberflächen erzielen auf Grund der Prinzipien der geometrischen Optik ein Bild ohne Aberration.

Nach dem Gesagten ist es nicht verwunderlich, daß wir bereits im Jahre 1664 den Studenten Newton bei der Arbeit der Verbesserung des Teleskops finden. Newton befaßte sich nach seinen eigenen Aussagen im Jahre 1666 mit der eigenhändigen Anfertigung solcher nichtsphärischer Gläser. Diese Aufgabe ist auch jetzt noch sehr schwierig. Man kann sich deswegen vorstellen, welche Hindernisse Newton und seine Zeitgenossen überwinden mußten! Dennoch wurden einige nichtsphärische Linsen geschaffen; über ihre Qualität fehlen Angaben.

Nach kurzer Zeit (wahrscheinlich nach einem Jahre) stellte Newton diese schwierige Arbeit ein, nachdem er sich überzeugt hatte, daß die Hauptfehler der Bilder nicht von der sphärischen Aberration, sondern von dem regenbogenfarbigen Rand herrühren, der unvermeidlich das Bild des Brennpunktes sowohl in den sphärischen als auch den asphärischen Linsen begleitet. Im Jahre 1669 stellte Newton in seinen „Vorlesungen über Optik" mit folgenden Worten die Lage dar: „Die mit Dioptrik beschäftigten Forscher stellen sich vor, daß die Sehgeräte mit Hilfe von Gläsern bis zu einem beliebigen Grade vervollkommnet werden können, wenn man ihnen durch Schleifen die gewünschte geometrische Form gibt. Zu diesem Zweck wurden die verschiedensten Instrumente mit Benutzung von Gläsern in hyperbolischen und auch parabolischen Formen erdacht, aber man arbeitete vergebens. Und damit man nicht weiterhin Arbeit an eine hoffnungslose Sache vergeude, erkühne ich mich zu warnen; denn wenn auch alles erfolgreich verlaufen würde, das Resultat würde dennoch nicht den Erwartungen entsprechen. Die Gläser, denen man vielleicht die denkbar besten Formen geben würde, werden den Zweck nicht erfüllen, selbst wenn sie noch einmal so gut wie sphärische Spiegel sind, die mit der gleichen

Genauigkeit geschliffen wurden. Ich sage dies nicht, um die Optiker und Autoren zu tadeln, denn alle haben sich hinsichtlich der Darlegung ihrer Beweise genau und völlig richtig ausgedrückt. Dennoch wurde etwas, und zwar etwas sehr Wichtiges, von ihnen der Nachwelt zur Entdeckung überlassen. So entdeckte ich bei der Brechung eine gewisse Abweichung von der Regel, die Störungen verursacht. Sie bewirkt nicht nur, daß die Kegelschnitte eine geringere Überlegenheit über die sphärische Form zeigen, sondern hat zugleich zur Folge, daß die sphärischen Formen viel weniger geben, als wenn die erwähnte Brechung genau der Regel entspräche."

Diese Folgerung bestimmte zwei Richtungen der weiteren Tätigkeit Newtons. Die eine – die Arbeit am Teleskop mit einem reflektierenden sphärischen Spiegel, die andere – die Erforschung der Ursachen der chromatischen Aberration. Natürlich hatte man die chromatische Aberration vor Newton gekannt, wozu es genügt, auf den Leuchtpunkt eines Fernrohrs zu blicken. Aber vor ihm kam es niemandem in den Sinn, sie mit der Unklarheit der Bilder im Fernrohr in Verbindung zu bringen; niemand stellte vor Newton die Frage über ihre Ursache, und niemand suchte einen praktischen Ausweg im Spiegelteleskop. Allein das Stellen solcher Fragen und in diesem Zusammenhang erhob Newton über alle Optiker seiner Zeit.

Es gibt keinen Zweifel daran, daß der Gedanke an die Möglichkeit des Baues eines Teleskops mit einem gekrümmten sphärischen Spiegel an Stelle eines gläsernen Objektives bei Newton völlig selbständig auftauchte, aber er war absolut nicht neu. So z. B. wurden noch zu Lebzeiten Galileis mehrmals Spiegelteleskope unter seinen Freunden und Schülern erörtert, also etwa 40 Jahre vor Newton, wie dies aus der Korrespondenz Galileis ersichtlich ist. Ungefähr im Jahre 1626 wurde ein solches Instrument erwähnt, das von einem gewissen Cesare Caravaggi gebaut worden war. Mit dem Spiegelteleskop beschäftigte sich auch ein Schüler Galileis, der berühmte Mathematiker Bonaventura Cavalieri, einer der Vorgänger Newtons, auf dem Gebiet der Analysis des Unendlichen. Übrigens beurteilte Cavalieri die Spiegelteleskope sehr ungünstig. „Ich nehme an", so schrieb er im Jahre 1632, „daß sie niemals den Grad der Vollkommenheit der Linsenfernrohre erreichen werden, ganz gleich, ob man sie in Verbindung mit Spiegeln oder Linsen bauen wird. Hiervon kann sich jeder an Hand der Experimente überzeugen." Newton war nicht der einzige Erfinder des Spiegelteleskops. Beim Bau seines Instrumentes mußte er feststellen, daß der Plan eines Spiegelteleskops bereits im Jahre 1663 erörtert worden war.

Gregory schrieb in seinem Werk „Optica promota", und er bestätigte es später erneut schriftlich, daß Newton nur die Ehre der Ausführung des ersten Geräts zukomme.

Dank angestrengter Arbeit und der Durchführung von Experimenten zur Herstellung einer entsprechenden Legierung und Polierung metallischer Oberflächen gelang es Newton im Jahre 1668, das erste Modell eines Spiegelteleskops mit einer Länge von insgesamt 15 cm und einem Spiegel von 25 mm im Durchmesser herzustellen. Dieses Liliputteleskop arbeitete aber nicht schlechter als die langen Spiegelteleskope jener Zeit, und man konnte mit ihm sogar die Trabanten des Jupiter wahrnehmen. Allerdings erschienen infolge der mangelhaften Legierung des Spiegels und dessen ungenügender Polierung die Bilder verwischt und trübe.

Im Jahre 1671 vermochte Newton ein zweites Instrument von größerem Ausmaß und besserer Qualität zu schaffen. Es ist auf Abb. 9 dargestellt; Abb. 10 zeigt gestrichelt den Gang der Strahlen im Gerät. Die Zeichnung läßt auch die einzelnen Teile des Geräts erkennen. Das Instrument wird in der Sammlung der Royal Society in London aufbewahrt.

Es lohnt sich, dieses Instrument genauer anzusehen und sich in seine Konstruktion zu vertiefen. Die Gestalt des Instrumentes stellt das Ergebnis großer experimenteller Geschicklichkeit und Ausdauer dar. Ein jeder einzelne Teil entstand als Ergebnis von Forschungen und angestrengter Arbeit. Newton suchte lange nach einer entsprechenden Legierung für den Spiegel und wandte zahlreiche Rezepte an. In einem Brief an den Sekretär der Royal Society vom 29. September 1671 finden sich Zeilen, die uns das Bild des Chemikers und Metallurgen Newton lebhaft wiedergeben: „Anfangs schmolz ich reines Kupfer, dann fügte ich Arsen hinzu, und nachdem ich es mehrmals geschmolzen hatte, vermischte ich alles, indem ich mich hütete, den giftigen Rauch einzuatmen. Dann fügte ich Zinn hinzu, und nach einer sehr schnellen Schmelzung schmolz ich alles erneut. Hiernach goß ich sofort alles aus." Viele Jahre später beschrieb Newton ausführlich das von ihm ausgearbeitete Verfahren der Polierung von Metall für den Spiegel: „Die Poliermethode, die ich benutzte, war folgender Art: Ich hatte zwei runde Kupferscheiben, eine jede sechs Zoll im Durchmesser, eine konvexe und eine konkave, die genau aufeinander passend abgeschliffen waren. Auf der konvexen Scheibe schliff ich das Metall des Objektivs oder den Hohlspiegel, der poliert werden sollte, so lange, bis er die Form einer konkaven Scheibe annahm und zum Polieren fertig war. Dann bedeckte ich das konvexe Metall mit einer sehr dünnen Schicht Harz, indem ich das geschmolzene Harz auf das Metall tröpfelte und es erwärmte. Um das Harz weich zu halten, schliff ich es mit der konkaven Kupferscheibe, die dazu angefeuchtet war, um das Harz gleichmäßig auf der ganzen Oberfläche zu verteilen... Dann nahm ich sehr feine Asche, die von den gröberen Teilchen gereinigt war, und schliff, nachdem ich etwas davon auf das Harz gelegt hatte, mit dem konkaven Kupfer so lange auf dem Harz, bis das Schleifgeräusch verschwand; danach polierte ich in schneller Bewegung das Metall des Objektivs auf dem Harz im Verlauf von zwei bis drei Minuten, indem ich stark darauf drückte. Weiter schüttete ich auf das Harz neue Asche, schliff wiederum bis zum Verschwinden des Geräuschs und polierte darauf wie vorher das Metall des Objektivs. Diese Arbeit wiederholte ich so lange, bis das Metall fertig poliert war, indem ich es zum Schluß im Laufe einer gehörigen Zeit mit aller Kraft rieb und häufig auf das Harz hauchte, um es feucht zu halten, wobei ich keine neue Asche hinzufügte."

Es muß bemerkt werden, daß dieses Polierverfahren das Ergebnis eigener Experimente Newtons war und daß er die erfahrensten Londoner Poliermeister zwang, umzulernen. Es ist nicht bekannt, ob Newton auf eigene Initiative oder auf Initiative anderer Personen im Herbst 1671 sein Teleskop dem König zur Prüfung übersandte.

In jenen Jahren waren Teleskope nicht weniger modern als der „Stein der Weisen", und für sie interessierten sich weite Kreise der Bevölkerung. Die Nachricht, daß in Cambridge ein Erfinder ein Teleskop vollkommen neuer Konstruktion gebaut hatte, gelangte nach London und kam wahrscheinlich auch dem König zu Ohren. Das übersandte kleine Teleskop wurde von Karl II. und den Mitgliedern der kurz vorher (1662) bestätigten Royal Society, Hooke, dem Mathematiker, und Wren, dem berühmten Erbauer der St.-Pauls-Kathedrale in London, geprüft. Das Instrument wurde vollkommen gebilligt und am 11. Januar wurde Newton zum Mitglied der Society gewählt.

Die Royal Society in London ist eine der berühmtesten wissenschaftlichen Gesellschaften der Welt, die auch in unserer Zeit eine intensive Arbeit weiterführt. Sie erhielt die offizielle Sanktion gerade in den Studentenjahren Newtons und war demzufolge in jener Zeit eine ganz junge Einrichtung. Die Gesellschaft entstand aus einem privaten, fast verschwörerischen Kreis, den Boyle das „unsichtbare Kollegium" nannte. Sie bildete sich in der unruhigen Revolutionszeit im Jahre 1645 in London aus an Naturwissenschaften interessierten Laien. Solche Zirkel, Akademien und Gesellschaften waren für die Hochrenaissance charakteristisch. Besonders viele gab es in Italien (Accademia dei Lincei in Rom, Accademia del Cimento in Florenz u. a.). Das Hauptziel der Gesellschaft bestand in der Entwicklung der neuen Experimentalmethode, und deswegen war die Demonstration verschiedener neuer Erscheinungen und Apparate eine der Hauptbeschäftigungen auf den allwöchentlichen Tagungen. Bald wurden viele hervorragende Gelehrte und Leute des öffentlichen Lebens Mitglied der Gesellschaft. Abb. 13 gibt eine Liste aktiver und wirklicher Mitglieder der Gesellschaft wieder, aus der am 30. November 1671 die zehn Mitglieder des Rats der Gesellschaft gewählt werden sollten, ganz kurz vor der Wahl Newtons zum Mitglied der Gesellschaft. Zugleich mit den klangvollen Namen von Prinzen, dem Herzog von Buckingham u. a., sehen wir in dieser Liste die wirklich weit berühmten Namen Barrows, Boyles, Gregorys, des Astronomen Hevelius, Hookes, Huygens', des Philosophen Locke, des Mathematikers Wallis, des Architekten Wren u. a. In Anbetracht des glanzvollen Rufs dieses Privatzirkels verlieh ihm Karl II. im Jahre 1662 den Titel „Royal Society" und viele wissenschaftliche und materielle Privilegien. Die Gesellschaft erhielt ein Wappen mit der charakteristischen Devise des ungläubigen Apostel Thomas „Nullius in verba" (Worten allein glaube ich nicht). Die Gesellschaft diente mehr als irgendeine andere der europäischen Gesellschaften als Muster für wissenschaftliche Akademien, deren Schaffung zu Ende des 17. und 18. Jahrhunderts in den europäischen Staaten gewissermaßen zum „guten Ton" gehörte.

In Rußland, das gerade das „Fenster nach Europa" aufgestoßen hatte, wurde im Jahre 1724 auf Befehl Peters I. die „Kaiserliche Akademie der Wissenschaften in St. Petersburg", welche im Jahre 1725 die Arbeit aufnahm, gegründet. Dies war das russische Echo auf das Entstehen der Royal Society.

Die Royal Society wurde zur Hauptarena des wissenschaftlichen Kampfes und Sieges Newtons. Vom 30. November 1703 an bis zu seinem Lebensende war Newton Präsident dieser Gesellschaft.

Das Teleskop Newtons wurde bald zum Gegenstand des nationalen Stolzes in England und zum Lieblingsgerät der englischen Astronomen. Noch zu Lebzeiten des Erfinders verwandte Hadley viele Mühe auf die Vervollkommnung des Geräts. Newton selbst setzte seine Arbeiten an dem Instrument zumindest noch zehn Jahre fort. In der „Optik" erinnert er daran, daß er in den Jahren 1681–1682 versuchte, den Metallspiegel durch einen gläsernen Meniskus zu ersetzen, der nach der konvexen Seite mit Quecksilber bedeckt war. Eine sehr erfolgreiche Anwendung für die wichtigsten astronomischen Entdeckungen erfuhr das Spiegelteleskop in den Händen W. Herschels, der im Jahre 1789 ein Instrument baute, dessen Spiegel einen Durchmesser von 122 cm hatte[13]. Im 19. Jahrhundert baute Lord Rosse einen noch größeren Reflektor mit einem Spiegel, dessen Durchmesser 182 cm erreichte. Mit Hilfe dieses Fernrohrs wurden z. T. die Spiralnebel, d. h. neue Welten entdeckt, die unserem Milchstraßensystem (Galaktika) entsprechen. Im Jahre 1917 wurde auf dem Mount Wilson in den USA ein neuer Reflektor von Ritchey mit einem Spiegel von einem Durchmesser von 2,5 m aufgestellt. Mit diesem Instrument wurden die bemerkenswertesten astronomischen Entdeckungen der letzten Jahre gemacht (z. B. die universale Verschiebung der Spektrallinien nach der roten Seite des Spektrums in den Spiralnebeln, die direkt proportional der Entfernung dieser Nebel von der Milchstraße (Galaktik) zunimmt). Schließlich wurde im Jahre 1940 der Bau des gewaltigen Spiegelteleskops im Observatorium Mount Palomar in den USA mit einem Spiegeldurchmesser von 5 m beendet. Der zweite Weltkrieg verzögerte das Ausprobieren des neuen Instruments, und man mußte es tief unter der Erde vor etwaigen japanischen Bomben verbergen. Der Spiegeldurchmesser des neuen Instruments ist 200mal größer als der des ersten Newtonschen Teleskops, und seine Fläche, also auch die von dem Instrument aufgenommene Energie, $(200)^2 = 40\,000$mal größer als die Fläche der Spiegel Newtons. Verschiedene Überlegungen optischen und konstruktiven Charakters haben schon längst zur Schlußfolgerung geführt, daß es praktisch fast unmöglich und auf jeden Fall unzweckmäßig ist, Linsenteleskope mit einem Durchmesser von mehr als einem Meter zu bauen; deswegen bleibt für alle Aufgaben der Astronomie, für deren Lösung Teleskope mit großen Öffnungen notwendig sind, der Reflektor die einzige Lösung. Der Erfolg Newtons war nicht vorübergehend und zufällig, und sein Instrument hat für einige Jahrhunderte eine der Hauptentwicklungslinien der Instrumentalastronomie bestimmt.

Indem Newton sein Teleskop vorführte, erwähnte er auch die Möglichkeit zum Bau eines Spiegelmikroskops. Das Newtonsche Schema eines solchen Mikroskops ist durch Abb. 12 dargestellt. Das Spiegelmikroskop wurde im Jahre 1827 von dem italienischen Optiker Amici gebaut, hatte jedoch bis zur jüngsten Vergangenheit keine praktische Bedeutung, da die für die chromatische Aberration verbesserten Glasobjektive des Mikroskops (die sog. Achromate und Apochromate) bedeutende Vorzüge besaßen. Erst in der letzten Zeit, als das Bedürfnis nach Mikroskopen auftauchte, die ohne Verschiebung des Brennpunktes in allen Bereichen des Spektrums arbeiten, auch mit ultravioletten und infraroten Strahlen, mußte man erneut zu den Spiegelmikroskopobjektiven zurückkehren. Solche Objektive wurden unlängst von dem Leningrader Optischen Institut gebaut.

Das Teleskop Newtons kann man mit einer Ouvertüre zu seiner gesamten weiteren Tätigkeit vergleichen.

Wie sich in einer Ouvertüre, die einem großen Musikstück vorausgeht, die Hauptmotive dieses Stückes verflechten, genau so kann man am Teleskop Newtons die Quellen fast aller Hauptrichtungen seiner weiteren wissenschaftlichen Ideen und Arbeiten verfolgen.

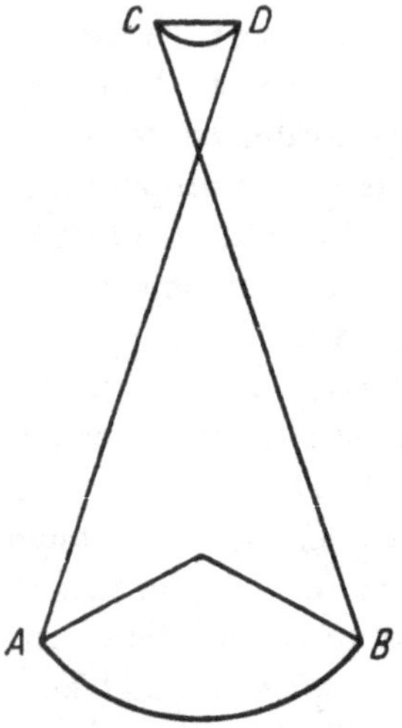

Abb. 12. Schema des Reflektionsmikroskops Newtons

Die Behandlung der chromatischen Aberration war der Beginn aller optischen Forschungen Newtons, das Suchen nach einer passenden Legierung für die Spiegel trug wahrscheinlich in nicht geringerem Grade zu den weiteren chemischen Forschungen Newtons und zu seiner kompetenten Verwaltung der Münze bei. Das direkte Ziel des Teleskops – der Sternhimmel – führte Newton zu den Hauptaufgaben der Himmelsmechanik und Astronomie. Schließlich hingen unvermeidlich die vergeblichen Mühen an den asphärischen Oberflächen mit der Geometrie der Kegelschnitte und mit den allgemeinen Aufgaben der Analyse zusammen.

Unmittelbar an diese „Teleskopouvertüre" schlossen sich der Reihe nach die wichtigsten Phasen des wissenschaftlichen Lebens Newtons an. Bereits eine Woche nach seiner Aufnahme als Mitglied in die Royal Society schreibt Newton die folgenden bemerkenswerten Zeilen an den Sekretär der Royal Society, Oldenburg: „Können Sie mir in Ihrem nächsten Brief wohl mitteilen, wie lange noch die wöchentlichen Versammlungen der Society dauern werden, da ich gedenke, der Royal Society eine Mitteilung über eine physikalische Entdeckung zur Begutachtung zu unterbreiten, die mich zum Bau des Teleskops geführt hat. Ich zweifle nicht daran, daß dieser Bericht angenehmer als die Mitteilung über das Instrument sein wird, denn meiner Meinung nach handelt es sich um die bemerkenswerteste, wenn nicht wichtigste Entdeckung, welche je hinsichtlich der Wirkungen der Natur gemacht wurde."

Am 6. Februar 1672 wurde auf einer Sitzung der Society der Bericht Newtons unter dem Titel „Eine neue Theorie des Lichts und der Farben" verlesen.

A LIST OF THE ROYAL SOCIETY
HIS SACRED MAJESTY KING CHARLES II FOUNDER AND PATRON.

A LIST
Of the present COUNCIL.

WILLIAM L. Visc. BROUNCKER
PRESIDENT

Robert Earl of	Ailesbury.
Sir John	Banks Baronet.
Daniel	Colwal Esquire.
Daniel	Cox M.D.
Jonathan	Goddard M.D. deceased.
Thomas	Henshaw Esquire.
Abraham	Hill Esquire.
John	Hoskins Esquire.
Sir John	Lowther Baronet.
Sir John	Laurence Kn. Ald. of L.
Henry Earl of	Norwich
Henry	Oldenburgh Esquire.
Sir William	Petty Knight.
Samuel	Pepys Esquire.
Seth Lord B. of	Salisbury.
Sir James	Shaen Kt. and Bar.
Sir Robert	Southwell Knight.
George	Smith M.D.
Sir Joseph	Williamson
Daniel	Whistler M.D.

Of these Members of the Council, Eleven are to be continued November 30. 1675.

LONDON
Printed for John Martyn, Printer to the Royal Society, MDCLXXV.

Abb. 13. Verzeichnis der Mitglieder der Royal Society 1671

Abb. 14. London zu Zeiten Newtons
Ansicht des Irrenhauses Bedlam, erbaut nach einem Plan R. Hookes

FÜNFTES KAPITEL

Die „Vorlesungen über Optik“ und „Eine neue Theorie des Lichts und der Farben“

1669–1672

Newton schwieg bis 1669 über seine optischen Entdeckungen, die er von 1664 bis 1668 auf seinem Gut in Woolsthorpe und in dem Trinity College gemacht hatte. Er teilte sie zum erstenmal mit, oder besser, er versuchte sie mitzuteilen, in Vorträgen und Vorlesungen, die er als Nachfolger Barrows auf dem Lucasischen Katheder dienstlich zu halten hatte.

Wie verliefen die Vorlesungen des jungen Professors?

Hierüber gibt es keine Nachrichten, und nur aus der letzten Zeit (ungefähr von 1680) stammt eine Mitteilung, daß die Vorlesungen Newtons bei den Studenten keinen Erfolg hatten, schlecht verstanden und schlecht besucht wurden. Zuweilen habe Newton gar keine Hörer im Vorlesungssaal vorgefunden und sei nach Hause gegangen.

Auf jeden Fall dürften die optischen Vorlesungen Newtons seinen Hörern kaum verständlich gewesen sein. Der größte Teil der Vorlesungen bestand aus einer ausführlichen Beschreibung zahlreicher Experimente. An die Möglichkeit von Vorlesungen mit experimentellen Vorführungen dachte in jener Zeit natürlich niemand, und zudem konnte man kaum auf direkte Sonnenstrahlen rechnen, die für Newtons Experimente während der Vorlesungen notwendig gewesen wären. Es blieben nur Zeichnungen und mündliche Erklärungen zu den Experimenten übrig. Derartige Beschreibungen, welche mit langen geometrischen Beweisen abwechselten, die nicht sogleich verstanden wurden, mußten den meisten unverständlich und langweilig erscheinen. Deswegen ist es nicht verwunderlich, daß die Vorlesungen Newtons kein Interesse erregten und wahrscheinlich ganz ohne Erfolg blieben. Auf jeden Fall trugen sie nicht zur Verbreitung der bemerkenswerten Erfindungen Newtons in England oder auch nur in Cambridge bei.

Die Manuskriptteile „Vorlesungen über Optik“ wurden in der Regel so, wie sie Newton in den Jahren 1669–1671 gelesen hatte, mit seinen

Verbesserungen versehen, im Archiv des College abgelegt; andere Schriften gingen von Hand zu Hand und wurden allmählich von einigen wenigen gelesen und aufgenommen.

Diese Vorlesungen Newtons erschienen erst nach seinem Tode im Druck. Zuerst wurde im Jahre 1728 eine gute englische Übersetzung des ersten (vorwiegend mathematischen) Teils des Manuskripts herausgebracht; im folgenden Jahr erschien eine lateinische Ausgabe „Vorlesungen über Optik"[14]. Eine vollständige Übersetzung der Vorlesungen gab es bisher in keiner der modernen Sprachen, und deswegen ist dieses erste große wissenschaftliche Werk Newtons auch bis jetzt wenig bekannt.

Bei der weiteren Schilderung der optischen Arbeiten Newtons stützen wir uns hauptsächlich auf die völlig reife und späte „Optik" (1704). Jedoch wurde vieles aus den „Vorlesungen" nicht in der „Optik" wiederholt; einige Stellen sind interessant durch ihre Unmittelbarkeit und Entschiedenheit, die in den folgenden Varianten der Newtonschen Lehre über das Licht fehlen. Deswegen ist es für eine klare Vorstellung der wissenschaftlichen Eigenart und des Charakters des jungen Newton nützlich, sich mit den einzelnen Stellen der „Vorlesungen" vertraut zu machen.

Der junge Professor erklärt, warum nach dem Lehrbuch Barrows sich nochmals Vorlesungen über Optik als notwendig erwiesen: „Die Erfindung der Teleskope hat so sehr die meisten Geometer gewitzigt, daß, so möchte es scheinen, in der Optik nichts Unerforschtes mehr bleibt und kein Platz für neue Entdeckungen da ist. Da ferner noch nicht allzulange Zeit verstrichen ist, seit die Erwägungen angestellt wurden, die Ihnen von diesem Lehrstuhl aus[15] mit einer solchen Mannigfaltigkeit optischer Einzelheiten und einer Fülle neuer genau bewiesener Feststellungen vorgetragen wurden, dürfte mein Versuch der erneuten Auslegung dieser Wissenschaft als eine überflüssige Kraftverschwendung und nutzlose Arbeit erscheinen. Jedoch habe ich bemerkt, daß die Geometer bisher die Eigenschaften des Lichts, die sich auf die Brechungen beziehen, falsch verstanden haben und ihre Beweise auf eine gewisse, ungenügend begründete physikalische Hypothese gestützt haben. Deswegen halte ich es nicht für nutzlos, die Grundsätze dieser Wissenschaft einer strengeren Forschung zu unterziehen und dem, was mein verehrter Vorgänger von dieser Stelle aus darlegte, das hinzuzufügen, was von mir in der Optik entdeckt und mittels zahlreicher Beweise begründet wurde."

Die Vorlesungen bestehen aus zwei Teilen. In dem ersten „Über die

Brechung der Lichtstrahlen“ wird experimentell die Abhängigkeit der Brechung von der Farbe der Strahlen festgestellt und weiter auf Grund der neuen erweiterten Lehre von der Brechung die geometrische Optik der brechenden Medien dargelegt. Hier folgt Newton in vielem der Tradition Barrows, indem er sich häufig in Fußnoten auf dessen Vorlesungen bezieht. Der zweite Teil der „Vorlesungen“, betitelt „Über die Herkunft der Farben“, trägt einen ganz anderen, revolutionären Charakter. Hier legt Newton neue Fundamente für die physikalische Lehre vom Licht und den Farben. Bemerkenswert sind die einleitenden Seiten dieses Teils, die voll von scharfer Kritik und voller Spott über die aristotelische Tradition sind, und einen Einblick in die Weltanschauung und Methode des jungen Newton gestatten. Diese Seiten, die vom biographischen Gesichtspunkt aus sehr wichtig sind, scheinen der Aufmerksamkeit der Forscher entgangen zu sein.

„Diejenigen, die bisher über Farben vorgetragen haben, taten es entweder in Worten, wie die Peripatetiker, oder waren bestrebt, wie die Epikureer und andere, neuere Autoren, ihre Natur und Ursachen zu erforschen“, sagt Newton. „Das, was die Peripatetiker hinsichtlich der Farben lehrten, hat, wenn es auch richtig ist, keine Bedeutung für unser Ziel, da sie weder den Vorgang behandelten, wodurch Farben entstehen, noch die Ursachen ihrer Mannigfaltigkeit. Indem sie sich über die Herkunft und die verschiedenen Arten der Dinge stritten, schrieben sie den Ursachen, die die Dinge und ihren Unterschied ändern, verschiedene Formen zu, aber über die Ursachen und Gründe irgendwelcher einzelner Form oder darüber, inwieweit sie sich von anderen unterscheiden, darüber hat niemand gesprochen. Demnach haben sie gerade das übersehen, was die Hauptaufgabe der Philosophen ist und was allein den Verstand befriedigen kann, der nach Naturerkenntnis dürstet.

Jedoch, um nicht diese schlechte Philosophie darzulegen, werden wir nur zeigen, daß ihre Erwägungen höchst dumm und lächerlich sind, wie etwa: ‚Neben den Formen bestehen andere Formen und neben den Qualitäten andere Qualitäten.‘ Insofern das Licht als Qualität oder Form bestimmt wird, die leuchtet, darf man nicht erwarten, daß wir etwas über die Ursachen des Lichtes hören werden, oder warum das Licht unterschiedlich ist, indem es verschiedene Farben erzeugt.“ Weiter führt Newton die Meinung an, die, wie wir gesehen haben, auch in den „Vorlesungen“ Barrows erscheint, und lehnt sie ohne Mühe ab.

„Man sagt auch“ – so schreibt er – „daß gewissen Farben mehr Licht als anderen beigemischt ist, aber das genügt nicht zur Erklärung der Farben, da keine Farbe aus einer Mischung von Weiß oder Schwarz allein entsteht, außer den dazwischenliegenden grauen Farben, und die Lichtmenge auch nicht die Art der Farbe ändert. Ein roter Körper erscheint immer als rot, sowohl in der Dämmerung als auch am hellsten Nachmittag." Wir haben bereits gesehen, daß auch bei Barrow diese Meinung nur als Beispiel und mit Spott angeführt wird. Weiterhin wird von Newton die Ansicht des Aristoteles zitiert und abgelehnt, daß die „Farbe die sichtbare Grenze in einem begrenzten Körper" ist, daß das „Licht die Eigenschaft des Durchsichtigen und die Farbe seine Grenze ist". „Aus all diesem" – so schreibt Newton – „kann man keineswegs verstehen, auf welche Art und Weise das Licht gebrochen wird, warum die Farben verschieden sind, worin die Ursache ihres Auftretens in den Teleskopen liegt und wie man diese Störung vermeiden kann."

Nachdem Newton mit den Peripatetikern abgerechnet hatte, ging er zu den Zeitgenossen über, d. h. zu Marci, Descartes, Hooke und anderen, ohne sie mit Namen zu nennen.

„Was die Meinung anderer Philosophen angeht, so behaupten sie, daß die Farben entweder aus einer verschiedenen Mischung des Schattens mit dem Licht oder aus Schwingungen eines gewissen ätherischen Mediums entstehen, wenn man das Licht als aus dem Antrieb des vibrierenden Mediums entstehend annimmt, das in die Netzhaut des Auges übertragen wird... Alle diese Behauptungen haben einen Fehler gemeinsam, nämlich den, daß die Modifikation des Lichts, das einzelne Farben hervorbringt, ihm nicht nach der Herkunft eigen ist, sondern bei der Reflexion oder der Brechung erworben wird... Die Vermischung des Lichts und des Schattens, eine Drehung von Kugeln oder die verschiedenen Schwingungen des Mediums sind, so nimmt man an, nicht den Strahlen vor ihrer Reflexion oder Brechung eigen; vielmehr man nimmt an, daß sie durch eben diese Wirkungen erzeugt werden. Die Peripatetiker folgern auch die Herkunft der Farben aus den Körpern, deren Farben, so behaupten sie, Eigenschaften sind. Wie sehr dies jedoch der Wahrheit widerspricht, geht überreichlich aus dem Folgenden hervor: Ich habe dagegen gefunden, daß die Modifikation des Lichts dem Licht eigen ist... und nicht zerstört noch durch irgendeine Art und Weise verändert werden kann." Indem Newton seine Hauptschlußfolgerungen aufzählt und kurz darlegt, zu denen wir weiter unten zurückkehren werden, schließt er seine Ausführungen mit den folgenden bemerkenswerten Worten: „Ich sehe kein Hindernis darin, zum Studium der Natur der Farben zu schreiten, in der bis jetzt keine Beziehung zur Mathematik gefunden wurde ... Aber genau so wie die

Astronomie, Geographie, Schiffahrt, Optik und Mechanik als mathematische Wissenschaften gelten, da es sich bei ihnen um physikalische Dinge – den Himmel, die Erde, das Schiff, das Licht und die örtliche Bewegung – handelt, genau so gehören auch die Farben zur Physik, und ihre Wissenschaft muß man als mathematische ansehen, soweit sie durch mathematische Erwägungen dargestellt wird ... Ich hoffe, an diesem Beispiel zu zeigen, was die Mathematik in der Naturphilosophie bedeutet, und die Geometer anzuregen, sich näher mit der Erforschung der Natur zu beschäftigen sowie die nach Kenntnis der Natur Dürstenden anzueifern, Geometrie zu studieren, damit die ersteren nicht all ihre Zeit auf Erwägungen verwenden, die für das menschliche Leben nutzlos sind, und die anderen, nachdem sie sich bisher vielfach mit falschen Methoden abgequält haben, endlich über deren Erfolgsaussichten Klarheit bekommen und damit künftig sowohl die philosophierenden Geometer wie die Philosophen, die die Geometrie anwenden, anstatt bloßer Vermutungen und Spekulationen, die zwar überall gelobt werden, die Wissenschaft von der Natur durch exakte Beweise fördern."

Die ersten Zeilen der angeführten Auszüge mit einem Lob auf die epikureische Philosophie lassen mit Recht im weiteren eine Entwicklung der atomistischen, epikureischen Konzeption des Lichts erwarten. Diese Erwartung wird jedoch enttäuscht. Newton wirft verächtlich die Klügeleien der Peripatetiker von sich, lehnt die Hypothese Descartes' und die Wellenerfindungen Hookes ab, spricht aber kein Wort von der atomistischen Erklärung des Lichts. Weder hier noch an anderen Stellen der „Vorlesungen" gibt es einen Hinweis, oder sei es auch nur eine Anspielung darauf, ob Newton irgendeine Hypothese über die Natur des Lichts angenommen oder bevorzugt hat. Anstatt dessen wird in dem oben zitierten Schlußabsatz die Notwendigkeit und die Möglichkeit der mathematischen Theorie des Lichts und der Farben proklamiert. Wie soll diese Theorie aufgebaut werden? Als Antwort auf diese Frage muß man in die „Vorlesungen" schauen und in die folgenden optischen Werke Newtons. An die Spitze des Ganzen wird das genaue Experiment gestellt, das auch die Grundlage des Axioms oder der Prinzipien bildet, die dieselbe Bedeutung wie die Axiome in der Geometrie haben. Mit ihrer Hilfe werden weiter auf logisch-mathematische Art und Weise die verschiedenen Schlüsse erzielt, die ihrerseits experimentell geprüft werden.

•

Wir müssen noch mehrmals zu der Frage über die Rolle der Hypothesen und Experimentalprinzipien in der wissenschaftlichen Arbeit Newtons zurückkehren. Es ist dabei nützlich, noch einmal auf die Verwandtschaft der Gesichtspunkte Newtons mit denen Barrows hinzuweisen. Für Barrow waren alle Hypothesen gleich willkürlich, und er führte einige von ihnen nur ordnungshalber an („ohne Hypothesen geht es nun mal nicht"). Der Unterschied in Newtons Arbeitsweise besteht darin, daß er mit dieser Ordnung ganz bricht und versucht, seine Wissenschaft ohne Hypothesen aufzubauen (d. h. ohne willkürliche Voraussetzungen, die experimentell nicht bewiesen sind).

Von diesem Gesichtspunkt aus erscheinen die „Vorlesungen über Optik" und auch später die „Optik" nicht nur dem Inhalt, sondern auch der Methode nach vollkommen neu.

Wie bereits gesagt wurde, sind die „Vorlesungen" praktisch nicht bis zur wissenschaftlichen Welt gelangt, und Newton mußte sich im Jahre 1672 mit einer besonderen Mitteilung an die Royal Society unter der Überschrift „Eine neue Theorie des Lichts und der Farben" wenden. Diese Denkschrift Newtons, die der Society am 6. Februar 1672 übermittelt wurde, zeigte der Welt zum erstenmal, was die Experimentalphysik leisten kann und wie sie sein soll. Newton zwang das Experiment, zu reden, auf die Fragen zu antworten, und solche Antworten zu geben, aus denen sich die „Theorie" ergab. Die Mitteilung endet mit den bemerkenswerten Worten: „Ich werde nicht willkürliche Annahmen mit unbestreitbaren Tatsachen verwechseln."

Newton baut sowohl in seiner Mitteilung als auch in den „Vorlesungen" seine Experimentaluntersuchung „nach Euklid" auf. Er gibt den aufgestellten „Sätzen" einen eindeutigen experimentellen Beweis. Aus den Sätzen ergeben sich logisch „Theoreme", die experimentell überprüft werden, und die Fragestellungen werden ebenfalls durch das Experiment beantwortet. Die „Prinzipien der Philosophie" Descartes' beginnen mit der weisen Regel: „Die Erforschung der Wahrheit erfordert, einmal im Jahr alles gründlichst in Zweifel zu stellen." Mehr als Descartes befolgte Newton diese Regel. In seinen optischen Werken und „Grundsätzen" fängt die Wissenschaft gewissermaßen von neuem an, so als ob vor Newton die Wissenschaft nicht bestanden habe. Die umfangreiche, aber ziemlich chaotische Arbeit auf dem Gebiet der Farbenlehre, die vor Newton geleistet wurde, tritt völlig zurück und verblaßt neben seinen optischen Forschungen.

Die Theorie, die von Newton aus mannigfaltigen Experimenten abgeleitet wurde, findet ihren Ausdruck in folgenden Sätzen der ersten Mitteilung Newtons:

1. Die Lichtstrahlen unterscheiden sich in ihrer Fähigkeit, diese oder jene besondere Farbe zu zeigen, genau wie sie sich nach dem

Grad der Brechbarkeit unterscheiden. Die Farben sind nicht, wie gewöhnlich angenommen wird, Modifikationen des Lichts, die es durch die Brechung und Zurückwerfung an den natürlichen Körpern erhält, sondern ursprüngliche und angeborene Eigenschaften des Lichts. Einige Strahlen sind imstande, die rote Farbe zu zeigen und keine andere, einige die gelbe und keine andere, einige nur die grüne usw.

2. Zu demselben Grade der Brechbarkeit gehört immer dieselbe Farbe und umgekehrt. Die am wenigsten brechbaren Strahlen sind alle nur fähig, die rote Farbe zu erzeugen, und umgekehrt, alle Strahlen, welche rot erscheinen, sind von der geringsten Brechbarkeit. Die am meisten brechbaren Strahlen erscheinen tief violett, die tief violetten sind von größter Brechbarkeit, und so gehören alle dazwischenliegenden Farben auch zu mittleren Graden der Brechbarkeit. Und diese Analogie zwischen den Farben und der Brechbarkeit ist so genau und so streng, daß die Strahlen entweder in beiden immer genau übereinstimmen oder gleichmäßig in beiden sich unterscheiden.

3. Die Art der Farbe und der Grad der Brechbarkeit, welche irgendeiner Art von Strahlen eigentümlich sind, sind nicht abzuändern, weder durch Brechung, noch durch Reflexion an einem Körper, noch durch irgendeine andere Ursache, soweit ich das entdecken konnte. Wenn irgendeine Art von Strahlen vollständig getrennt war von Strahlen jeder anderen Art, so behielt sie nachher hartnäckig ihre Farbe, trotz meiner äußersten Bemühungen, sie umzuändern. Ich habe sie durch Prismen gebrochen und von Körpern reflektieren lassen, die im Tageslicht von anderen Farben erschienen, ich habe sie aufgefangen durch die dünnen farbigen Luftschichten, welche sich zwischen zwei aufeinandergepreßten Glasplatten zeigen, habe sie durch gefärbte Medien gehen lassen und durch Medien, die, mit anderen Strahlenarten durchleuchtet, auch verschieden begrenzt waren; niemals aber konnte ich aus ihnen eine andere Farbe hervorbringen als die, welche ihnen ursprünglich eigen war. Sie wurden durch Sammlung oder Streuung lebhafter oder matter und bei dem Verlust vieler Strahlen in einigen Fällen auch ganz dunkel, aber niemals konnte ich eine Veränderung ihrer Art bemerken.

4. Scheinbar können Veränderungen der Farben bewirkt werden, wenn man nämlich irgendwelche Mischungen von Strahlen verschiedener Art vor sich hat. Denn in solchen Mischungen kann man die einzelnen Komponenten nicht unterscheiden, sondern diese bilden, indem sie sich gegenseitig beeinflussen, eine mittlere Farbe. Wenn

dann durch Brechung oder durch irgendeine andere Ursache die verschiedenen Strahlen, welche in einer solchen Mischung latent sind, getrennt werden, so werden auch Farben hervortreten, die von der Farbe der Mischung verschieden sind; diese Farben aber sind nicht neu erzeugt, sondern nur durch die Trennung sichtbar gemacht. Ebenso wie hier durch Zerlegung von Mischfarben kann man natürlich auch durch Zusammensetzung einfacher Farben Farbenveränderungen hervorbringen; auch diese sind natürlich nicht als reelle Umwandlungen anzusehen.

5. Wir müssen deshalb zwei Arten von Farben unterscheiden; die einen, welche ursprünglich und einfach, und die anderen, welche aus diesen zusammengesetzt sind. Die ursprünglichen oder primären Farben sind Rot, Gelb, Grün, Blau oder Violettpurpur sowie Orange, Indigo und eine unbestimmte Mannigfaltigkeit von dazwischenliegenden Schattierungen.

6. Die nämlichen Farben wie diese einfachen können der Art nach auch erzeugt werden durch Mischung; denn eine Mischung von Gelb und Blau gibt Grün, von Rot und Gelb gibt Orange, von Orange und gelblichem Grün gibt Gelb. Nur diejenigen Farben, welche im Spektrum zu weit voneinander entfernt sind, geben keine Mittelfarben. Orange und Indigo können nicht das dazwischenliegende Grün und Scharlachrot und Grün nicht Gelb hervorbringen.

7. Die erstaunlichste und wundervollste Farbenzusammensetzung ist aber die von Weiß. Es gibt keine Sorte von Strahlen, die es allein hervorbringen kann, es ist immer zusammengesetzt, und zu seiner Herstellung gehören alle vorerwähnten Farben im richtigen Verhältnis. Ich habe oft mit Erstaunen gesehen, wie alle prismatischen Farben, wenn sie konvergent gemacht und wieder so gemischt wurden, wie sie im Lichte vor dem Durchgang durch das Prisma enthalten waren, aufs neue ein gänzlich reines, vollkommen weißes Licht hervorbrachten, das sich vom direkten Sonnenlicht nur dann merklich unterschied, wenn die gebrauchten Gläser nicht ganz rein und farbenfrei waren.

8. Dies ist die Ursache, warum Weiß die gewöhnliche Farbe des Lichtes ist; denn Licht ist ein verworrenes Aggregat von Strahlen aller Arten von Farben, so wie sie gemengt von den verschiedenen Teilen der leuchtenden Körper ausgesandt werden. Ein solches wirres Aggregat erscheint weiß, wenn die Ingredienzien im richtigen Verhältnis stehen; wenn aber eines derselben vorwiegt, so muß sich das Licht der entsprechenden Farbe zuneigen, wie es bei der blauen

Flamme des Schwefels der Fall ist, der gelben einer Kerze und den verschiedenen Farben der Fixsterne.

9. Danach ist die Art, wie die Farben im Prisma entstehen, evident.

10. Von hier aus ist ebenso klar, wie die Farben des Regenbogens in den fallenden Tropfen erscheinen müssen.

11. Die seltsamen Erscheinungen, welche eine Infusion von Lignum Nephriticum oder Blattgold oder Stücke von gefärbtem Glase oder einige andere durchsichtige Körper zeigen, die in einer Lage andersfarbig erscheinen als in einer anderen, sind nun nicht länger rätselhaft; denn diese Substanzen sind fähig, eine andere Art von Licht zurückzuwerfen als sie selbst durchlassen, wie man leicht beobachten kann, wenn man die Stoffe in einem dunklen Zimmer mit homogenem, einfachem Licht beleuchtet. Denn dann erscheinen sie nur in der Farbe, mit welcher sie beleuchtet sind, aber in einer Lage lebhafter als in der anderen, je nachdem sie in der einen oder anderen Lage das auffallende Licht stärker zurückzuwerfen oder durchzulassen vermögen[16].

12. Hieraus erhellt sich auch der Grund jenes überraschenden Experiments, von welchem Mr. Hooke in seiner Micrographia berichtet. Wenn man zwei durchsichtige Gläser mit zwei durchsichtigen Flüssigkeiten, das eine mit einer blauen, das andere mit einer roten füllt, so erscheinen sie beide hintereinandergesetzt vollkommen undurchsichtig. Weil nämlich das eine Gefäß nur rote, das andere nur blaue Strahlen durchläßt, so können durch beide hindurch überhaupt keine Strahlen gehen.

13. Ich könnte nun noch mehrere Beispiele dieser Art beifügen, aber ich werde mit dem einen allgemeinen schließen, daß die Farben der natürlichen Körper keinen anderen Ursprung haben als die verschiedene Fähigkeit der Körper, spezielle Arten von Licht stärker zu reflektieren als andere. Auch das habe ich durch Auftreffenlassen von einfachen Lichtern verschiedener Farbe auf die Körper in einem dunklen Zimmer bewiesen.

Nach alledem kann nicht länger darüber gestritten werden, ob es Farben in der Dunkelheit gibt, und ob sie Eigenschaften der Gegenstände sind, die wir sehen, oder ob das Licht vielleicht selbst ein Körper sei. Denn wenn die Farben Eigenschaften des Lichts sind, deren ausschließliches und unmittelbares Subjekt die Strahlen sind, so können wir uns diese Strahlen nicht auch noch als Qualitäten denken; wenn wir nicht annehmen wollen, daß eine Qualität wieder Subjekt einer anderen Qualität sein und dieselbe tragen könne, welches in Wirklichkeit nichts weiter ist, als diese Qualität wieder als eine Substanz zu bezeichnen. Wir vermögen keinen Körper als Substanz zu erkennen, wenn nicht durch seine empfindbaren Qualitäten. Da wir nun den Grund der Farben nicht in den Körpern, sondern im Licht gefunden haben, so haben wir guten Grund, dieses als Substanz zu bezeichnen; und das um so eher, als kein Mensch jemals eine Qualität als ein heterogenes Aggregat angenommen hat, wie wir das vom Licht entdeckt haben. Aber vollständig und im einzelnen zu bestimmen, was das Licht ist, auf welche Weise es gebrochen wird und auf welche Art oder durch welche Aktion es in unserem Geiste die Empfindung der Farben hervorbringt, das ist nicht so leicht: und ich will hier nicht Konjekturen mit Gewißheiten zusammenmischen."

So sieht also die berühmte Theorie Newtons aus, welche nur am Ende eine leichte Anspielung auf die Substantialität und „Körperlichkeit" des Lichts enthält – eine Anspielung –, welche jedoch sofort aufgehoben wird durch die Erklärung, nicht eine unbestrittene Tatsache mit Vermutungen vermischen zu wollen. Diese klaren und ungewöhnlich inhaltsreichen Thesen des jungen Newton sind aufmerksam zu lesen. In ihnen erscheinen zum erstenmal in vollem Glanze die Besonderheiten der unzerstörbaren wissenschaftlichen Methode Newtons.

Die prismatischen Experimente Newtons wurden bereits im 18. Jahrhundert zu einem notwendigen Gegenstand des Schulunterrichts und gelten daher als allgemein bekannt. Leider trifft dies in Wirklichkeit nicht zu. An Stelle von Tatsachen und Schlußfolgerungen aus ihnen sind in der Mehrzahl der Fälle vereinfachte und vollkommen unrichtige Erzählungen verbreitet worden. Newton hat z. B. überhaupt nicht die prismatischen Farben entdeckt, wie man häufig schreibt. Sie waren lange vor ihm bekannt, von ihnen wußten Leonardo da Vinci, Galilei und viele andere; Glasprismen wurden im 17. Jahrhundert gerade wegen der prismatischen Farben verkauft. Die Experimente Newtons sind viel feiner und scharfsinniger als man gewöhnlich zu schildern pflegt, und die Schlußfolgerungen aus ihnen viel weitgehender und wichtiger als in den Lehrbüchern geschrieben steht.

Zur Erklärung der Experimentalkunst Newtons führen wir die Beschreibung einiger Experimente aus den „Vorlesungen" und der „Optik" an.

Wir haben bereits im dritten Kapitel erwähnt, daß man vor Newton Versuche anstellte, um die prismatischen Farben auf den Unterschied der Einfallswinkel der Sonnenstrahlen zurückzuführen (M. Marci). In den „Vorlesungen" beschrieb Newton ausführlich, indem er solche Mutmaßungen im Auge hatte, ein Experiment mit einer prismatischen Analyse des Lichts der Venus. Das Licht wurde von einem siebenfüßigen Teleskop mit einer Öffnung von mehr als zwei Zoll aufgefangen. Das Teleskop gab ein reelles Bild des Planeten auf Papier in einer Entfernung von sieben Fuß. Als zwischen dem Fernrohr und dem Papier das Prisma aufgestellt wurde, zog sich das Bild des Sterns in eine Linie auseinander, die über ein Zoll lang war. „Genau dasselbe, nehme ich an", schreibt Newton, „muß bei den Sternen erster Größe zu beobachten

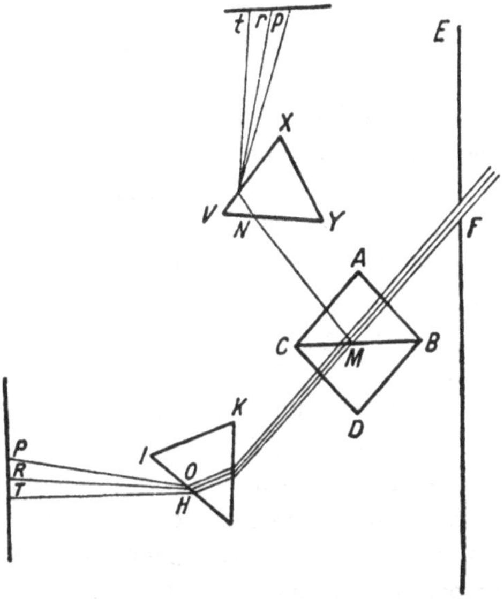

Abb. 15. Schema des Experiments Newtons mit der Teilung eines weißen Lichtstrahls in zwei sich gegenseitig spektral ergänzende Teile
Das Bild ist der „Optik" entnommen

sein, wie z. B. beim Sirius, insbesondere wenn man eine Linse mit einem Durchmesser von vier oder sechs Zoll anwendet, die viel Licht durchläßt." Dieses Experiment machte entschieden ein Ende mit einer Reihe von Zweifeln, welche anläßlich der Experimente Newtons im Zusammenhang mit dem endlichen Sehwinkelunterschied der Sonne entstanden waren, und hätte zusammen damit bereits den Forschern des 17. Jahrhunderts als Grundlage für die Astrospektroskopie dienen können. Leider wurde die Astrospektroskopie als systematisches Gebiet der Forschung erst in der zweiten Hälfte des 19. Jahrhunderts entwickelt.

Als Beweis des „Satzes", daß das Sonnenlicht aus Strahlen verschiedener Brechbarkeit besteht, führte Newton unter vielen anderen folgendes Experiment durch, welches wir nach einer Beschreibung in der

„Optik" (Abb. 15) zitieren: „Ich legte", schreibt Newton, „zwei Prismen gleicher Form zusammen, so daß ihre brechenden Kanten und entgegengesetzten Ränder parallel verliefen und sie ein Parallelepiped bildeten. Als das Sonnenlicht durch eine kleine Öffnung des Fensterladens in mein dunkles Zimmer fiel, stellte ich dieses Parallelepiped in einiger Entfernung von der Öffnung in solcher Lage in das Lichtbündel, daß die Kanten der Prismen senkrecht zu den Strahlen standen, welche auf die erste Fläche eines Prismas fielen; diese Strahlen verliefen weiter durch die zwei sich einander berührenden Flächen der beiden Prismen und traten aus der letzten Fläche des zweiten Prismas heraus. Da diese Fläche parallel der ersten Fläche des ersten Prismas verlief, so war das austretende Licht dem einfallenden parallel. Alsdann stellte ich ein drittes hinter diesen beiden Prismen auf, welches das austretende Licht brach. Infolge dieser Brechung fielen die gewöhnlichen prismatischen Farben auf die entgegengesetzte Wand. Ich drehte alsdann das Parallelepiped um seine Achse und fand, daß, wenn die einander berührenden Flächen der beiden Prismen zu sehr gegen die einfallenden Strahlen geneigt wurden, die Strahlen, welche im dritten Prisma die größte Brechung erfuhren und die Wand mit einem violetten und blauen Licht beleuchteten, infolge der totalen Reflexion aus dem durchgehenden Licht als erste verschwanden; die übrigen Strahlen jedoch blieben und färbten das Papier in ihren Farben — grün, gelb, orange und rot, wie vorher; bei einer weiteren Drehung der beiden Prismen verschwanden die übrigen Strahlen der Reihe nach gleichfalls infolge der totalen Reflexion und entsprechend ihrem Grad der Brechbarkeit. Demzufolge setzte sich das Licht, das aus den beiden Prismen heraustrat, aus Strahlen verschiedener Brechbarkeit zusammen, da die brechbareren Strahlen von ihm weggenommen werden können, die weniger brechbaren jedoch bleiben. Wenn auch dieses Licht, das nur durch die parallelen Oberflächen zweier Prismen hindurchgeht, irgendwelche Veränderungen infolge der Brechung an einer Fläche erleidet, so gehen sie bei der umgekehrten Brechung auf der anderen Oberfläche wieder verloren, und es erwirbt, indem es so in seiner ursprünglichen Struktur wiederhergestellt wird, genau dieselbe Natur und dieselben Eigenschaften wie anfangs vor dem Einfallen auf das Prisma: Deswegen war sowohl vor dem Einfallen als auch später das Licht aus Strahlen verschiedener Brechbarkeit zusammengesetzt."

Dieses elegante Experiment Newtons liefert ein bequemes Verfahren für die Teilung des Sonnenlichts in zwei Hälften mit brechbareren und weniger brechbaren Strahlen. Die Methode Newtons kann für die

Konstruktion von Lichtfiltern angewendet werden. Zu diesem Zweck wurde sie mit vollem Erfolg von E. M. Brumberg bei uns und später durch Regener in Deutschland angewendet[17].

Newton prüft in der „Optik" ausführlich und kritisch die Frage der Reinheit des Spektrums und das Verfahren der Erzielung monochromatischer Strahlen; er beschreibt schließlich eine Anlage, welche nichts anderes ist als der Kollimator eines Fraunhoferschen Spektrokops. In der Figur (Abb. 16) ist *F* eine runde Öffnung in einem Fensterladen, *MN* ist die Linse, welche das scharfe Bild *J* erzeugt. *ACB* ist das Prisma, vermittels dessen die Strahlen, die aus der Linse austreten, statt nach *J*

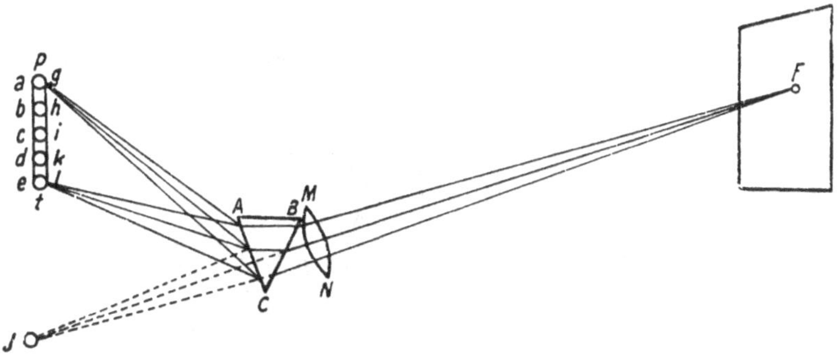

Abb. 16. Schema der Spektralanlage Newtons
Das Bild ist der „Optik" entnommen

nach *t* gebrochen werden, das runde Bild *J* wird in das verlängerte Bild *pt* verwandelt, das auf ein anderes Papier fällt. Dieses Bild besteht aus Kreisen, die einer hinter dem anderen in gradliniger Folge angeordnet sind; diese Kreise sind gleich dem Kreis *J* und entsprechen demzufolge der Größe nach der Öffnung *F*. Indem man die Öffnung verkleinert, kann man ziemlich bequem, indem man ihre Zentren unverändert läßt, diese Kreise nach Belieben verkleinern. So erhielt ich ein Bild, das vierzig- und zuweilen sechzig- bis siebzigmal schmaler als lang war ... Jedoch ist es besser, anstatt einer runden Öffnung *F* eine längliche Öffnung zu wählen, die eine Form ähnlich einem langen Parallelogramm besitzt, und deren Länge parallel dem Prisma *ACB* verläuft; denn wenn diese Öffnung ein oder zwei Zoll lang und nur den 10. oder 12. Teil eines Zolls breit oder noch enger ist, wird das Licht des Bildes *pt* genau so einfach wie vorher oder noch einfacher. Das Bild jedoch wird bedeutend breiter und demzufolge für Experimente geeigneter als früher.

An Stelle eines solchen Parallelogramms kann man eine dreieckige Öffnung mit zwei gleichen Seiten und einer Basis z. B. von ungefähr dem zehnten Teil eines Zolls und einer Höhe von einem Zoll oder mehr wählen. Wenn die Achse des Prismas parallel der Höhe des Dreiecks verläuft, wird das Bild *pt* (Abb. 17) aus gleichschenkligen Dreiecken gebildet. Diese Dreiecke sind an der Basis etwas trübe, oben jedoch klar. Deswegen ist auch das Licht auf dem helleren Rande des Bildes, dort, wo sich die Basis der Dreiecke befindet, etwas trübe, hingegen auf dem dunklen Rande völlig klar, während an allen Stellen zwischen den Rändern des Bildes die Vermischung proportional den Abständen dieser Stellen von dem dunklen Rande ist."

Hat man diese Seite gelesen, so muß man sich wundern, warum die dunklen Linien auf dem Sonnenspektrum zuerst von Wollaston und

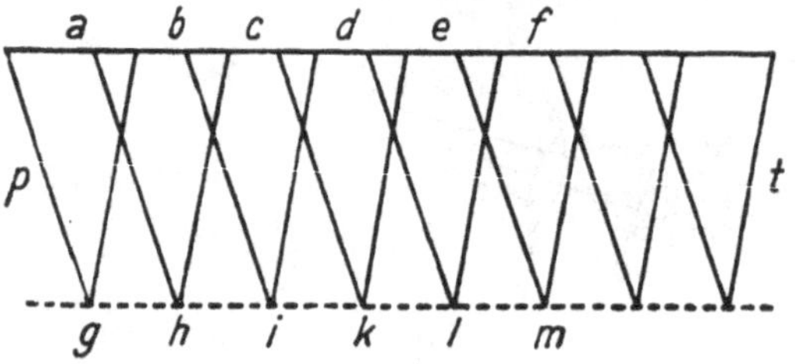

Abb. 17. Bild des Spektrums, das sich bei einem dreieckigen Spalt bildet
Das Bild ist der „Optik" entnommen

Fraunhofer zu Anfang des 19. Jahrhunderts und nicht von Newton im 17. Jahrhundert aufgefunden wurden.

Vom Gesichtspunkt der normalen Entwicklung der Wissenschaft dürfte dieser Umstand nicht allzusehr betrüblich sein. Solche Erscheinungen, wie die Fluoreszenz und die dunklen Linien im Sonnenspektrum, mußten zu jener Zeit als scharfer Widerspruch zu den klaren Schlußfolgerungen Newtons erscheinen und wären wahrscheinlich ein Hindernis für die Anerkennung der Ansichten Newtons und ihre normale Entwicklung gewesen. Viele Etappen der Geschichte der Wissenschaft lassen ein einstweilig bewußtes Verschließen der Augen vor einer Gruppe von Tatsachen und ganzen Erscheinungsgebieten erkennen, welche die Aufgaben komplizieren würden.

Als Beweis der Zusammensetzung des Sonnenlichts aus den Strahlen verschiedener Brechbarkeit führt Newton u. a. folgendes Experiment an:

„Ich ließ das Sonnenlicht durch zwei kleine runde Öffnungen *F* und *C* (Abb. 18), die im Fenster gemacht worden waren und durch zwei parallele Prismen *ABC* und $\alpha\beta\gamma$, die hinter den Öffnungen nebeneinander angebracht waren, in ein dunkles Zimmer.

Sie brachen zwei Lichtbündel zur entgegengesetzten Wand des Zimmers so, daß die zwei Spektren *PT MN*, die auf die Wand geworfen wurden, sich mit den Enden berührten und auf einer Geraden lagen, wobei das rote Ende *T* des einen Bildes das blaue *M* des anderen berührte. Stellt man ein drittes Prisma *DH* kreuzweise zu den beiden ersten, so werden die beiden gebrochenen Strahlen verschieden abgelenkt; die Spektren *PT* und *MN* liegen nicht mehr auf einer direkten geraden Linie, indem sie sich wie vorher mit den Enden berühren, sondern entfernen sich voneinander und verlaufen parallel."

Die Methode der gekreuzten Prismen, die von Newton ersonnen wurde, wird noch heute von den Optikern angewandt. So erforschte

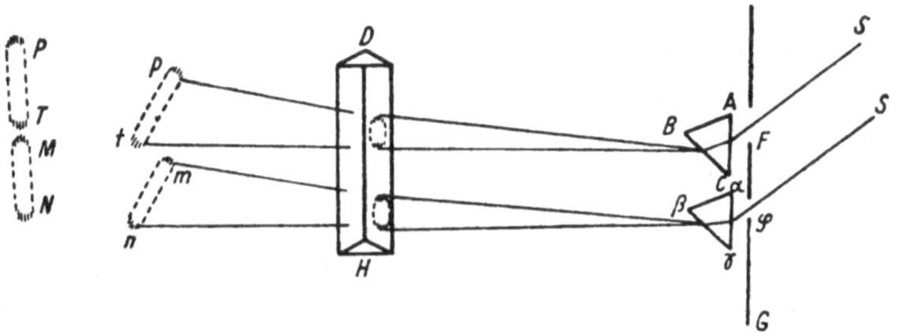

Abb. 18. Schema eines Experiments Newtons mit gekreuzten Prismen
Das Bild ist der „Optik" entnommen

Stokes die Spektren der Fluoreszenz, Kundt die sogenannte anomale Dispersion, Wood die Absorptionsspektren usw.

Die Newtonsche „Anatomie des weißen Lichtes", so von Fontenelle bezeichnet, führte zu einer scharfen Unterscheidung zwischen Farbempfindung und dem Begriff des einfachen monochromatischen Lichts. Eine unendliche Mannigfaltigkeit von Kombinationen der verschiedenen einfachen monochromatischen Strahlen kann ein und dieselbe Lichtempfindung hervorrufen; demzufolge bestimmt die Farbe allein nicht in gleicher Weise die Einfachheit oder Kompliziertheit eines Lichtstrahls. Bei der Konstruktion seiner „mathematischen Theorie der Farben" kennzeichnete Newton den physikalisch einfachen Strahl durch seinen Brechungsindex in einem gegebenen durchsichtigen Medium. Die Farbe wurde zum sekundären physiologischen Merkmal. Newton spricht mit Vorbedacht nicht von roten oder blauen Strahlen, sondern von Strahlen, „welche eine rote oder blaue Farbe schaffen", oder noch genauer, von Strahlen, die weniger oder stärker brechbar sind.

Die übliche Analogie zwischen Schall und Licht bricht hier zusammen. Dem Schall von bestimmter Tonhöhe, wenn auch durch eine Beimischung verschiedener, jedoch weniger starker Töne kompliziert, entspricht stets ein und derselbe physikalische Zustand (die Frequenz der Schallschwingungen). Einer gegebenen Farbe kann jedoch eine unendliche Mannigfaltigkeit physikalischer Zustände zugrunde liegen. Hinsichtlich der reinen Spektralfarbe jedoch bleibt die Analogie zwischen Schall und Licht in Kraft, und Newton versuchte sogar, die quantitative Ähnlichkeit an Hand eines Vergleichs mit der Oktave zu bestimmen. Allem Anschein nach schätzte Newton diese musikalisch-optische Analogie ganz besonders; zum erstenmal finden wir sie in den „Vorlesungen". 35 Jahre später taucht sie wiederum in der Optik auf. In den „Vorlesungen" spielt Newton auf die Beweggründe für diese Analogie an: „Ich halte eine derartige Einteilung für besser", sagt er von der musikalischen Einteilung, „nicht deswegen, weil sie am besten den Erscheinungen entspricht, sondern darum, weil ihr vielleicht etwas von der Harmonie der Farben (um die die Künstler wissen, aber von der ich selbst keine genügend klare Vorstellung habe) anhaftet, ähnlich etwa der Harmonie der Töne. Deswegen scheint die Ähnlichkeit zwischen dem äußersten Purpur (d. h. Violett) und dem Rot — den beiden Enden des Spektrums — und zwischen den Enden der Oktave (welche als Unisono wirken) wahrscheinlich." Indem er weiter von den quantitativen Messungen der Brechbarkeit spricht, die sich auf die Enden des sichtbaren Spektrums beziehen, bemerkt Newton skeptisch: „Im übrigen sind diese Bestimmungen, soweit dies die praktischen Dinge fordern, nicht streng geometrisch und nur annähernd genau; sich weiter hiermit abmühen zu wollen, würde bedeuten, außer langweiligen Berechnungen dem bloßen Vorwitz gegenüber Nachsicht zu üben." Hieraus ergibt sich die Wahrscheinlichkeit, daß Newton die musikalisch-optische Analogie bestenfalls nur als einen empirischen Zusammenhang ansah. In dieser Analogie dürfte nur bemerkenswert sein, daß tatsächlich das sichtbare Spektrum ungefähr eine Oktave der Lichtschwingungen einnimmt (die Frequenz der äußersten roten Farbe im Spektrum ist annähernd die Hälfte der Frequenz der Schwingungen der äußersten violetten sichtbaren Strahlen). Es liegt hier eine der in der Geschichte der Wissenschaften seltenen Tatsachen vor, daß aus offensichtlich falschen Voraussetzungen Schlüsse erhalten werden, welche quantitativ durch die Tatsachen bestätigt werden. Die Suggestion der Analogie zwischen den Farben eines sichtbaren Spektrums und den musikalischen Tonintervallen bildete anscheinend eine der Hauptursachen einer anderen falschen Behauptung Newtons, welche bedeutsamere Folgen hatte. Seiner Meinung nach haben die Spektren, die mittels Prismen aus irgendeinem durchsichtigen Stoffe erzielt werden, ein und dieselbe Länge, insofern nur die brechenden Winkel der Prismen gleich sind und die Brechung des mittleren Strahls des Spektrums dieselbe ist. Das Prisma kann aus verschiedenen Glassorten bestehen, aus Wasser oder sonstigen Stoffen mit verschiedenem Brechungsindex, aber stets muß bei gehöriger Berücksichtigung der Bedingungen des Experiments im Spektrum ein und dieselbe Länge erreicht werden, wobei die verschiedenen farbigen Teile sich auf ein und denselben Raum erstrekken werden. Mathematisch kann man diese Behauptung Newtons mit folgender Gleichung der Dispersion ausdrücken:

$$n = A + \varphi(\lambda), \tag{1}$$

darin ist n der Brechungsindex für die gegebene Farbe, welche durch die Größe λ (die Länge der Lichtwelle nach der Wellentheorie), charakterisiert wird, A eine Konstante, welche nicht von λ abhängt, aber welche sich von Stoff zu Stoff verändert, und $\varphi(\lambda)$ nach der Behauptung Newtons, eine gewisse Funktion von λ, die nicht von der Natur des Stoffes abhängt, und die von der erwähnten optischen Analogie bestimmt wird. In Wirklichkeit ist bei der Mehrzahl der für den sichtbaren Teil des Spektrums durchsichtigen farblosen Stoffe $\varphi(\lambda)$ mit der Natur des Stoffes veränderlich, und der Brechungsindex kann durch eine Formel ausgedrückt werden, welche zum erstenmal von Cauchy in der ersten Hälfte des 19. Jahrhunderts aufgestellt wurde, nämlich

$$n = A + \frac{B}{\lambda^2} + \frac{C}{\lambda^4} + \cdots \tag{2}$$

wo A, B, C... Konstante sind, die sich von Stoff zu Stoff verändern. Man kann schlecht verstehen, warum Newton beim Experimentieren nicht die Unrichtigkeit seiner Behauptung bemerkte. Die Messungen Newtons zeichneten sich stets durch Sorgfältigkeit und Genauigkeit aus, ob er mit vielen Glasprismen arbeitete oder auch mit dem Wasserprisma. Die einzige Erklärung des experimentellen Mißerfolges Newtons in dieser Hinsicht ist das schicksalhafte Zusammentreffen von Zufälligkeiten. Alle seine Glasprismen waren unter sich nach der Glassorte anscheinend wenig verschieden, und dem Regenwasser, das im Wasserprisma benutzt wurde, fügte Newton nach gewissen Berichten „zur Aufhellung" eine große Menge Bleizucker zu, welcher sich zum Teil auflöste und so die Dichte der Flüssigkeit erhöhte. Nach der Dispersionsformel (1) folgerte Newton die Unmöglichkeit einer

Achromatisation der Linsen und demzufolge die Hoffnungslosigkeit des Versuchs, optische Systeme ohne chromatische Aberration zu schaffen. In seiner falschen Behauptung war Newton beharrlich. Vier Jahre nach der Veröffentlichung seiner ersten Mitteilung berichtete der Lütticher Physiker Lucas in einem Brief an die Royal Society über seine Wiederholungen der Versuche Newtons. Die Experimente waren sorgfältig durchgeführt und bestätigten im allgemeinen alle wesentlichen Schlüsse Newtons. Ein wesentlicher Unterschied war jedoch die folgende quantitative Differenz. Bei Newton war bei der Arbeit mit einem Prisma von 63° 12′ das Spektrum stets fünfmal länger als breit, bei Lucas wurde von einem Prisma von 60° ein Spektrum erzielt, das nur um 3 oder 3½ mal länger als breit war. In seiner Antwort an Lucas versuchte Newton den Unterschied durch die geringe Differenz der Brechungswinkel seines Prismas und des Prismas Lucas' zu erklären, und er nahm zudem an, Lucas habe vielleicht nicht ganz genau die dunklen Enden des Spektrums bemerkt. Diese Bemerkungen konnten natürlich nicht die bedeutende Differenz in der Länge der Spektren erklären, die beim Experiment beobachtet wurde; Lucas arbeitete zweifellos mit einem Prisma aus einer anderen Glassorte als Newton. Dessen Meinung war jedoch ganz entschieden und hartnäckig. „Ich weiß“, sagte er, „daß die Beobachtungen bei Lucas nicht dieselben bleiben können, wenn der Brechungswinkel des Prismas 60° und der Tag hell ist, die volle Länge und Breite der Farben gemessen wird, und die Breite des Bildes dem Sonnendiameter entspricht. Ich bin fest von der Richtigkeit und Genauigkeit meiner eigenen Beobachtungen überzeugt.“ Es ist schwierig, irgendwelche theoretischen Begründungen für die voreingenommenen Meinungen Newtons außer der oben erwähnten musikalisch-optischen Analogie anzuführen. Zur Frage der Dispersion kehrte er nicht mehr zurück, und in allen Ausgaben der „Optik“, die zu seinen Lebzeiten erschienen, wiederholte er die früheren Experimente und hielt sich an seine frühere Meinung.

Bald nach dem Tode des Sir Isaac im Jahre 1729 baute More Hall das erste achromatische Fernrohr, das im Objektiv eine konvexe und konkave Linse aus verschiedenen Glassorten vereinte und demzufolge die Ansicht Newtons widerlegte. Es ist genau bekannt, wie Hall zu seiner Erfindung gelangt ist. Auf jeden Fall waren seine Gläser so geschliffen, daß gleichzeitig eine Verbesserung für die sphärische und chromatische Aberration eingeführt wurde. Hall veröffentlichte seine Erfindung nicht, und sie blieb für die Entwicklung sowohl der Physik als auch der Astronomie ohne Ergebnis.

Als theoretischer Gegner Newtons in der Frage der Dispersion trat im 18. Jahrhundert der Petersburger Akademiker Leonhard Euler auf. Er stützte sich auf die falsche Schlußfolgerung einer angeblich fehlenden Aberration im menschlichen Auge und brachte eine neue Dispersionsformel in Vorschlag. Nach dieser Formel ist die Dispersion bei verschiedenen Stoffen ungleich, und deswegen ist es möglich, Linsen aus solchen Gläsern auszusuchen, bei denen die chromatischen Fehler sich gegenseitig kompensieren. Die eigenen Experimente Eulers führten nicht zum Erfolg, jedoch gelang es dem englischen Optiker Dollond im Jahre 1757 aus der Kombination einer konkaven Linse aus schwerem Glas (Flintglas) und einer konvexen aus leichtem Glas (Kronglas) ein Objektiv mit einer sehr kleinen chromatischen Aberration zu bauen. Nach dem Erfolg Dollonds schlug Euler zahlreiche achromatische Verbindungen für die verschiedenen Instrumente vor, und die Newtonsche Behauptung von der Unmöglichkeit der Schaffung einer achromatischen Linsenoptik wurde endgültig widerlegt.

Newton bewies einwandfrei, daß für jeden gegebenen Stoff Lichtstrahlen verschiedener Brechbarkeit existieren, wobei zwischen der Brechbarkeit und der Farbe ein bestimmter Zusammenhang besteht. Jedoch fehlte bei Newton für eine Erklärung der Ursache der verschiedenen Dispersion noch der theoretische Boden.

Eine prinzipielle Lösung erhielt das Problem der Dispersion erst von da an, als die Wellentheorie des Lichts endgültig Wurzel faßte und der Gedanke auftauchte, daß die Materie in sich „Resonatoren" enthält, die mit ihren Schwingungen genau so auf die Lichtwellen antworten, wie eine Glocke beim Läuten einer benachbarten Glocke zu dröhnen und zu schwingen anfängt. Der Resonator ist durch „Eigenschwingungen" gekennzeichnet, die durch seine Eigenschaften, Elastizität und Trägheit ähnlich bestimmt werden, wie die Periode der Eigenschwingungen des Pendels durch seine Länge und die Beschleunigung der Schwerkraft bestimmt wird. Wenn sich das Licht durch ein Medium mit solchen Resonatoren ausbreitet, verändert sich seine Phasengeschwindigkeit in Abhängigkeit von dem Verhältnis zwischen der Wellenlänge λ des Lichts und der Wellenlänge λ_0, welche den Eigenschwingungen des Resonators entspricht. Sellmeier löste Mitte des vergangenen Jahrhunderts zum erstenmal diese Aufgabe exakt und erhielt folgende Formel für das Verhältnis der Lichtgeschwindigkeit im leeren Raum und im Körper, d. h. für den Brechungsindex:

$$n^2 = 1 + \frac{D\,\lambda^2}{\lambda^2 - \lambda_0^2}, \qquad (3)$$

wo n der Brechungsindex ist, D eine Konstante, proportional der Zahl der Resonatoren in der Volumeneinheit, λ die Wellenlänge des einfallenden Lichts (welche die Farbe charakterisiert) und λ_0 die Eigenwellenlänge des Resonators darstellt. Diese Formel stimmt im allgemeinen sehr genau mit dem Experiment überein (mit Ausnahme des Spektralbereichs, der unmittelbar an λ_0 angrenzt) und hat in wesentlichen Zügen ihre Bedeutung bis zu unserer Zeit beibehalten. Ihre merkwürdigste Folgerung, welche experimentell bestätigt wurde, ist die Notwendigkeit des Bestehens einer sogenannten anomalen Dispersion im Körper, bei der die gewöhnliche Reihenfolge der Farbe im Spektrum gestört wird (z. B. die violette Farbe kann sich zwischen grün und blau befinden). Für einige Lichtarten muß die gegebene Materie nach der Formel (2) einen Brechungsindex besitzen, der < 1 ist, was auch für die Röntgenstrahlen bestätigt wurde. Diese Strahlen können, indem sie aus dem leeren Raum auf ein Glas fallen, wie A. Compton zeigte, eine totale Reflexion erleiden. Alle diese Folgerungen ergeben sich aus Überlegungen über die Resonanz zwischen der Lichtschwingung und den Teilchen der Materie. Zu Zeiten Newtons erblickte die Wellentheorie eben erst das Licht der Welt und befand sich noch in einem sehr ungeklärten Zustand. Wie wir sehen, verhielt sich sogar Newton, indem er der Wellentheorie Gerechtigkeit widerfahren ließ, eher ablehnend als wohlwollend.

SECHSTES KAPITEL

Die Polemik Newtons mit Hooke und anderen aus Anlaß der optischen Arbeiten Die Hypothesen Newtons über das Licht

1672–1675

Das Spiegelteleskop Newtons erschien vor der damaligen gelehrten Welt als eine vollendete Tatsache. Es war ein fertiges Instrument vorhanden, mehr oder weniger vollkommen, und streiten konnte man bloß über die Priorität, Zweckmäßigkeit und Veränderung der Einzelheiten. Diese Streitigkeiten verstummten alsbald. Anders wurde die Veröffentlichung der „Neuen Theorie des Lichts und der Farben" aufgenommen, welche bis zu einem gewissen Grade die Voraussetzung für das Spiegelteleskop war. Der Gedanke von der zusammengesetzten Natur des weißen Lichts, die Entdeckung der einfachen Farben, die scharfe Abgrenzung der physiologischen und physikalischen Farbe und schließlich die unlösbare Verbindung der Brechbarkeit mit der Farbe waren ganz neue und für die Zeitgenossen Newtons unerwartete Behauptungen. Infolge der unvermeidlichen geistigen Trägheit war die Anerkennung der neuen Ansicht von einem langen und erbitterten Kampf begleitet. Nach Empfang der Denkschrift Newtons wählte die Royal Society zur Prüfung des übersandten Manuskripts eine aus drei Personen bestehende Kommission: den Astronomen Seth Ward, Boyle und Hooke. Einige Tage später schickte Hooke sein ausführlich motiviertes Gutachten. Hooke spielte in der Folgezeit eine wichtige Rolle im Leben Newtons als sein ständiger Kritiker und Gegner, und eine Lebensbeschreibung Newtons ist ohne einige Angaben über diesen bemerkenswerten Menschen undenkbar.

Robert Hooke wurde als Sohn eines Pastors im Jahre 1635 geboren und starb im Jahre 1703; er studierte an der Universität Oxford, nachdem er sich in Astronomie bei Seth Ward spezialisiert hatte, arbeitete einige Jahre zusammen mit Boyle, indem er ihm bei den berühmten Forschungen über die Kompressionsfähigkeit der Luft half. Im Jahre 1663 wurde Hooke als „Experimentator" in die Royal Society berufen. Seine Aufgabe bestand darin, bei den Sitzungen der Society die verschiedenen Experimente, sowohl seine eigenen als auch die Wiederholung und Prüfung anderer Versuche, vorzubereiten und vorzuführen. Die Vorführungen Hookes bildeten den Hauptgegenstand für die Sitzungen der Gesellschaft, und ohne sie wäre die Gesellschaft kaum so bekannt geworden. Nach den Worten eines neueren Biographen Hookes ist es keine Übertreibung, Hooke als den tatsächlichen Schöpfer der Gesellschaft zu bezeichnen.

Hooke war Physiker, Chemiker, Astronom und zugleich ein befähigter Architekt, nach dessen Plänen in London eine Reihe von Häusern, Instituten und Kirchen (darunter das berühmte Bedlam-Irrenhaus) gebaut wurde. Er war ein Mensch mit einer originellen Phantasie und Erfindergabe. Seine geistige Lebendigkeit, verbunden mit einem äußerst unbeständigen Charakter und mit wenig Ausdauer und Beharrlichkeit, sowie ein krankhafter Ehrgeiz waren für Hooke wirklich verhängnisvoll. Fast keine einzige seiner Erfindungen, kein einziger Gedanke, kein einziges Experiment wurden zu Ende geführt, sondern alle auf halbem Wege aufgegeben. Es kam zu ununterbrochenen Mißverständnissen, Beleidigungen, Neid und Prioritätsstreitigkeiten, welche das Leben Hookes ausfüllten. Fast jeder Gelehrte von Talent jener Zeit wurde ein Feind Hookes, weil seine Betätigung im Bereich der Wissenschaft und Technik so vielseitig war, daß ständig Fragen berührt werden mußten, mit denen er sich befaßt hatte; so entstanden Streitigkeiten über Priorität und sogar über Plagiate. Beständige Hast bei der Arbeit und Unvertrautheit mit der Literatur führten Hooke häufig zur Entdeckung von bereits bekannten Tatsachen. Einige Biographen, welche in ähnliche Fehler verfielen wie Hooke, beschuldigten ihn des bewußten Plagiats. Dies erscheint jedoch unberechtigt. Hooke war derart begabt und vielseitig, daß man nicht an der Originalität und Selbständigkeit seiner meisten Experimente, Ideen und Erfindungen zweifeln darf.

Der Feder Hookes entstammt die klassische „Mikrographie" (1665), welche einen wichtigen Platz in der Geschichte der physikalischen Optik und Mikroskopie einnimmt.

Mit seinem Namen ist das erste ausführliche Studium der Farben dünner Blättchen verbunden, wobei er dieser Erscheinung eine Auslegung vom Gesichtspunkt der Wellentheorie des Lichts gab. Hooke erklärte die verschiedenen Wechselwirkungen der Lichtwellen beim

Zusammentreffen durch die Verschiedenheit der Neigung der Wellenoberflächen gegen die Richtung der Strahlen. Der Begriff der Wellenlänge und der Phase waren ihm noch unbekannt. Unabhängig von Grimaldi, obgleich später als er, entdeckte Hooke die Erscheinungen der Diffraktion, der Beugung des Lichts beim Vorbeigehen an der Schneide eines Rasiermessers. Hooke entwarf die ersten Skizzen der Gravitations- und der Verbrennungstheorie, welche an die modernen Theorien erinnern; von ihm wurde zum erstenmal die Zellenstruktur der Pflanzen beschrieben, er ist der Autor des „Hookeschen Gesetzes" in der Elastizitätstheorie, und von ihm wurde der Gefrierpunkt des Wassers als Fundamentalpunkt eingeführt.

Von den zahlreichen Erfindungen Hookes sind noch die Federuhr, das Aräometer, die Projektionslampe, Apparate für die Erforschung des Meeresbodens, das Minimalthermometer, der Regenmesser usw. zu erwähnen.

Im Jahre 1935 wurde ein umfangreiches Tagebuch Hookes herausgegeben, das 18 Jahre umfaßt (1662–1680). Das Tagebuch enthält knappe Eintragungen, aus denen jedoch die Mannigfaltigkeit der Tätigkeit und Interessen Hookes und der ungeheure Umfang seiner gesellschaftlichen Beziehungen zu ersehen sind. Die Geselligkeit Hookes spiegelt sich schon allein dadurch wider, daß in seinem Tagebuch mehr als 100 Cafés und Gasthäuser erwähnt werden, die von ihm besucht wurden.

Offensichtlich war Hooke nach seiner Veranlagung, seinem Leben und Charakter ein vollkommener Antipode des beharrlichen, verschlossenen und geduldigen Newton mit seiner außerordentlichen Ausdauer und Fähigkeit, eine Arbeit zu Ende zu führen und u. U. auf eine Veröffentlichung jahrzehntelang zu warten, mit seinem mathematisch präzisen Verstand und seiner gewissenhaften Genauigkeit beim Experimentieren. Das Schicksal führte diese beiden entgegengesetzten Naturen in die Royal Society, und der Zusammenstoß war unvermeidlich.

In seinem Gutachten über die Denkschrift Newtons läßt Hooke mit einigen Zeilen der Sorgfalt und der Eleganz der Experimente Newtons Gerechtigkeit widerfahren und bestätigt ihre Richtigkeit. Er erhebt jedoch dagegen Einwendungen, daß die von Newton aus den Experimenten abgeleitete Hypothese richtig und in jedem Fall die einzig mögliche sei. Der Meinung Hookes zufolge finden die Versuche Newtons eine Erklärung in seiner eigenen Wellentheorie. Er stimmt nicht damit überein, daß die Farbe eine untrennbare, ursprüngliche Eigenschaft der Strahlen ist. Behaupten zu wollen, daß alle Farben als solche in einem einfachen Lichtstrahl enthalten sind, wäre nach den Worten Hookes genau das gleiche, als wolle man sagen, alle Töne seien in der Luft des Blasebalges einer Orgel oder in einer Saite enthalten, aus welchen sie durch Druck oder Schlag hervorgebracht werden. Die Zerlegung des weißen Lichts im Prisma wird nach Hooke durch eine Vibration der einfachen Wellenbewegung im Prisma hervorgerufen.

Die Bemerkungen Hookes, welche in kurzer und wenig begründeter Form geäußert wurden, enthielten einen sehr wichtigen und richtigen Einwand hinsichtlich der Schlüsse Newtons, der erst zwei Jahrhunderte später verständlich und allgemein angenommen wurde. Kann man als vollkommen zweifelsfrei und unmittelbar aus dem Experiment sich ergebend annehmen, wie dies Newton tat, daß die weiße Farbe der Sonne oder anderer leuchtender Körper eine mechanische Mischung einer unendlichen Anzahl einfacher Farben ist, die sich nur im Auge zu irgend etwas Ganzem zusammenfügen? Die Antwort hängt, so erweist es sich gegen Newton, in bedeutendem Maße davon ab, welche Vermutung hinsichtlich der Natur des Lichts angestellt wird. Betrachtet man das Licht als einen Strom von Teilchen, der in allen Richtungen von den leuchtenden Körpern ausgesandt wird (Emissionstheorie), so können die verschiedenen Farben nur den verschiedenen Lichtteilchen entsprechen, und die weiße Farbe entsteht nur bei einer gleichzeitigen Wirkung der verschiedenen Teilchen — sie wird zum Farbengemisch des Spektrums; anders lautet die Frage bei der Wellentheorie des Lichtes. Muß man das weiße Licht als eine Mischung „regelmäßiger" harmonischer Vibrationen, oder als das Ergebnis der Zerlegung einer gewissen komplizierten Wellenbewegung ansehen, welche dem weißen Licht entspricht? Das Geräusch, das beim Schlag mit einem Stock auf eine Trommel erzielt wird, ist selbstverständlich kein reiner musikalischer, harmonischer Ton, aber wenn er auf die Saiten eines offenen Klaviers fällt, zwingt er die einzelnen Saiten, zu ertönen, und wird demnach in reine Töne zerlegt. Umgekehrt: jedes Geräusch kann man künstlich erzeugen, indem man viele Instrumente mit reinen Tönen zwingt, gleichzeitig zu ertönen. In den achtziger Jahren des vergangenen Jahrhunderts erschienen fast gleichzeitig die Arbeiten Gouys, Rayleighs, Schusters und anderer, die gezeigt haben, daß das weiße Licht vom Gesichtspunkt der Wellentheorie mit gleichem Recht entweder als die Summe einfacher harmonischer Schwingungen (der Farben des Spektrums) oder als eine komplizierte Bewegung angesehen werden kann, welche durch das Prisma, den „Analysator", in harmonische Schwingungen zerlegt wird. Damals schien es vernünftiger, das weiße Licht der Sonne und anderer

Quellen als natürliches „Geräusch" und nicht als künstlichen Zusammenklang reiner Töne anzusehen, und wahrscheinlich war Hooke der Wahrheit näher als Newton.

Aber seit der Zeit, da die Quantennatur des Lichts in Erscheinung trat, erhielt die Ansicht Newtons von neuem eine gewisse Existenzberechtigung. Nach unseren modernen Vorstellungen ist die Lichtenergie in monochromatischen Zentren — Lichtquanten oder Photonen — konzentriert. Die Energie eines jeden solchen Photons ist stets gleich $h\nu$, wo ν die monochromatische Frequenz der Lichtschwingungen ist (d. h. die Zahl der Schwingungen in einer Sekunde) und h eine Konstante gleich $6{,}62 \cdot 10^{-27}$ ist. Das weiße Licht — das kontinuierliche Spektrum — ist die Summe, die Mischung der Photonen mit allen möglichen Frequenzen. Auf den ersten Blick scheint es, daß eine solche Behauptung einen Widerspruch bildet. Und tatsächlich, wenn jedes Photon eine endliche Energie besitzt, wie kann sich dann aus solchen Photonen ein kontinuierliches Spektrum mit allen möglichen Frequenzen bilden, deren Zahl unendlich ist? Die Lösung dieses Paradoxons besteht in folgendem: Wenn es möglich wäre, das Licht von einer sehr kleinen ausstrahlenden Fläche und im Verlauf einer genügend kurzen Zeit zu beobachten, so würde sich das Spektrum als aus einzelnen Linien und Streifen bestehend darstellen. Aus Gründen, die hauptsächlich mit den Welleneigenschaften des Lichts verbunden sind, können diese Linien nicht unendlich fein sein. Außerdem muß sich im Falle des weißen Lichts das Aussehen des Spektrums schnell und unregelmäßig verändern. Somit ist das, was weißes Licht oder kontinuierliches Spektrum genannt wird, in Wirklichkeit ein statistisches Mittel von diskontinuierlichen Spektren, deren Zusammensetzung unregelmäßig in der Zeit verändert wird.

Newton antwortete Hooke erst ein halbes Jahr später. Die Antwort war mit polemischer Meisterschaft geschrieben, und Newton mußte sich über sehr wichtige Fragen äußern. Er verstand es, alle schlecht begründeten Sätze Hookes auszunutzen und geschickt das Wesentliche zu umgehen. Newton äußerte seine Einstellung zur Wellentheorie des Lichts, indem er ihre Vorzüge unterstrich und gleichzeitig auf ihre — seiner Meinung nach —wesentlichen Mängel hinwies. Hier wird jedoch von ihm zum erstenmal eine Skizze der Kompromißtheorie gegeben, welche die Vorzüge der Korpuskular- und der Wellenhypothese verbindet.

„Es ist richtig", sagt Newton, „daß ich aus meiner Theorie über die Körperlichkeit des Lichts Schlüsse ziehe, aber ich tue dies ohne jede absolute Bestimmtheit, was auch durch das Wort ‚vielleicht' aufgezeigt wird. Diese Schlußfolgerung ist im äußersten Fall nur eine sehr wahrscheinliche Folgerung meiner Doktrin und keine wesentliche Voraussetzung.

Setzen wir einmal den Fall, ich bestände hartnäckig auf dieser Hypothese; aber selbst in diesem Fall kann ich nicht verstehen, warum mein Gegner derartige Einwendungen gegen sie erhebt. Diese Hypothese kommt seiner eigenen bedeutend näher, als er denkt. Die Schwingungen des Äthers sind gleich nützlich und notwendig, sowohl in dieser als in jener. Denn, wenn wir annehmen, daß die Lichtstrahlen aus kleinen Teilchen bestehen, die von dem leuchtenden Körper nach allen Seiten ausgesandt werden, so müssen diese Teilchen, indem sie auf brechende oder zurückwerfende Oberflächen fallen, im Äther ebenso unvermeidlich Schwingungen hervorrufen wie ein Stein, der ins Wasser geworfen wird. Wenn wir annehmen, daß diese Schwingungen eine verschiedene Breite oder einen verschiedenen Umfang je nach Größe oder Geschwindigkeit der Körperstrahlen haben, welche sie auslösten, so wird der Nutzen solcher Schwingungen für die Erklärung der Reflexion und der Brechung des Lichts, der Bildung der Wärme durch Sonnenstrahlen, der Ausstrahlung von Licht durch erwärmte, faulende und sonstige Stoffe, deren Teilchen sich in starker Bewegung befinden, für die Erklärung der Erscheinung der Farben dünner, durchsichtiger Blättchen und Seifenblasen und aller anderen natürlichen Körper, für die Erklärung des Sehvermögens, der verschiedenen Farben, ihrer Harmonie und Disharmonie der Aufmerksamkeit derjenigen nicht entgehen, welche es für zweckmäßig halten, Mühe auf die Aufstellung einer Hypothese zur Erklärung der Erscheinungen zu verwenden.

...Die schwingenden Teilchen des leuchtenden Körpers rufen je nach ihrer verschiedenen Größe, Form und Bewegung Schwingungen verschiedener Tiefe oder Umfangs im Äther hervor. (Wie aus dem weiteren ersichtlich ist, nennt Newton Tiefe oder Umfang das, was man gewöhnlich als Wellenlänge bezeichnet. S. W.) Wenn diese Schwingungen, ohne sich zu teilen, durch das Medium in unser Auge gelangen, rufen sie das Empfinden der weißen Farbe hervor, wenn sie jedoch auf irgendeine Art und Weise voneinander getrennt werden, werden sie entsprechend ihren ungleichen Größen das Empfinden verschiedener Farben hervorrufen: die stärksten Schwingungen werden das Rot, die schwächsten oder kurzen das Dunkelviolett, die Zwischenschwingungen jedoch Zwischenfarben hervorrufen. Es entspricht einer natürlichen Annahme, daß die stärksten Schwingungen am besten für die Überwindung des Widerstandes der Brechungsoberflächen geeignet sind; daher gehen sie mit der geringsten Brechung hindurch. Somit ergibt sich von selbst aus der Hypothese die verschiedene Brechung der verschiedenen Farben." Indem Newton nebenbei diese hypothetische Erklärung der Dispersion erwähnt, geht er zur Erklärung der Farben dünner Blättchen über: „Nach dieser Hypothese", sagt er, „ist es ohne weiteres klar, daß es nur von der Dicke eines dünnen Blättchens abhängen wird, ob die Schwingung von der hinteren Oberfläche reflektiert oder nach außen durchgehen wird, so daß entsprechend den verschiedenen Dicken des Blättchens die verschiedenen Farben durchgelassen oder zurückgeworfen werden. Die Schwingungen, welche die blaue und violette Farbe hervorrufen, sind kürzer als jene, welche Rot oder Gelb hervorrufen; deswegen müssen sie auch bei einer geringeren Dicke des Blättchens usw. zurückgeworfen werden.

Mir scheint es, daß all dies klare, primäre und notwendige Folgen der Hypothese sind, und sie stimmen so gut mit meiner Theorie überein, daß, wenn mein Gegner sie für richtig hält, er nicht das Zusammenbrechen seiner Hypothese zu fürchten braucht. Ich weiß jedoch nicht, auf welche Art und Weise er seine Hypothese gegen die anderen Schwierigkeiten schützen kann. Meiner Meinung nach ist sein Hauptsatz unmöglich, wonach sich Wellen oder Schwingungen irgendeiner Flüssigkeit gradlinig ausbreiten ohne Beugung oder Fortpflanzung in das ruhende Medium hinein, von dem sie umgeben sind. Entweder irre ich mich sehr, oder das Experiment und die Beobachtung führen zu der umgekehrten Schlußfolgerung."

Newton haftet — zumindest nach der Auffassung des 19. Jahrhunderts — der „üble Ruf" des Schöpfers und glühenden Verteidigers der Korpuskular- oder Emissionstheorie des Lichts an. Die angeführten Worte Newtons beweisen überzeugend, daß es kaum unter den Zeitgenossen Newtons, Huygens und Hooke nicht ausgeschlossen, Physiker gab, die sich so klar den ganzen Nutzen der Wellentheorie und ihrer Hauptzüge vorgestellt haben. Den Haupteinwand Newtons gegen die Wellentheorie, den wir am Ende anführten, und der auf die Unmöglichkeit hinausläuft, die gradlinige Ausbreitung des Lichts zu erklären, zu beseitigen gelang erst Fresnel 150 Jahre später mit Hilfe des Prinzips der Interferenz. Huygens erklärte die Gradlinigkeit der Ausbreitung des Lichts auf Grund der Wellentheorie offensichtlich falsch, Newton brachte eine Kompromißhypothese vor, indem er die Vorzüge der Emissions- und der Wellenauffassung verband. Sehen wir weiter, welche Entwicklung diese ursprünglichen Ansichten Newtons erfuhren.

Fast gleichzeitig mit Hooke traten als Kritiker der Theorie Newtons andere Gegner auf: Huygens, die Jesuiten Pardies, Linus u. a. Huygens versuchte, ohne Erfolg, die Möglichkeit der Zusammensetzung des weißen Lichts aus Gelb und Blau zu verteidigen. Die Einwendungen Pardies' stützten sich auf die berühmten Sehwinkeldifferenzen der Sonnenscheibe, von denen bereits früher die Rede war; Linus wiederholte ungeschickt die Experimente Newtons.

Neben offenen Kritikern gab es auch verborgene Kritiker. Flamsteed, der den Titel „Königlicher Astronom“ hatte (von ihm wird noch mehrmals die Rede sein), drückte in einem Brief an Collins Zweifel über die Richtigkeit der Schlußfolgerungen Newtons aus. Aber natürlich gab es auch Personen, welche die Arbeit Newtons vollständig begriffen hatten und die sie schätzten. James Gregory schrieb an Collins: „Ich war sehr erstaunt über die Experimente des Mr. Newton. Sie werden offensichtlich große Veränderungen im ganzen System der Naturphilosophie hervorrufen, wenn nur die Tatsachen richtig sind, woran ich nicht zweifle.“

Newton wurde in eine Polemik hineingezogen; er mußte lange Briefe an die Kritiker schreiben, welche durch die Hände des Sekretärs der Royal Society, Oldenburg, gingen. Die unbegründeten Einwendungen reizten Newton, die Bezeichnung seiner Schlußfolgerungen als Hypothesen beleidigte ihn, gerade das war ein Wort, das er nicht ertrug. „Sie wissen“, schrieb er an Oldenburg, „daß die wahre Methode, Eigenschaften der Dinge zu entdecken, in ihrer Erschließung aus dem Experiment besteht. Ich habe Ihnen bereits gesagt, daß meine Theorie für mich beweiskräftig ist... nicht nur deswegen, weil alle anderen entgegengesetzten Vermutungen widerlegt werden, sondern deswegen, weil sie sich aus positiven und unmittelbar entscheidenden Experimenten ergibt.“

Indem Newton ein zweites Mal dem Jesuiten Pardies über Oldenburg antwortete, wiederholte er von neuem gereizt: „Ich bemerke vor allem, daß meine Lehre über die Brechung des Lichts und über die Farbe allein in der Feststellung einiger Eigenschaften des Lichtes ohne jede Hypothese über seine Herkunft besteht.

Denn als beste und zuverlässigste Methode bei der Erforschung der Natur dient vor allem die Entdeckung und die experimentelle Feststellung der Eigenschaften der Erscheinungen, und die Hypothesen über ihre Entstehung kann man in den Hintergrund treten lassen. Diese Hypothesen müssen sich der Natur der Erscheinungen unterwerfen und dürfen nicht versuchen, sich diese zu unterwerfen, indem sie die experimentellen Tatsachen unbeachtet lassen. Und wenn jemand eine Hypothese nur deswegen schafft, weil sie möglich ist, begreife ich nicht, wie man in irgendeiner Wissenschaft irgend etwas mit Genauigkeit feststellen kann: Ist es doch möglich, immer neue und neue Hypothesen auszudenken, die neue Schwierigkeiten hervorrufen."

Weiter wiederholte Newton das, was bereits vor ihm sein Lehrer Barrow in den „Vorlesungen über Optik" erklärt hatte: „Ich halte das Licht für irgendein Wesen oder eine Kraft (möge es ein Stoff oder eine beliebige Kraft, Wirkung oder Eigenschaft dieses Stoffes sein), welche, indem sie gradlinig von dem leuchtenden Körper ausgeht, die Möglichkeit des Sehens ergibt."

Aber alle diese Versuche, sich mit unwiderlegbaren Experimenten und der Mathematik zu verteidigen, retteten Newton nicht vor neuen Einwendungen und weiterer Polemik.

Die Kritiker nahmen Zuflucht zu dem unvermeidlichen Argument der Winkeldifferenzen der Sonnenscheibe (Pardies), des Einflusses der Wolken auf die Experimente und Messungen Newtons (Linus), und in der Mehrzahl der Fälle wiederholten sie schlecht und nachlässig seine Experimente, was lange Erklärungen und Verbesserungen verursachte.

Newton überzeugte sich immer mehr von seiner Überlegenheit in der Kunst des Experimentierens. Hier liegt anscheinend die Erklärung dafür, daß er den Experimenten Lucas' in Lüttich nicht die gehörige Aufmerksamkeit schenkte, der sich vor den anderen sowohl durch Sorgfalt als auch durch Initiative auszeichnete.

Über das Leben Newtons in den hier besprochenen Jahren (1672 bis 1676) sind nur unvollständige Mitteilungen zu uns gelangt. Seine Beschäftigung war sehr vielseitig. Außer den Vorlesungen über Optik ergänzte er die Übersetzung der weitverbreiteten Algebra Kinghuysens, hielt Vorlesungen über Geographie und gab im Zusammenhang damit einen Geographiekursus des Varenius[18] (mit eigenen Zusätzen) heraus. Leider ist bis zur heutigen Zeit der Charakter und der Umfang der Bearbeitung, die von Newton bei der Ausgabe dieses bekannten Buches geleistet wurde, anscheinend überhaupt nicht studiert worden. Bekannt ist nur nach einem erhalten gebliebenen Katalog der Bibliothek Newtons, daß er viel über Geographie — zum Teil auch über die Geographie Rußlands — las.

Im Frühjahr 1673 trat Newton als einer der Kandidaten für den Lehrstuhl für Zivilrecht im Trinity-College (law-fellowship) auf, aber aus Erwägungen der Fachkundigkeit wurde einem anderen Kandidaten der Vorzug gegeben. Anscheinend versuchte Newton im Hinblick auf den bevorstehenden Ablauf seiner Mitgliedschaft im College im Jahre 1675 auf diese Weise seine Stellung zu sichern.

Es sind einige Briefe Newtons erhalten geblieben, die sich auf die Periode von 1672—1675 beziehen, und die von seiner Reizbarkeit und gedrückten Stimmung in dieser Zeit Zeugnis ablegen. In einem Brief an Oldenburg vom 8. März 1673 wendet sich Newton an den Sekretär der Royal Society mit der sonderbaren Bitte, ihn aus der Mitgliederliste zu streichen; diese Bitte wird mit der Nutzlosigkeit des Verweilens in der Gesellschaft und der Unmöglichkeit motiviert, ihre Sitzungen wegen der weiten Entfernung Cambridges von London zu besuchen. Zum Glück für die Gesellschaft gelang es Oldenburg, Newton seine Absicht auszureden, und zwei Jahre später wurde Newton von dem monatlichen Pflichtbeitrag von einem Schilling befreit. Darauf schreibt Newton am 23. Juni 1673 an Oldenburg, daß er sich nicht weiter mit den Naturwissenschaften zu beschäftigen wünsche und darauf verzichte, auf die kritischen Briefe und Artikel zu antworten.

Im Januar 1676 bezieht er sich in einem Brief an Oldenburg auf gewisse Dinge, welche ihm unlängst durch Freunde zugetragen worden waren, und auch auf persönliche Angelegenheiten, „welche im gegenwärtigen Augenblick alle meine Gedanken und meine Zeit in Anspruch nehmen“. Diese Angelegenheiten, die Newton ablenkten, sind unaufgehellt geblieben; es ist möglich, daß es sich um die chemischen Beschäftigungen und Versuche Newtons handelt, auf die später zurückzukommen ist.

Am 18. November 1676 schreibt er nochmals an Oldenburg: „... Ich sehe, daß ich zum Sklaven der Philosophie geworden bin; wenn ich die Angelegenheit des Mr. Lucas erledigt habe, werde ich entschlossen und auf immer von der Philosophie, mit Ausnahme der für die Veröffentlichung nach meinem Tode bestimmten Arbeit, Abschied nehmen. Ich habe mich überzeugt, daß man entweder nichts Neues mitteilen darf oder daß man alle seine Kräfte auf die Verteidigung verwenden muß!“

Es ist schwer, zu sagen, welches die wahren Gründe dieser sonderbaren Stimmungen Newtons waren. Die kritischen Angriffe stahlen ihm schlimmstenfalls seine Zeit, indem sie ihn von der laufenden Arbeit ablenkten. Aus allen Streitigkeiten ging Newton unvermeidlich als Sieger auch dann hervor, wenn er nicht ganz im Recht war. In diesem Kampf und diesen Streitigkeiten wuchs seine Autorität nur noch mehr. An und für sich war die lange und lebhafte Polemik im Laufe von vier Jahren ein Beweis des großen Interesses an den Forschungen Newtons. Unter solchen Umständen muß der niedergedrückte und gereizte Zustand Newtons durch irgendwelche anderen Ursachen hervorgerufen worden sein, welche bisher unbekannt geblieben sind.

Übrigens stellte Newton in diesen Jahren seine theoretischen und experimentellen Arbeiten keineswegs ein. Die Experimente mit dem Licht wurden fortgesetzt. Newton schritt zum Studium der Farben dünner Blättchen und der Erscheinung der Beugung des Lichts und arbeitete die Analysis des Unendlichen aus. Collins, ein früherer freiwilliger Vermittler zwischen den Gelehrten, der die originelle Rolle einer wissenschaftlichen Zeitung spielte, schrieb am 19. Oktober 1675 an Gregory, daß er bereits seit ungefähr einem Jahr nicht mit Newton gesprochen, noch ihn gesehen habe, da er ihn nicht bei seinen chemischen Forschungen und Experimenten stören wolle. Zugleich bemerkt Collins nebenbei, daß die mathematischen Spekulationen Barrows und Newtons letzten Endes trocken und fruchtlos erschienen.

Ende des Jahres 1675 sandte Newton der Royal Society eine umfangreiche Denkschrift ein unter der langen Überschrift: „Theorie des Lichts und der Farbe, welche die Hypothese zur Erklärung der Eigenschaften des Lichtes enthält, die von dem Verfasser in den vorhergehenden Denkschriften dargelegt worden sind, sowie eine Beschreibung der wesentlichsten Erscheinungen der verschiedenen Farben dünner Blättchen und der Seifenblasen, die gleichfalls von den früher charakterisierten Eigenschaften des Lichts abhängen.“ Anlaß zum Entstehen dieser in ihrer Art einzigen Schrift Newtons gaben anscheinend Forschungen Hookes über die Farben dünner Blättchen und die Erscheinungen der Beugung des Lichts beim Vorbeigehen an der Schneide eines Rasiermessers. Die umfangreiche Arbeit Newtons wurde auf einigen Sitzungen der Royal Society verlesen.

In einem Begleitschreiben an Oldenburg führte Newton aus, welches die Beweggründe waren, die ihn dazu veranlaßten, die Hypothese zu veröffentlichen: „Ich hatte vorher niemals die Absicht, irgendwelche Hypothesen über das Licht und die Farben zu veröffentlichen, da ich befürchtete, in nutzlose Streitigkeiten hineingezogen zu werden. Ich hoffe jedoch, daß meine der Öffentlichkeit bekanntgemachte Absicht, nicht auf Einwendungen antworten zu wollen, meine Befürchtungen überflüssig machen wird. Ich nehme an, daß eine derartige Hypothese jene Arbeit, welche ich Ihnen versprochen habe, bedeutend anschaulicher machen wird. In dieser Woche hatte ich gerade etwas Zeit, und so ließ ich mich nicht abhalten, fügte meine Hypothese hinzu, formulierte meine Gedanken, ohne mich darum zu kümmern, ob man sie als wahrscheinlich oder unwahrscheinlich ansehen werde. An der schlechten Schrift können Sie ersehen, daß ich eilig schrieb und keine Zeit fand, die Arbeit ins reine zu schreiben."

Im Texte der Arbeit weist Newton mehrmals nachdrücklich darauf hin, daß er die vorgelegte Hypothese nicht als für sich bindend ansehe. Das Wesentliche dieser Hypothese war von Newton bereits in seiner Antwort auf die Einwände Hookes vorgebracht worden, von denen schon die Rede war. Von neuem unterbreitete er hier einen Kompromiß, welcher die Vorzüge der Wellen- und Emissionstheorie verband. Die Lichtkörperchen erzeugen Vibrationen im Äther, welcher sich in der Materie und um sie herum befindet. Newton gibt eine ziemlich ausführliche Darstellung seines Begriffs vom Äther: „Wir nehmen an, daß der Äther der Luft ähnlich, jedoch feiner und elastischer ist; er ist nicht gleichförmig und besteht aus einer gewissen groben Materie und verschiedenen ätherischen Flüssigkeiten. Diese Ungleichförmigkeit rührt anscheinend von dem Vorhandensein elektrischer und magnetischer Ausströmungen der Körper und von dem Einfluß der Gravitation her." Newton beschreibt einige seiner elektrostatischen Versuche und schließt damit, daß er sich die hierbei hervorgerufene Bewegung nicht anders als mit Hilfe der verdunstenden und sich wieder kondensierenden ätherischen Materie vorstellen könne. Auf ähnliche Art und Weise wird die Anziehungskraft der Erde als beständige Kondensation einer gewissen ätherischen Flüssigkeit auf der Erde dargestellt. Die infolgedessen entstehenden ätherischen Ströme in Richtung der Erde pressen die Körper mit einer Kraft an die Erde, die proportional der Oberfläche dieser Körper ist. Ähnlich wie die Erde kann die Sonne ebenfalls diese Substanz ansaugen, indem sie somit die Fähigkeit beibehält, zu leuchten, und die Planeten verhindert, sich von ihr zu entfernen[19]. Der Äther jedoch durchdringt nicht alle Körper ungehindert; deswegen ist er in den Körpern weniger dicht als in dem umgebenden Raum, und in einigen Körpern dichter als in anderen. Newton weist auf die Möglichkeit der Erklärung der Kohäsion, Elastizität und der Muskelbewegungen mit Hilfe des Äthers hin, indem er jedoch Schwierigkeiten in der letzten Frage bemerkt.

„Meiner Meinung nach", sagt Newton, indem er zu dem optischen Problem zurückkehrt, „kann man das Licht weder als einen Äther noch als dessen Bewegung definieren; das Licht ist etwas, das auf verschiedene Art vom leuchtenden Körper verbreitet wird... Man kann annehmen, daß das Licht eine materielle Emanation oder eine Bewegung oder der Impuls zu einer solchen oder sonst irgend etwas ist, was geeigneter erscheinen mag. Ich setze nur voraus, daß das Licht aus Strah-

Abb. 19. St.-Pauls-Kathedrale, erbaut von dem Mitglied der Royal Society, Wren. Im Juli 1710 führte Newton in dieser Kathedrale Experimente vor, indem er von der Kuppel 2 Kugeln herunterfallen ließ — die eine mit Quecksilber gefüllt, die andere leer (siehe die „Prinzipien", Buch 2). Die gezeigte Aufnahme ist aus dem Jahre 1941

Abb. 20. Isaac Newton. Porträt Vanderbanks
(in der Sammlung der Royal Society)

len besteht, welche sich durch zufällige Umstände, Größe, Form oder Kraft voneinander unterscheiden, ähnlich wie die Sandkörner des Meeres, der See oder die Gesichter der Menschen. Weiter möchte ich noch von dem Lichte voraussetzen, daß es von den Schwingungen des Äthers verschieden sei, weil sonst Schatten ebenso unmöglich wären wie vollkommen undurchsichtige Oberflächen. Sind auch Licht und Äther voneinander verschieden, so nehme ich doch an, daß Licht und Äther gegenseitig aufeinander einwirken, nämlich so, daß wenn ein Strahl sich durch einen Äther von ungleicher Dichtigkeit bewegt, er nach der Seite des dünneren Äthers fortdauernd Stöße empfängt und so nach dieser Seite gebeugt wird. Zur Erklärung dessen, warum von den Strahlen, die auf dieselbe durchsichtige Oberfläche fallen, immer einige zurückgeworfen, andere aber durchgelassen werden, nehmen wir an, daß bei der Wechselwirkung zwischen Äther und Licht der Äther in den Körpern durch die Lichtstrahlen in Vibration versetzt wird. Durch diese Vibrationen wird der Äther abwechselnd zusammengepreßt und ausgedehnt. Die Strahlen, welche auf den komprimierten Äther treffen, werden wahrscheinlich zurückgeworfen, während die Strahlen, die auf den verdünnten Teil, auf den Zwischenraum von zwei Vibrationen treffen, durchgelassen werden."

Weiter geht Newton zur Erklärung der Ringe über, welche zwischen einer dünnen Platte und einer Linse sichtbar sind: „Legt man eine konvexe Glasplatte auf eine platte Scheibe", sagt er, „so verhalten sich die verschiedenen Dicken der dazwischen befindlichen Luftschichten wie die Entfernungen der betreffenden Schichten von der Berührungsstelle, daraus folgt, daß das durchgelassene und zurückgeworfene Licht sich um die Berührungsstelle in abwechselnden Ringen zeigen wird. Im homogenen Licht werden sich also helle und dunkle Ringe bilden, deren Radien zu der Dicke der betreffenden Schichten und zur Länge der Wellen in einem gewissen Verhältnis stehen. Da rotes und gelbes Licht Wellen von anderer Größe im Äther erzeugen als Blau und Violett, so werden auch die Farbenringe bei diesen Farben von verschiedenen Durchmessern sein, bei Blau am kleinsten, bei Rot am größten, und durch dieses Zurückwerfen wird also auch das weiße Sonnenlicht in Farbenringe zerlegt werden. Hat man es nicht mit Luftplatten, sondern mit Platten aus Wasser oder Glas zu tun, so ist anzunehmen, daß in dünnerem Äther die Wellen kürzer sind als in dem dichteren; die entsprechenden Farbenringe werden also im dichteren durchsichtigen Körper einen geringeren Radius als sonst haben."

Im Zusammenhang mit der dargelegten Vorstellung über die Herkunft der Farben dünner Blättchen nimmt Newton an, daß die Schwingungen, welche durch die Lichtstrahlen im Äther hervorgerufen werden, schneller als die Strahlen selbst ausgebreitet werden.

Die Hypothese Newtons, die nur skizzenhaft dargelegt ist, knüpft offensichtlich an die Erscheinungen der Farben dünner Blättchen an, über die im zweiten Teil der Abhandlung Mitteilungen gemacht werden. Wir werden im folgenden Kapitel zur Beschreibung dieser erstaunlichen Versuche Newtons übergehen, welche mit ihren Ergebnissen der langsamen Entwicklung der Physik mehr als um ein Jahrhundert vorauseilten und erst von Young und Fresnel gehörig bewertet wurden. Newton hat in der Folge seine Hypothese nicht angewendet; die Zeitgenossen und Nachkommen vergaßen sie völlig. Die Hauptursache dafür lag in der großen Unbestimmtheit und dem Fehlen einer quantitativen mathematischen Ausarbeitung der Hypothese. Die Lehre über die Wellenbewegungen im elastischen Äther hatte noch nicht begonnen, sich zu entwickeln. Später, als Newton fast gänzlich zum Studium der mechanischen Erscheinungen überging, hätte er natürlich zur Lösung auch dieser Aufgabe schreiten können. Ihm gelang es zum Beispiel in der Folge, die Aufgabe der Ausbreitungsgeschwindigkeit der Wellen im elastischen Äther zu lösen; aber um diese Zeit hatte er die optischen Arbeiten beiseite gelegt, und es waren andere, nicht weniger wichtige Aufgaben an der Reihe. Man muß erwähnen, daß Newton, wie bei den Schallerscheinungen der Luft, in seiner Hypothese mit den Längsschwingungen des Äthers operiert. Das Prinzip der Interferenz, die Möglichkeit des Vorhandenseins von Dunkelheit am Punkt des Zusammentreffens zweier Lichtbündel, war, wie man nach den angeführten Auszügen urteilen kann, Newton völlig fremd.

Zum Newtonschen Versuch einer Verbindung der Emissions- und Wellentheorie kehrt die Physik dennoch von Zeit zu Zeit zurück, indem sie dabei die ursprüngliche Quelle vergißt. Im Jahre 1842 versuchte N. I. Lobatschewskij zum Beispiel, die Emissions- und Wellentheorie zu verbinden[20]. „Der Ätherstrom, der unterwegs auf Hindernisse stößt, gerät ähnlich dem Wasser in einem Flusse, das auf einen Damm gestoßen ist, in Aufregung, erhebt sich als Welle, teilt sich in zwei Ströme, zwischen denen ein Vakuum verläuft, und vereinigt sich schließlich wieder zu einem gemeinsamen Strom: Oder ähnlich der Luft, die, indem sie auf ein Hindernis stößt, gleichfalls in Aufregung gerät und sich in zwei Ströme mit einem Vakuum dazwischen teilt... Das Abstürzen des Wassers hinter dem Damm und der leere Raum, der von der Luft hinter der Wand gelassen wurde, entsprechen demzufolge einem hinter undurchsichtigen Körpern entstehenden Schatten und stellen uns zusammen damit die Beugung des Lichts nach der Mitte des Schattens hin dar."

Die Ansichten über die Natur des Lichts änderten sich nach Newton ununterbrochen bis zum heutigen Tage. Bis ins 18. Jahrhundert gab es noch keine entscheidenden Beweise zugunsten der Korpuskularstrahlen oder der Wellen. Die Wellen zum Beispiel wurden von Euler und die Korpuskularstrahlen von Boscovich und Laplace verteidigt. Jedoch schien nach den Interferenzexperimenten Youngs und Fresnels der Sieg der Wellen endgültig. Im 19. Jahrhundert wurde die nicht mechanische, sondern elektromagnetische Natur dieser Wellen erkannt, und die Lösung, die einfach schien, wurde von neuem schwer verständlich. Die Entdeckung der Energiequanten auf der Schwelle unseres Jahrhunderts warf vollends die Vorstellungen über das Licht um. Die Idee der Korpuskularstrahlen, die sich dieses Mal in der Form von Lichtquanten oder Photonen konkretisiert hatten, schien erneut auferstanden. Auf jeden Fall herrschte im Verlauf ungefähr eines Jahrzehnts ein Dualismus; die Erscheinungen, die sich auf die Ausbreitung des Lichts bezogen, vermochte man nur vom Wellengesichtspunkt zu betrachten, die Wirkungen des Lichts jedoch auf die Materie war nur auf Grund der Vorstellung über die Korpuskularstrahlen oder Photonen begreiflich.

In jener Zeit wäre es zweckmäßig gewesen, die Worte I. Barrows (S. 10) zu erwähnen: „Beide Anschauungen über das Licht stoßen auf gleiche Schwierigkeiten. Deswegen neige ich zur Meinung, daß das Licht durch beide Arten der Bewegung, sowohl durch die körperliche Ausstrahlung als auch durch ununterbrochene Impulse, erzeugt werden kann. Vielleicht ist es am besten, gewisse Wirkungen der einen und gewisse den anderen zuzuschreiben." Ein Ausweg aus einem solchen unmöglichen Dualismus nach dem Rezept Barrows wurde in der Wellenmechanik der Quanten in einer originellen Synthese gefunden, welche die Korpuskularstrahlen und die Wellen vereinte. Selbstverständlich war diese Synthese außerordentlich weit von dem Newtonschen Kompromiß entfernt. Streng genommen kann man bei der neuen Lichttheorie weder von Wellen noch von Korpuskularstrahlen reden: Die Wirklichkeit ist komplizierter und läßt sich nicht in einen mechanischen Vergleich oder eine Schablone fügen. Indem man dies in Betracht zieht, kann man dennoch nicht umhin, sich über die Weite und den genialen Scharfblick Newtons zu wundern, durch den er im 17. Jahrhundert intuitiv die Zweiseitigkeit der Lichterscheinungen erriet.

SIEBENTES KAPITEL

Die „Optik" Newtons

Der zweite Teil der „hypothetischen" Abhandlung Newtons, von der in den vorhergehenden Kapiteln die Rede war, enthielt eine Schilderung seiner Versuche mit den Farben dünner Blättchen. Wir haben bereits gesagt, daß die Verlesung der Schrift im Verlauf von vier Sitzungen der Royal Society fortgesetzt wurde. Noch ehe man zum Verlesen des experimentellen Teils überging, trat Hooke mit Einwendungen in der Frage der Priorität auf. Nach der Meinung Hookes war das Wesentliche in der Hypothese Newtons angeblich bereits in seiner „Mikrographie" enthalten. Newton, der hierüber unterrichtet worden war, beseitigte in zwei Schreiben an Oldenburg mühelos die Anmaßungen Hookes hinsichtlich seiner Hypothese, gestand jedoch ein, daß hinsichtlich der Experimente die Versuche Hookes für ihn Bedeutung hatten. Hooke wandte sich Ende 1675 mit einem versöhnlichen Schreiben an Newton, indem er darauf hinwies, daß der letztere anscheinend falsch über seine Erklärungen in der Society unterrichtet worden sei. Hooke erkannte vollkommen die Verdienste Newtons an und bat, mit ihm über wissenschaftliche Dinge zu korrespondieren. In seiner Antwort nahm Newton den Vorschlag Hookes zu einer Korrespondenz an, unterstrich jedoch, daß er von den ständigen Streitigkeiten und Auseinandersetzungen, welche seine Arbeit behinderten, genug habe. Zugleich damit würdigte er die Verdienste Hookes, insbesondere bei der Erforschung der Farben dünner Blättchen. Diese korrekten Schreiben führten übrigens nicht zu einer wirklichen Versöhnung dieser beiden charakterlich so verschiedenen Menschen. Die Korrespondenz dauerte nicht lange an.

Die Abhandlungen Newtons wurden nicht in den „Arbeiten der Gesellschaft" (Philosophical Transactions) gedruckt, und mit Ausnahme kleiner Bemerkungen druckte Newton in dieser Zeitschrift überhaupt nichts mehr.

Ungeachtet des Vorschlags Collins', die „Vorlesungen über Optik" herauszugeben, lehnte Newton in einem Schreiben vom 25. Mai 1672 an Collins dies entschieden ab, indem er darauf hinwies, daß er mit anderen Dingen beschäftigt sei und die ruhige Freiheit bewahren wolle, die sonst verlorengehen könne, wie ihn bereits seine bisherigen nur lockeren Beziehungen zur Druckpresse gelehrt hätten.

Erst im Jahre 1704, d. h. fast 30 Jahre später, sammelte Newton in der „Optik" alle seine Forschungen im Bereich des Lichts. Dieses Buch hatte er anscheinend bereits lange fertig; einige Stellen darin waren schon in den achtziger Jahren geschrieben worden. Es stellte einen Teil seiner „Vorlesungen" und einen Teil seiner obenerwähnten Abhandlung dar; es waren die Versuche mit den Farben dünner Blättchen einbezogen worden, und schließlich enthielt es viel wesentlich Neues, von dem weiter die Rede sein wird. Die „Optik" kam im Jahre 1704, ein Jahr nach dem Tode Hookes, heraus, und man kann annehmen, daß Newton das Buch deswegen nicht veröffentlichte, um nicht noch einmal in einen unvermeidlichen Streit mit Hooke zu geraten. Der Name Hookes wird in der „Optik" nur nebenbei ohne Lob oder Tadel irgendwelcher Art erwähnt. Indem sich Newton nach der alten Regel richtete: de mortuis aut bene aut nihil (über die Toten entweder Gutes oder nichts), unterdrückte er offensichtlich jegliche Feindseligkeit gegen den verstorbenen Gelehrten.

Die „Optik" zog die Bilanz einer umfangreichen Gruppe von Arbeiten Newtons, die sich auf die 70er und 80er Jahre des 17. Jahrhunderts beziehen, und ihre Herausgabe gerade im Jahre 1704 ist reiner Zufall. Damals hatte Newton aufgehört, sich mit Optik zu befassen.

Die vollständige Überschrift des Buches lautet: „Die Optik oder eine Abhandlung über die Reflexionen, Brechungen, Beugungen und Farben des Lichtes". Das Buch war englisch geschrieben und erfuhr bei Lebzeiten Newtons drei englische Auflagen, 1704, 1717 und 1721. Im Jahre 1706 gab Clarke eine lateinische Übersetzung der „Optik" heraus, welche unter unmittelbarer Aufsicht Newtons angefertigt worden war. Diese Übersetzung erfreute sich der größten Berühmtheit in Europa, da man im 18. Jahrhundert außerhalb Englands zum Teil Lateinisch, aber selten Englisch konnte. Im Jahre 1720 erschien die französische Übersetzung von Coste. Später wurde die „Optik" noch einmal von dem berühmten Revolutionär Marat ins Französische übersetzt. Die vielen Ausgaben bei Lebzeiten des Autors zeigen, welch weiten Ruhm die Newtonsche Lehre von den Farben zu Anfang des 18. Jahrhunderts erlangt hatte.

Im Vorwort zur ersten Ausgabe der „Optik“ schreibt Newton, daß er absichtlich den Druck des Buches verzögert habe, um nicht in Streitigkeiten zu geraten, und daß er es auch weiterhin nicht veröffentlicht hätte, wenn nicht seine Freunde gedrängt hätten. Im Jahre 1937 wurden Auszüge aus den Aufzeichnungen des Mathematikers David Gregory, eines Neffen des Erfinders des Reflektors veröffentlicht. Diesen Aufzeichnungen zufolge kann man feststellen, wer jene Freunde waren, welche Newton veranlaßten, schließlich die „Optik“ herauszugeben. Dies waren Gregory selbst, Halley, Fatio, Roberts und Cheyne. Weiter unten sehen wir, daß auch die „Principia“ nur dank der Anteilnahme Dritter erschienen.

Die „Optik“ wurde von Newton in drei Bücher eingeteilt. Indem man sich der modernen physikalischen Terminologie bedient, kann man den Inhalt dieser drei Bücher folgendermaßen wiedergeben:

1. Buch: Die Prinzipien der geometrischen Optik, die Lehre über die Dispersion des Lichts und die Zusammensetzung des weißen Lichtes, nebst verschiedenen Beilagen.

Der Inhalt dieses Teils wurde von uns bereits in den vorhergehenden Kapiteln geschildert.

2. Buch: Die Interferenz des Lichts in dünnen Blättchen,
3. Buch: Die Diffraktion des Lichts, die Polarisation des Lichts und der hypothetische Teil,

welcher in sich die berühmten „Fragen“ enthält, die mit den mannigfaltigsten Gegenständen verknüpft sind, und in einigen Fällen keinen Bezug auf die Optik haben.

Anlaß zur Untersuchung der Farben dünner Blättchen war folgender Umstand: Als Newton einst zufälligerweise zwei Prismen für Totalreflexion zusammenlegte, deren Hypothenusenflächen etwas gekrümmt waren, bemerkte er, daß am Berührungspunkt der beiden Prismen ein Punkt erschien, welcher sogar bei einer Einstellung der Prismen auf Totalreflexion durchsichtig blieb, im zurückgeworfenen Licht jedoch stets dunkel erschien. Zur Vereinfachung dieses Experiments beschloß Newton, es zu wiederholen, indem er eine plankonvexe Linse mit der flachen Seite auf eine bikonvexe Linse legte. Somit entstand zwischen den beiden Linsen eine Luftschicht veränderlicher Dicke. Bei einer Beleuchtung dieses Linsensystems zeigten sich regelmäßige konzentrische Farbenringe, welche den Berührungspunkt der Gläser umgaben. Somit fand Newton eine neue Methode des Studiums der Farben, welche bei einer Reflexion des Lichts von zwei Grenzflächen dünner Schichten entstehen.

Die Forschungen Hookes bestimmten die qualitative Abhängigkeit der beobachteten Farben von der Dicke des Blättchens. Newton aber besaß eine Methode, welche gestattete, die quantitative Seite der Erscheinung festzustellen. Da Newton die Krümmung der Linse kannte, konnte er geometrisch die Dicke der Luftschicht in den verschiedenen Punkten zwischen den beiden Linsen ausrechnen und so jede beobachtete Farbe zu einer bestimmten Dicke der Luftschicht in Beziehung setzen. Indem er das Linsensystem mit einer homogenen roten oder blauen Farbe beleuchtete, sah er, daß die konzentrischen Ringe jeweils die gleiche Farbe annahmen, wobei sie dünner wurden und ihre Zahl merklich zunahm.

Somit zeigte das vielfarbige Bild von neuem die offenbare Zusammengesetztheit des weißen Lichtes. In diesem Fall überlagern sich die hellen und dunklen Ringe, die sich für jede einzelne im Weiß enthaltene Farbe bilden.

Wir haben bereits mehrmals auf die erstaunliche Genauigkeit und die ständige quantitative Kontrolle bei den Versuchen Newtons hingewiesen. Das Studium der Interferenzringe ist in dieser Hinsicht ein Meisterwerk. Das Lesen des zweiten Buches der „Optik" ist daher bis jetzt die beste Einführung in die Kunst des Experiments. Es handelt sich um die Feststellung der empirischen Gesetzmäßigkeiten in einem vollkommen neuen, damals ziemlich geheimnisvollen Gebiet; es gab nicht den geringsten Ansatz einer Theorie, die mit Zahlen hätte aufwarten können. Die Zahlen Newtons mußten erst 150 Jahre später die Probe auf die Theorie bestehen, und sie bestanden sie glänzend. Newton stellte vor allem fest, daß die Radien der dunklen Ringe im reflektierten Licht vom Zentrum zur Peripherie anwachsen, wie die Quadratwurzeln aus den geraden ganzen Zahlen: $\sqrt{0}, \sqrt{2}, \sqrt{4}, \sqrt{6} \ldots$ die Radien aber der leuchtenden Ringe wachsen wie die Quadratwurzeln aus den ungeraden Zahlen $\sqrt{1}, \sqrt{3}, \sqrt{5}, \sqrt{7}$. Hieraus ergibt sich, daß die entsprechenden Luftzwischenräume zwischen den beiden Linsen für die dunklen Kreise proportional der Reihe der geraden Zahlen 0, 2, 4, 6 ..., für die hellen Kreise proportional der Reihe der ungeraden Zahlen 1, 3, 5, 7 ... sein müssen. Newton füllte den Raum zwischen den Linsen mit Wasser anstatt mit Luft und bemerkte, daß die Ringe sich verengten; er fand, daß das Verhältnis der Radien der Kreise in der Luft und im Wasser dem Brechungsindex beim Übergang vom Wasser in die Luft gleich ist. Newton maß die Dicke der Schicht, welche dem hellen Ring für die verschiedenen Farben entsprach. In der Tabelle werden einige Zahlen Newtons angeführt:

	Farbe	Dicke der Luftschicht *)	Länge der Welle in m μ
Zweiter Ring	violett	$11^1/_8$	375
	gelb	$16^2/_7$	540
	rot	$18^1/_5$	620
	blau	$21^2/_5$	470
Dritter Ring	gelb	$27^1/_7$	545
	rot	29	580

In der letzten Rubrik sind jene Wellenlängen in Millimikron angeführt, die man nach den Angaben Newtons auf Grund der Interferenztheorie der Ringe ausrechnen kann, indem man folgende Gleichung benutzt:

$$2d = \frac{1}{2}\lambda,\ \frac{3}{2}\lambda,\ \frac{5}{2}\lambda \text{ usw.},$$

wo d die Dicke der Schicht, welche den verschiedenen Ringen entspricht, λ die Wellenlänge ist. Bei der Bestimmung der Farbe konnte Newton leider nur die Qualitätscharakteristik „rot", „blau" usw. benutzen, weshalb man auch die Experimentalmessungen Newtons nur annähernd prüfen kann. Wir können nur wiederholen, daß z. B. 375 mμ tatsächlich dem äußersten violetten Licht und 620 mμ dem roten Licht usw. entsprechen.

Im vierten Teil des zweiten Buches beschreibt Newton eine neue Interferenzerscheinung, die von ihm diesmal an dicken Platten beobachtet wurde: „Die Sonne leuchtete in mein verdunkeltes Zimmer durch eine Öffnung von 1/3 Zoll. Ich ließ das Sonnenlicht vertikal auf einen Glasspiegel fallen, der mit einem Radius von 5 Fuß 11 Zoll sphärisch nach einer Seite konkav und nach der anderen Seite konvex geschliffen und an der konvexen Seite amalgamiert war. Im Zentrum der Kugel brachte ich ein undurchsichtiges Papier so an, daß der Strahl durch eine kleine Öffnung in der Mitte des Papiers zum Spiegel hindurchging und vom Spiegel zur selben Stelle zurückgeworfen wurde; hierbei bemerkte ich auf dem Papier vier oder fünf regenbogenfarbige Ringe, welche die Öffnung umgaben... Nach Maßgabe der Verbreiterung dieser Ringe wurden sie immer verschwommener und schwächer, so daß der fünfte Ring kaum sichtbar war..."

Newton entdeckte somit das zweifellose Vorhandensein einer Periodizität in den Eigenschaften des Lichts. Diese Periodizität war von Hooke qualitativ aufgezeigt worden, aber in den Experimenten New-

*) Die Schichtdicke ist in Millionstel Zoll angegeben.

tons erlangte sie den Charakter der Unbestreitbarkeit. Im Haupttext des Buches, wo nach Meinung Newtons Hypothesen unangebracht erschienen, war es notwendig, eine rein formale Auslegung der beobachteten Periodizität einzuführen. Eine solche formale, nicht hypothetische Auslegung gibt Newton in folgender Art: „Jeder Lichtstrahl nimmt beim Hindurchgehen durch irgendeine brechende Oberfläche eine bestimmte temporäre Struktur oder einen Zustand an, der stets in gleich großen Zeitabständen während des Hindurchgehens des Strahls wiederkehrt; jedesmal, wenn dieser Zustand sich wiederholt, macht er den Strahl zum Hindurchgehen durch die brechende Oberfläche geneigt; in der Zwischenzeit, bis zur Wiederkehr eines solchen Zustandes, wird der Strahl reflektiert... Ich werde hier nicht prüfen, worin eine derartige Disposition besteht, ob sie aus einer Dreh- oder Schwingungsbewegung des Strahls oder des Mediums oder aus irgend etwas anderem besteht."

Für diejenigen, die Hypothesen benötigten, wiederholte Newton die Auslegung der Erscheinung der Farben dünner Blättchen, die von ihm in der Denkschrift des Jahres 1675 dargelegt und im vorhergehenden Kapitel besprochen wurde. Nachdem Newton diese Ansichten dargelegt hatte, bemerkte er: „Ich möchte hier nicht prüfen, ob eine solche Hypothese richtig oder falsch ist. Für mich genügt die bloße Tatsache, daß die Lichtstrahlen durch irgendeine Ursache oder sonstwie entweder zur Brechung oder zur Reflexion disponiert sind... Die Wiederkehr der Disposition des Strahls zur Reflexion nenne ich Anwandlung (fits) leichter Reflexion, der Disposition aber zum Hindurchgehen Anwandlung leichter Transmission. Den Zeitraum, der zwischen dem Zustand der Anwandlung leichter Zurückwerfung und leichter Durchlassung liegt, nenne ich die ‚Periode' der Anwandlungen." Die „periodischen Anwandlungen" des Lichtstrahls sind bei Newton keine neue absonderliche Hypothese. Absonderlich wurde sie nur bei seinen Anhängern und Schülern, welche vorbehaltlos den formalen Begriff der Anwandlungen auf die Lichtteilchen übertrugen. Die Vorstellung von der Anwandlung ist ja tatsächlich auch auf die Wellentheorie durchaus anwendbar. Dem Abstand der Anwandlungen entspricht die Länge der Welle. Beim Lesen der „Optik" kann man leicht feststellen, daß Newton sich ganz und gar die Möglichkeit einer Auslegung der Erscheinung im Sinne der Wellentheorie vorstellte, aber er verblieb bei seinem „Hypotheses non fingo" und begnügte sich mit einer formalen Auslegung. In der Wellentheorie Fresnels und Youngs verloren die Anwandlungen des Lichtstrahls in bedeutendem Maße ihre Absonderlichkeit, jedoch beginnen heutzutage im Zusammenhang mit der Quantentheorie und der wiedererstandenen Vorstellung über die „Lichtatome" die Erscheinungen der Interferenz wie auch andere durch die Wellentheorie sehr schön erklärte Tatsachen erneut schwer verständlich zu werden. Der moderne Physiker stellt sich wieder auf den formalen Boden, indem er sich von der „Hypothese" abwendet und die „äußere Übereinstimmung" zwischen den Tatsachen der Periodizität der Lichterscheinungen und den Sätzen der Quantentheorie feststellt. In jedem Fall hört die Newtonsche Interpretation auf, dem Physiker so fremd zu sein wie im vergangenen Jahrhundert.

Der dritte Teil des zweiten Buches der „Optik" ist der Frage der ständigen Farbe der natürlichen Körper und der Analogie zwischen ihnen und den Farben der dünnen Blättchen gewidmet. Jeder homogene Körper ist nach der Meinung Newtons seiner Natur entsprechend durchsichtig. Die Undurchsichtigkeit entsteht nur deswegen, weil innerhalb des Körpers leere Zwischenräume sind – der Körper ist porös. Das Licht wird mehrmals von den Oberflächen der durchsichtigen Teilchen zurückgeworfen und wird „beständig gelöscht". Der undurchsichtige Körper besteht zumindest auf der Oberfläche aus durchsichtigen, dünnen Blättchen. Die verschiedenen Körper werden Blättchen verschiedener Dicke haben, und dementsprechend werden sie diese oder jene Farben durchlassen. Die Farben der natürlichen Körper entsprechen von diesem Gesichtspunkt aus den Farben dünner Blättchen. Newton versuchte, die Größe der Teilchen der Materie auf Grund der Farbentheorie dünner Blättchen zu bestimmen und träumte sogar von der Möglichkeit, die Teilchen unter dem Mikroskop zu sehen.

Hier wagte Newton sich selbstverständlich auf rein hypothetisches Gebiet. Und die Hypothese Newtons ist offensichtlich falsch. Eine Abschwächung des Lichts beim Hindurchgehen durch den Stoff ist nicht nur mit einer Zerstreuung, d. h. einer Veränderung der Richtung der einfallenden Strahlen verbunden. Es besteht eine wirkliche Absorption, eine Verwandlung des Lichts, wie wir jetzt sagen, in andere Energieformen, in Wärme, chemische Energie usw. Diese wirkliche Absorption bestimmt auch die Farbe der meisten Körper. Die Zerstreuung des Lichts spielt gleichfalls eine gewisse Rolle in der Farbe der durchstrahlten Medien. Zum Beispiel hängt die blaue Farbe des Himmels völlig von der Zerstreuung des Sonnenlichts in der Atmosphäre ab, und die Farbe des Meeres wird durch beide Faktoren gemeinsam bestimmt. Jedoch hat diese Zerstreuung einen völlig anderen Charakter als bei Newton.

Der Satz X desselben Absatzes der „Optik“ enthält das Gesetz der Refraktion, welches den Brechungsindex und die Körperdichte verbindet. Bezeichnet man den Brechungsindex mit n und die Dichte mit ϱ, so hat die Formel („wie“, so schreibt Newton, „die Mathematiker leicht verstehen werden“) folgendes Aussehen:

$$\frac{n^2 - 1}{\varrho} = k,$$

wo k eine Konstante ist. Newton erhält dieses Gesetz, indem er die Bewegung des Lichtstrahls in eine Komponente zerlegt, die parallel der Oberfläche des Körpers verläuft und keine Veränderungen erfährt, und in eine andere Komponente, die senkrecht zur Oberfläche verläuft. Sie entspricht nach Newton einer beschleunigten Bewegung infolge der Anziehungskräfte, die von dem durchsichtigen Körper ausgehen. Zur Bestätigung seiner Schlußfolgerung führt Newton eine große Tabelle für die Körper verschiedener chemischer Zusammensetzung an, in welche solche mannigfaltigen Verbindungen, wie Luft, Wasser, Salpeter, Glas, verschiedene Fette, Diamanten usw., einbezogen sind. Aus der Tabelle ist zu ersehen, daß sich die Konstante der Refraktion verhältnismäßig wenig bei den anorganischen Stoffen verändert, aber beim Übergang zu den organischen fettigen Stoffen ziemlich scharf ansteigt. Ungefähr eine gleichhohe Refraktionskonstante hat auch der Diamant. Newton entdeckte auf optischem Wege die Kohlenstoffnatur des Diamanten: „Der Diamant ist“, so schreibt er, „wahrscheinlich ebenfalls ein fettig verdichteter Stoff.“

Gewöhnlich nennt man die Refraktionsformel Newtons die Formel Laplaces, der in die Sprache der mathematischen Symbole dasjenige übersetzte, was schon ohne Formeln in der „Optik“ ziemlich klar gesagt worden ist. In der neuzeitlichen theoretischen Optik wurde die Formel Newtons durch eine etwas kompliziertere Formel ersetzt:

$$\frac{n^2 - 1}{n^2 + 2} \frac{1}{\varrho} = k.$$

Die Messung der Refraktion dient bis zum heutigen Tage als wichtiges analytisches Verfahren, besonders in der organischen Chemie.

Man kann kaum daran zweifeln, daß als unmittelbarer Anlaß der Versuche Newtons im Bereich der Diffraktion die Experimente Hookes dienten. Jedoch übergeht die ganze „Optik“ die Arbeiten Hookes fast völlig mit Schweigen, und hinsichtlich der Diffraktion bezieht sich Newton unmittelbar auf Grimaldi. Die Beobachtungen Newtons stellen im wesentlichen eine Wiederholung der Experimente Grimaldis dar; einen

Fortschritt bedeutet das quantitative Studium der Erscheinungen und die Anwendung des Gedankens der Zusammengesetztheit des weißen Lichts für die Erklärung der Farbe der Beugungsstreifen. Newton ließ in ein dunkles Zimmer einen Sonnenstrahl durch eine Öffnung mit einem Durchmesser von $^1/_{42}$ Zoll (0,6 mm) fallen. In einer Entfernung von 12 Fuß wurde ein Menschenhaar von $^1/_{280}$ Zoll (0,09 mm) Dicke angebracht. Der Schatten des Haares wurde in einer Entfernung von 4 Zoll vom Haar aufgefangen. Der Schatten erwies sich bedeutend breiter, als er bei geradliniger Fortpflanzung des Lichts hätte sein können; außerdem zeigten sich an beiden Seiten des Schattens noch drei farbige Streifen, die nach innen blau und nach außen rot gesäumt waren. Zur Erklärung dieser farbigen Streifen stellte Newton Versuche mit homogenem Licht an, wobei die Streifen an den Rändern des Schattens sich als einfarbig, hell und dunkel erwiesen; der Abstand zwischen den Streifen veränderte sich bei der Veränderung der Farbe. Newton bewies weiter, daß die Beugung gleich verläuft, wenn sich das Haar in der Luft oder zwischen Gläsern befindet. Der Stoff des beugenden Körpers übte keinen Einfluß auf den Charakter der Erscheinung aus. Newton wiederholte auch das Experiment Hookes, wobei er ein breites Lichtbündel an der Schneide eines Messers vorbeigehen ließ; auch in diesem Falle zeigten sich die Diffraktionsstreifen. „Indem ich diese Beobachtungen durchführte", schließt Newton die Beschreibung seiner Versuche, „plante ich, sie mit größerer Genauigkeit und Sorgfalt zu wiederholen und neue Experimente durchzuführen... Jedoch wurde ich damals in meiner Arbeit unterbrochen, und jetzt habe ich keine Möglichkeit, erneut an die Forschungen heranzugehen. Indem ich diesen Teil meiner Arbeit unvollendet lasse, will ich zum Schluß nur einige Fragen hierzu aufwerfen, damit andere den gegebenen Gegenstand weiter erforschen können."

Die Beugungserscheinungen, die Störung der geradlinigen Fortpflanzung des Lichts sind das stärkste Argument zugunsten der Wellentheorie des Lichts. Es stimmt, daß zuzeiten Newtons die Verteidiger der Wellentheorie – Huygens und Hooke – dies absolut nicht verstanden. Huygens versuchte sogar zu beweisen, daß es nach der Wellentheorie überhaupt keine Beugung gibt. Andererseits waren die Beugungserscheinungen kein geringes Hindernis für die Emissionstheorie. Zur Erklärung der Beugung konnte Newton nur folgenden Satz aufstellen: „Wirken die Körper nicht schon in einiger Entfernung auf das Licht ein, indem sie die Lichtstrahlen beugen? Und wird diese Einwirkung unter sonst gleichen Umständen nicht um so stärker sein, je geringer die Entfernung ist?" Dies ist die erste von jenen „Fragen", mit denen die „Optik" endet. Der Satz über die Ablenkung der Lichtstrahlen beim Vorbeigehen an Körpern wurde von Newton mehrmals ausgesprochen; er wurde in den „Prinzipien" angeführt, wurde mündlich auf den Sitzungen der Royal Society, in einem Schreiben an Boyle usw. geäußert. Die Behauptung Newtons über die Einwirkung der Körper auf die Lichtstrahlen aus einer gewissen Entfernung erhielt in unserer Zeit im Zusammenhang mit der Untersuchung über die Folgerungen der Relativitätstheorie eine unerwartete Bestätigung. Die Astronomen stellen beim Photographieren der Stellung der Sterne, die sich während einer totalen Finsternis am Himmel in der Nähe der Sonne befinden, seit 1919 bis zum heutigen Tage unverändert eine kleine Abweichung der Strahlen der Gestirne beim Vorbeigehen an der Sonne fest (die scheinbare Stellung der Sterne erfährt hierbei eine kleine Verschiebung). Diese Abweichung stimmt ihrer Größe nach mit der Theorie Einsteins überein. Indem man von einer Bestätigung der Ansichten Newtons spricht, darf man darunter in diesem Fall selbstverständlich nur eine qualitative und im wesentlichen zufällige Übereinstimmung verstehen. Für die Erklärung der Diffraktion wären Abweichungen der Lichtstrahlen von viel gewaltigerer Größe als diejenigen notwendig gewesen, welche während der Verfinsterungen und außerdem in entgegengesetzter Richtung beobachtet werden. Aus den eigenen Experimenten Newtons geht hervor, daß das Diffraktionsbild absolut nicht von der Masse des beugenden Körpers abhängt, während die beobachtete Abweichung der Strahlen der Gestirne von der Masse der Sonne bestimmt wird. Indem Newton versuchte, die Beugung vermittels der Anziehung des Strahls durch den Körper zu erklären, vermutete er offensichtlich eine Kraft, die der der Gravitation ähnlich ist, aber aus irgendeinem Grunde zog er in diesem Falle keine Schlußfolgerung über die Notwendigkeit des Vorhandenseins einer Abhängigkeit von der Masse des beugenden Körpers.

Die „Fragen", es sind 31, die der „Optik" beigefügt sind, stellen eine Sammlung verschiedener unvollendeter Erwägungen und Hypothesen dar, die sich auf die Optik, die Gravitation, die chemischen Erscheinungen usw. beziehen. Vor uns liegt ein rohes, unbearbeitetes Material, in dem es nicht schwer fällt, viele handgreifliche Widersprüche und glänzende Ideen zusammen mit offensichtlichen Irrtümern zu finden. Zur Zeit der Herausgabe der „Optik" befand sich Newton auf der Höhe seines Ruhms und konnte sich die Freiheit der Herausgabe unvollendeter Arbeiten und Gedanken nehmen.

Die Furcht vor der Polemik war zu dieser Zeit verschwunden; ja, die Autorität Newtons war so groß geworden, daß das Auftauchen von Entgegnungen wenig wahrscheinlich wurde. Noch heute haben die „Fragen“ den Reiz der Frische und der Unmittelbarkeit für den Leser bewahrt. Wir beschränken uns auf Anführung nur sehr weniger von ihnen.

Newton wiederholt in vielen eine in der Denkschrift vom Jahre 1675 dargelegte Hypothese. Von neuem wird die Hypothese des Äthers – des Mediums erläutert, welches die Weltenräume ausfüllt. Wie bereits gesagt wurde, erklärte Newton mit dieser Hypothese im Jahre 1675 die Brechung, die Beugung (die Brechung im Äther selbst) und die Lichtanwandlungen, wenn man annimmt, daß die Lichtstrahlen Schwingungen in dem sich in der Materie befindlichen Äther erzeugen. Von neuem wird die Frage aufgeworfen, ob nicht die Dichte des Äthers in der Materie geringer ist als in den freien Räumen, was den Schlüssel zum Verständnis der Gravitation gibt. Indem Newton die Geschwindigkeit des Schalles in der Luft und des Lichts im leeren Raum verglich und das Gesetz der Ausbreitung der Wellen im elastischen Äther anwandte, folgerte er, daß das Verhältnis der Elastizität zur Dichte des Äthers zumindest 490000000000mal größer als für die Luft sein muß. Können sich, so fragt Newton, die Planeten und Kometen in dem Äther, der aus einzelnen elastischen Teilchen besteht, nicht viel leichter als in einer den Raum füllenden Flüssigkeit gleichmäßig und ohne Unterbrechungen wie bei Descartes drehen? Nehmen wir an, der Äther sei 700000mal elastischer und 700000mal weniger dicht als die Luft; in diesem Fall wäre sein Widerstand der Bewegung der Körper gegenüber um 600000000mal geringer als der des Wassers. Ein solcher Widerstand würde eine merkliche Verschiebung der Bewegung der Planeten nur in Tausenden von Jahren hervorrufen.

In der 25. Frage sind Bemerkungen Newtons hinsichtlich der Erscheinung der Doppelbrechung des Lichts in den Kristallen des isländischen Spats enthalten. Gleich zu Anfang nimmt Newton das Bestehen einer neuen, ursprünglichen Eigenschaft der Lichtstrahlen an. Die Erscheinung der Doppelbrechung im isländischen Spat wurde von Erasmus Bartholinus entdeckt und sorgfältig von Huygens studiert. Der Strahl, der auf den Kristall fällt, wird in einen ordentlichen und außerordentlichen aufgespalten. Der letzte unterwirft sich nicht den gewöhnlichen Gesetzen der Brechung. Sein Brechungsindex ist verschieden hinsichtlich der verschiedenen Richtungen des Kristalls. Huygens lieferte eine bemerkenswerte formale Konstruktion, die sich zur Bestimmung der Richtung des außerordentlichen Strahls auf die Wellentheorie des Lichts stützt. In diesem Fall war die Wellentheorie nicht nur eine Theorie, welche das Verhalten des außerordentlichen Strahls erklärte, sondern auch eine fast unvermeidliche Theorie. Newton stellt in der 25. Frage eine offensichtlich falsche Regel für die Bestimmung der Richtung des außerordentlichen Strahls auf, indem er die tadellose Konstruktion Huygens' vergißt oder sie absichtlich außer acht läßt. Wir stoßen hier auf eine kaum verständliche Laune des genialen Gelehrten. Man kann sie entweder durch eine für Newton wenig charakteristische Nachlässigkeit oder durch den Wunsch erklären, die Wellentheorie um jeden Preis zu umgehen. Huygens selbst nannte in einem Brief an Leibniz seine Experimente mit der Doppelbrechung ein „experimentum crucis" (entscheidendes Experiment) der Wellentheorie. Huygens konnte jedoch vom Gesichtspunkt seiner Theorie die Tatsache nicht erklären, daß ein jeder der Strahlen, der ordentliche wie der außerordentliche, wenn er auf eine zweite Kristallscheibe fällt, je nach der Drehung der Scheibe entweder eine Doppelbrechung erfährt oder als ein einziger Strahl hindurchgeht. Newton gibt in zwei Zeilen eine formale Lösung der Aufgabe: „Besitzen nicht die Lichtstrahlen verschiedene Seiten mit verschiedenen ursprünglichen Eigenschaften?" Somit wurde der Begriff der Polarisation des Lichtstrahls eingeführt: „Deswegen muß man an dem Lichtstrahl vier Seiten oder vier Viertel unterscheiden, von welchen zwei gegenüberliegende Seiten den Strahl befähigen, nach der außerordentlichen Art gebrochen zu werden, so oft als eine von ihnen gegen die Seite der außerordentlichen Brechung gewendet ist, während die beiden anderen gegenüberliegenden Seiten bei derselben Lage ihm nur die ordentliche Brechung gestatten." Newton zog keine weiteren Schlußfolgerungen aus seiner gelungenen Hypothese; er hat sich auch kaum ernstlich mit dem Experimentalstudium der Doppelbrechung befaßt. Auf jeden Fall gehört Newton die Ehre, den Begriff der Polarisation des Lichtstrahls in die Optik eingeführt zu haben.

In den folgenden Fragen sammelte Newton Argumente gegen die Wellentheorie des Lichts und die Theorie Descartes'. Das Hauptargument ist wie früher die gradlinige Fortpflanzung des Lichts. Die Anwendung der Wellentheorie für die Erklärung der Doppelbrechung erscheint Newton unbefriedigend. Man müsse im Kristall zwei verschiedene vibrierende Medien vermuten. Weiter werden zur Verwunderung des Lesers scharfe Beweise gegen das Bestehen des Äthers in den freien Räumen vorgebracht. Die regelmäßigen Bewegungen der Planeten und Kometen, welche früher als vereinbar mit dem Vorhandensein des dünneren Äthers angesehen wurden, werden jetzt von Newton als eine Tatsache angeführt, die der Konzeption des Äthers widerspricht. Es wird sogar auf die Autorität der Philosophen des Altertums Bezug genommen — eine Tatsache, die in den Schriften Newtons selten ist. Hier liegen gewissermaßen geologische Schichten von Gedanken vor, die ungeachtet des offenen Widerspruchs vorhanden sind. Weiter wird die Emissionstheorie des Lichts skizziert, die übrigens wiederum nur in Form einer Frage dargelegt wird: „Sind nicht die Lichtstrahlen sehr kleine Körper, die von der leuchtenden Materie ausgesandt werden?" Die durchsichtigen Stoffe wirken in gewisser Entfernung auf die Lichtstrahlen ein, indem sie sie brechen, zurückwerfen und zur Beugung zwingen. Die Strahlen wirken ihrerseits gleichfalls auf den Stoff ein, indem sie in gewisser Entfernung seine Teile in vibrierende Bewegungen versetzen und ihn erwärmen. Diese Einwirkungen und Gegenwirkungen sind im höchsten Grade den Erscheinungen der Anziehungskraft zwischen den Körpern ähnlich. Wiederum wird für die Erklärung der Farben dünner Blättchen die Hypothese der Schwingungen vorgebracht, welche von den Lichtteilchen im Stoff erzeugt werden. Die Erscheinungen der Doppelbrechung führen zur Vermutung, daß es bei den Lichtteilchen etwas in der Art von Magnetpolen (Polarisation) gibt, welche von den Teilchen des Kristalls angezogen oder abgestoßen werden.

Schließlich stellt Newton die Frage, ob nicht das Licht in einen Stoff, und der Stoff in Licht verwandelt wird. Eine solche Frage kam im 17. Jahrhundert nicht unerwartet. Nach den Vorstellungen der Atomisten unterschieden sich die Lichtatome von den Atomen des Stoffes nur durch Geschwindigkeit und Kleinheit. Diese Ansicht äußerte zum Beispiel Galilei. Das chemische Verständnis der angeführten Frage steht zweifellos auch bei Newton außer Zweifel, da dieser Frage gleich zahlreiche chemische Vergleiche folgen.

In der modernen Physik erhielt die Frage der Verwandlung des Lichts in einen Stoff und umgekehrt einen ganz anderen, tiefen Sinn. Für die Photonen mit ungewöhnlich schnellen Schwingungen, deren Frequenz einen bestimmten Wert übersteigt, wird im Experiment die bemerkenswerte Erscheinung ihrer Verwandlung in einen Stoff, in das positive und das negative Elektron beobachtet. Ohne Zweifel ist auch der umgekehrte Prozeß möglich. Der Gedanke Newtons, welcher sich auf die mechanische Analogie stützte, wurde auf eine völlig andere und unerwartete Art und Weise bestätigt.

Die anderen Fragen der „Optik" beziehen sich nicht auf die Licht-

Abb. 21. Wachsskulptur Newtons
Auf der Säule sind die bekannten Verse A. Popes angeführt (Seite 202)

erscheinungen. Zu einigen von ihnen werden wir später zurückkehren.

Worin liegt die Ursache der Systemlosigkeit der „Fragen“ und sogar ihrer Widersprüche? Die „Optik“ erfuhr zu Lebzeiten Newtons vom Jahre 1704 an noch dreimal eine Neuauflage; im Jahre 1706 (lateinische Übersetzung), 1717 und 1721. Hierbei wurde in jeder Ausgabe die Zahl der „Fragen“ vergrößert, und ihr Inhalt war ein ganz neuer und widersprach häufig dem früheren. Somit besitzen wir in ihnen wirklich eine chronologische Schichtenfolge, der die Entwicklung und die Schwankungen der Gedanken Newtons für alle Zeiten ihren Stempel aufgedrückt haben.

In der Ausgabe vom Jahre 1704 wurde in den „Fragen“ der Äther überhaupt nicht erwähnt, aber in der lateinischen Ausgabe von 1706 wurde dieses Schweigen durch die scharfe und entschiedene Kritik der Ätherhypothese durchbrochen. Zehn Jahre später jedoch ändert sich in der zweiten englischen Ausgabe der „Optik“ die Einstellung Newtons zum Problem des Äthers. Es werden acht neue „Fragen“ über den Äther hinzugefügt, welche trotz ihrer Zurückhaltung zweifelsohne einen positiven Charakter tragen. Das Verwunderlichste ist hierbei, daß die „Kontraäther“-Fragen der früheren Ausgaben zugleich mit den „Proäther“-Fragen belassen wurden.

Man muß annehmen, daß Newton auf diese Art und Weise noch einmal seine skeptische Einstellung zu den Hypothesen demonstrieren wollte. Die Anordnung der „Fragen“ in der endgültigen Version der Ausgaben von 1717 und 1721 dürfte hierbei kaum zufällig sein; die ersten 17 Fragen betreffen hauptsächlich die Eigenschaften des Lichts unabhängig von diesen oder jenen Hypothesen. Die folgenden sieben Fragen sprechen zugunsten der Existenz des Äthers. Ihnen folgen vier Fragen mit Argumenten gegen den Äther. Schließlich betrachten die drei letzten Fragen die optischen und physikalisch-chemischen Erscheinungen als ein Ergebnis der Bewegung der Teilchen, zwischen denen Anziehungs- und Abstoßungskräfte wirken.

Weiter wurde in den letzten Ausgaben in der 31. „Frage“ nicht zufälligerweise eine Erklärung hinzugefügt, welche fast genau das berühmte „hypotheses non fingo“ wiederholt: „Hypothesen dürfen in der Experimentalphilosophie nicht betrachtet werden, und wenn auch die durch Induktion mittels Versuchen und Beobachtungen gewonnenen Ergebnisse nicht als Beweise der allgemeinen Schlüsse gelten können, so ist dies doch der beste Weg der Argumentation, den die Natur der

Dinge zuläßt, und kann als um so einwandfreier angesehen werden, je allgemeiner die Induktion ist.“

Man darf wohl insgesamt mutmaßen, daß Newton durch die Mannigfaltigkeit der widersprechenden „Fragen“, durch die Logik ihrer Anordnung und die endgültige methodologische Schlußfolgerung dem Leser ungefähr folgendes zu verstehen geben wollte: „Außer Zweifel stehen allein die Eigenschaften des Lichts, welche durch das Experiment bestimmt wurden. Einige dieser Eigenschaften kann man auf Grund der Hypothese des Äthers deuten, andere Eigenschaften stimmen mit dem Äther nicht überein, und man kann sie durch die Bewegung der Teilchen erklären, zwischen denen die Kräfte der Anziehung und Abstoßung wirken. Am richtigsten ist es jedoch, keine Hypothesen zu schaffen und die Erscheinungen an Hand von Experimenten und Beobachtungen nach der Induktionsmethode zu beschreiben.“

Von dem Wunsch, dem Leser diese Folgerungen zu übermitteln, wurde anscheinend auch die komplizierte Formulierung der „Fragen“ diktiert.

ACHTES KAPITEL

Die Übergangsjahre. Die optischen Fragmente in den Werken und Briefen Newtons Die Konzeption des Äthers. Newton in den 70er Jahren

1672–1682

In der „Optik“ zog Newton die Bilanz seiner umfangreichen Forschungen im Bereich der Lichterscheinungen. Jedoch ist vieles, darunter zuweilen Bedeutendes, in dieses Buch nicht aufgenommen worden. Newton war bestrebt, die „Optik“ möglichst einfach zu schreiben und aus ihr ein Werk zu machen, das einem weiten Leserkreis seiner Landsleute zugänglich sein würde. Deswegen wurde dieses Buch englisch und nicht lateinisch geschrieben. Deswegen fehlen in ihm fast völlig die mathematischen Beweise und Berechnungen, und das Material wurde nicht so sehr nach dem Gegenstand als nach der Methode zusammengestellt. Die „Optik“ ist ein klassisches Muster der Experimentalphysik, sie ist das Buch des Experiments und bis zu einem gewissen Grade der Hypothese. In den „Fragen“ berührt Newton von der experimentellen und hypothetischen Seite nicht nur die Lichterscheinungen, sondern auch die Wärme, die Gravitation, die Elektrizität, den Magnetismus, die Chemie und anderes. Dennoch wurde alles, was mit Mathematik verknüpft ist, nicht in das Buch einbezogen. Deswegen muß man den Beweis der Sätze und der Theoreme der geometrischen Optik in den „Vorlesungen“ und den „Prinzipien“ suchen: Die mathematische Theorie der Brechung des Lichts (die Folgerungen aus dem Brechungsgesetz) wurde gleichfalls nur in den „Prinzipien“ veröffentlicht.

Indem Newton annahm, daß die Veränderung der Richtung des Lichtstrahls im Medium durch eine gewisse Kraft hervorgerufen wird, die der Stoff auf das Licht ausübt, kam er zu der Schlußfolgerung, daß sich die Geschwindigkeit des Lichts vor der Brechung zur Geschwindigkeit im Medium wie der Sinus des Brechungswinkels zum Sinus des

Einfallswinkels verhält, d. h. die Geschwindigkeit des Lichts im Medium muß größer sein als im leeren Raum.

Die direkten Experimente Foucaults, die im 19. Jahrhundert angestellt wurden, stimmten durchaus nicht mit dieser Schlußfolgerung Newtons überein: Die Geschwindigkeit des Lichts im Raum erwies sich als größer als im Medium. Lange Zeit wurde das Experiment Foucaults als endgültige Widerlegung der Emissionstheorie angesehen. Jedoch muß nach der neueren Quantentheorie des Lichts die „Gruppen"-Geschwindigkeit des Photons im Medium ebenso wie die Geschwindigkeit der Wellen im Bereich der normalen Dispersion geringer sein als im Raum, und das Experiment Foucaults verlor sehr an Bedeutung.

Den mathematischen Arbeiten im Bereich der Optik kann man auch die Newtonsche Theorie der astronomischen Refraktion hinzurechnen. Diese Theorie wurde nirgends von Newton veröffentlicht. In der „Optik" sind nur kurze Erwähnungen der astronomischen Refraktion vorhanden. Die Ergebnisse der Theorie Newtons in Form eines Haupttheorems und Tabellen wurden von ihm in Briefen an den königlichen Astronomen Flamsteed im Jahre 1694 und 1695 mitgeteilt und zum erstenmal erst im Jahre 1836 von Biot[21] und ausführlicher im Jahre 1935 von dem Akademiker A. N. Krylow[22] geprüft. A. N. Krylow gelang es, an Hand der Briefe Newtons, einiger Stellen der „Prinzipien" und anderer Materialien den Gedankengang und die Berechnungen Newtons vollständig zu rekonstruieren, indem er diese gewaltige Arbeit Newtons für unsere Zeit zugänglich und nutzbar gemacht hat. Nach den Worten A. N. Krylows: „Entwickelt man die Newtonsche Theorie mit jenen elementaren Methoden der Analysis, welche Newton beherrschte, und vergleicht man sie mit den neuerlichen Theorien, so kann man sofort bemerken, welch einfache und natürliche Darstellung erhalten wird und wie wenig ihr im wesentlichen während 240 Jahren hinzugefügt wurde."

Der Theorie der astronomischen Refraktion Newtons wurde folgendes Theorem zugrunde gelegt, welches er Flamsteed in einem Brief ohne Beweise mitteilte:

„Der Kreis *ADK* (Abb. 22) soll die Erdkugel darstellen; nehmen wir an, diese Kugel sei von der Atmosphäre bedeckt, deren Dichte gleichmäßig von der Oberfläche der Erde zur oberen Grenze der Atmosphäre abnimmt, die hier durch den Kreis *MON* dargestellt wird. Der Strahl *SO* soll auf diese Grenze im Punkt *O* auffallen und beim Hindurchgehen durch die Atmosphäre, in der er ständig gebrochen wird, in der Kurve *OBA* bis zum Beobachter *A* verlaufen.

Von dem willkürlichen Punkt *B* dieser Kurve wird die Gerade *BC* zum Mittelpunkt der Erde gezogen, die die Oberfläche der Erde im Punkte *D* schneidet. Zwischen *CB* und *CD* nehmen wir die mittlere Proportionale *CF* an, und *AFG* soll der geometrische Ort der Punkte *F*, d. h. jene Kurve sein, auf der sich der Punkt *F* dauernd befindet; wenn diese Kurve *AFG* die Gerade *OC* im Punkte *G* durchschneidet, ist die volle Refraktion des Strahls, der von *O* bis *A* verläuft, proportional der Fläche *AFGC*, die Refraktion jedoch beim Hindurchgehen der Teile *OB* oder *BA* der angezeigten Kurve proportional den Flächen *GFCG* und *FACF*."

A. N. Krylow bemerkt hinsichtlich dieses Theorems, daß die Kurve *OBA* unbekannt ist und die Längen *BC* und *CD*, zwischen denen man die mittlere Proportionale *CF* wählen muß, gleichfalls nicht bekannt sind. Newton gibt jedoch keine Hinweise über die Konstruktion der Kurve *OBA*, und da Flamsteed die „direkte und umgekehrte Methode der Fluxionen" (d. h. Differential- und Integralrechnung) nicht so sehr beherrschte, um selbst die Gleichung dieser Kurve aufzustellen, wurde ihm schwerlich aus dem Theorem Newtons das Verfahren zur Berechnung der Tabelle der Refraktionen klar. Leider gibt es in den Büchern und Vorlesungen Newtons viele solcher Sätze und Theoreme ohne Beweise. Und deswegen wird das Lesen seiner Werke zuweilen wohl oder übel geradezu zu einer Forschungsarbeit.

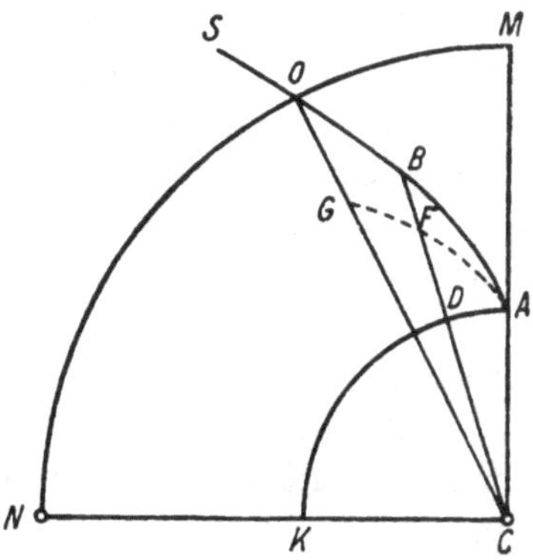

Abb. 22. Schema zum Theorem Newtons über die astronomische Refraktion
Aus einem Briefe an Flamsteed

Indem Newton in den „Prinzipien" die Frage der Kometenschweife prüfte, führte er die Meinung Keplers an, welche besagt, daß die Schweife von der Sonne unter der Einwirkung des Sonnenlichts abgestoßen werden, und macht folgende vorsichtige Bemerkung über den Lichtdruck: „Daß die feinsten Emanationen im freien Raum der Wirkung der Strahlen unterliegen, widerspricht nicht dem gesunden Menschenverstand, ungeachtet dessen, daß in unseren Gebieten die groben Stoffe keine merklichen Bewegungen durch die Einwirkung der Sonnenstrahlen annehmen."

Die erfinderische Tätigkeit Newtons im Bereich optischer Instrumente beschränkte sich nicht auf das Spiegelteleskop und das Mikroskop.

Im Jahre 1700 überreichte Newton dem Astronomen Halley ein ausführlich ausgearbeitetes Projekt eines Reflektors für schnelle Messungen der Monddistanzen von den Fixsternen auf See. Der Gedanke des Geräts ist folgender: Das Fernrohr wird auf irgendeinen Stern gerichtet. Die Hälfte der Öffnung des Fernrohrobjektivs ist mit einem Spiegel bedeckt, der in einem Winkel von 45^0 zum Objektiv aufgestellt ist. Das Bild des Randes der Mondscheibe wird auf einem anderen Spiegel aufgefangen, der sich über dem ersten befindet. Dieser zweite Spiegel ist mit einem langen Zeiger verbunden und ist drehbar; der Drehwinkel des Zeigers wird an dem eingeteilten Quadranten abgelesen. Der Spiegel wird so lange gedreht, bis das Bild des Mondrandes auf den ersten Spiegel vor dem Objektiv fällt und von dem Auge wahrgenommen wird. Das Auge erblickt zugleich den Stern und den Mondrand, welche man durch eine weitere Drehung des Spiegels in Berührung bringen kann. Aus dem Drehwinkel des Spiegels kann man genügend schnell und genau den Winkelabstand des Mondes und des gewählten Sternes bestimmen. In diesem Gerät erkennt man leicht den Sextanten, der bis zum heutigen Tage auf See benutzt wird. Die Beschreibung des Geräts wurde aus irgendeinem Grunde nicht veröffentlicht und kam erst im Jahre 1742, nach dem Tode Newtons, ans Licht der Öffentlichkeit. Unabhängig von Newton wurde im Jahre 1731 das Gerät von Hadley konstruiert.

Newton prüfte häufig und gern sowohl in der „Optik" als auch in seinen Privatbriefen Fragen der physiologischen Optik über den Zusammenhang von Reiz und Erregung, über die Nerven als Leiter der Schwingungsbewegungen, die vom Licht hervorgerufen werden, über das Sehen mit beiden Augen, über die Anatomie des Auges. Es ist uns eine große Skizze des Schnittes eines Schafsauges erhalten geblieben, welche von Newton mit genauen Angaben der natürlichen Maße und der natürlichen Größen angefertigt worden ist. Beim Studium dieses biologischen Objektes verzichtete Newton nicht auf seine Gewohnheit, genau zu messen. In einem Brief an den Philosophen Locke im Jahre 1691 beschrieb Newton lebhaft das gefährliche Experiment mit den sogenannten Nachbildern, das von ihm an seinen eigenen Augen ausgeführt worden war. „Das war so", schreibt er, „ich blickte ganz kurz mit dem rechten Auge auf die Sonne im Spiegel und dann richtete ich die Augen in einen dunklen Winkel, indem ich dabei zwinkerte, um zu beobachten, ob das Bild und die farbigen Kreise, die es umgeben, erscheinen würden ... Dies wiederholte ich zwei- oder dreimal. Beim drittenmal, als diese Erscheinung des Lichts und der umgebenden Farben gerade vollkommen verschwinden wollte, spannte ich meine Vorstellung an, um sie bis zum Schluß zu betrachten, und dann sah ich zur Verwunderung, daß die Bilder begannen, sich zu drehen und allmählich ebenso lebendig und hell und klar wurden, wie sie unmittelbar danach waren, als ich auf die Sonne blickte ... Noch sonderbarer erschien mir, daß, obgleich ich nur mit dem rechten Auge auf die Sonne geblickt hatte und nicht mit dem linken, dennoch meine Vorstellung begann, dieses Bild in meinem linken Auge genau so wie im rechten zu schaffen ... Nach einigen Stunden hatte ich meine Augen so verdorben, daß ich weder mit dem einen noch dem anderen Auge auf irgendeinen hellen Gegenstand schauen konnte, ohne daß die Sonne vor mir erschien, so daß ich schon beschloß, das Lesen und Schreiben aufzugeben. Zur Wiederherstellung meiner Sehkraft schloß ich mich in einem verdunkelten Zimmer ein, indem ich alle Mittel anwandte, um meine Vorstellung vom Bilde der Sonne abzulenken. Indem ich mich noch im Laufe einiger Tage des Anblicks heller Gegenstände enthielt, stellte ich meine Augen wieder leidlich, obgleich nicht vollständig her, da sich noch nach Monaten das Bild der Sonne vor mir drehte, sobald ich nur begann, an diese Erscheinung zu denken, wenn ich mich auch um Mitternacht zu Hause und im Bett bei vorgezogenen Vorhängen befand ..."

Ein gewisser Dr. Maddock wandte sich an Newton mit der Frage, ob es Strahlen gebe, die nicht auf das Auge wirken, und teilte seine Ideen über solche „dunklen Strahlen" mit. Die Frage verleitete natürlich zu einem Experiment. Aber in jenen Jahren hatte Newton bereits aufgehört, zu experimentieren, und er antwortete, daß so lange, wie die Gesetze der Brechung dieser Strahlen nicht geklärt sein würden, auch ihre Existenz zweifelhaft sei. Damit wurde bedauerlicherweise die Entdeckung der infraroten und ultravioletten Strahlen um mehr als ein Jahrhundert hinausgeschoben.

In einem Brief an Flamsteed aus London am 10. August 1691 wendet sich Newton u. a. an ihn mit folgender Bitte: „Ich würde mich freuen, von Ihnen zu erfahren (bei der Beobachtung der Verfinsterung der Trabanten des Jupiter im langen Teleskop), welches die Farbe des Trabanten unmittelbar im Augenblick des Verschwindens ist, rot oder blau, oder ob sie heller oder blasser als früher wird?" Es ist klar, daß Newton zu erfahren wünschte, ob die Ausbreitungsgeschwindigkeit des Lichts für die verschiedenen Farben im Zwischenplanetenraum gleich ist. Infolge des großen Abstandes zwischen Jupiter und Erde hätte selbst ein sehr kleiner Unterschied in den Lichtgeschwindigkeiten für die verschiedenen Teile des Spektrums eine scharfe Veränderung der Farbe des Trabanten im Augenblick der Verfinsterung hervorgerufen. Die Frage der Möglichkeit einer Dispersion des Lichts im Raume wurde im 19. Jahrhundert von neuem gestellt und erhielt wiederum eine negative Antwort.

Die angestrengte Arbeit Newtons über Fragen der Optik dauerte ungefähr 16 Jahre (1664—1680). Später kehrte Newton zur Optik nur dann und wann — ganz zufällig — zurück.

Während der 16 Jahre wurde eine außerordentlich große Arbeit geleistet. Vor Newton war die physikalische Optik eine chaotische Anhäufung einzelner Beobachtungen ohne irgendwelches, auch nur einigermaßen wahrscheinliche System, von einer Theorie ganz zu schweigen. Aus den Händen Newtons ging die Lehre vom Licht mit einem gewaltigen, neuen quantitativen und qualitativen Inhalt hervor. Die Newtonsche Theorie des Lichts und der Farben vereinte und erklärte unbestreitbar vieles, ließ jedoch absichtlich die Frage nach der Natur des Lichts ungelöst. Die Theorie Newtons bewahrte ihre Bedeutung (und zwar nicht nur ihre „historische", sondern auch die unmittelbare) bis zum heutigen Tage. Dies verdankt sie den einwandfreien Methoden Newtons, welche das quantitative Experiment und die Logik mit dem geringsten Grad von Willkür in den hypothetischen Sätzen verbanden. Übrigens zeigte sich Newton in seinen optischen Arbeiten als glänzender Meister der Hypothesen, der zweifelsohne auch in dieser Kunst die meisten seiner Zeitgenossen übertraf. Jedoch hielten die hypothetischen Konstruktionen Newtons in den meisten Fällen nicht der Probe der späteren Zeit stand und bewahrten bestenfalls die Bedeutung genialer Mutmaßungen. Das Experiment als notwendige und wesentliche Methode des Studiums der Natur wurde selbstverständlich in der Physik und anderen Wissenschaften seit undenklichen Zeiten angewendet, aber fast immer war dies ein Experiment der passiven Beobachtung, das bestenfalls von quantitativen Messungen begleitet wurde. Newton verstand es, die Experimentalmethode in eine aktive Methode zu verwandeln. Mit ihr konnte man der Natur Fragen stellen und auf sie eine Antwort erhalten. Die „Optik" Newtons wurde für die folgenden Geschlechter zur Schule des Experiments nicht nur im Bereich der Lichterscheinungen, sondern auf allen Gebieten der Naturwissenschaft.

Jedoch war das tatsächliche Schicksal der optischen Arbeiten Newtons während 270 Jahren, welche seit der Zeit ihrer Veröffentlichung verflossen sind, ein veränderliches. Zugleich mit Fortsetzern seiner

Arbeit und Schülern fanden sich von Zeit zu Zeit Leute, welche die Richtigkeit der Experimente Newtons anzweifelten. Der Jesuit Castel konnte z.B. im Jahre 1743 schreiben: „Man muß annehmen, daß Newton niemals die Gegenstände durch das Prisma betrachtet und sie nur auf einem weit vom Prisma entfernten Papier nach der Überschneidung der Strahlen gesehen hat." Goethe gab in seiner umfangreichen Farbenlehre im Jahre 1808 folgende Charakteristik der Arbeiten Newtons im Bereich des Lichtes: „Wir finden vielmehr jenes achte Weltwunder schon als ein verlassenes, einsturzdrohendes Altertum und beginnen sogleich, von Giebel und Dach herab es ohne weitere Umstände abzutragen, damit die Sonne doch endlich in das alte Ratten- und Eulennest hineinscheine und dem Auge des verwunderten Wanderers jene labyrinthisch unzusammenhängende Bauart offenbare, das enge Notfügige, das zufällig Ungedrungene, das absichtlich Gekünstelte, das kümmerlich Geflickte."

Dieser Angriff des großen Dichters endigte jedoch mit seiner völligen Niederlage. Das alte Schloß der Optik Newtons ist auch heute noch mit allen seinen Archaismen achtunggebietend, da es auf dem solidesten Fundament der Welt aufgebaut ist, nämlich auf dem rationalen Experiment.

Sehr oft wird Newton als der Autor und der Hauptverteidiger der Emissions- und Korpuskulartheorie des Lichts angesehen. Wir haben gesehen, daß dies nicht richtig ist. Newton betrachtete die reine Wellentheorie des Lichts und die Theorie Descartes' als unannehmbar, indem er eine Reihe von Tatsachen anführte, welche die Wellentheorie zu klären nicht imstande war. Eine Kompromißtheorie, welche gewisse Vorzüge der Wellen- und der Emissionstheorie verband, wurde von Newton ohne jeglichen Nachdruck vorgebracht: sie war nicht so sehr Newton als den „Liebhabern von Hypothesen" nötig. Newton arbeitete sie nicht aus und hielt dies nicht für notwendig. Kurz gesagt, Newton besaß keine bestimmte Hypothese über die Natur des Lichtes, da er der Meinung war, daß sich keine einzige Hypothese notwendigerweise und unzweideutig aus dem Experiment ergibt. Indessen diente gerade die angebliche Emissionstheorie des Lichtes Newtons als Hauptzielscheibe für die Angriffe der Physiker des 18. Jahrhunderts. In dieser Richtung betätigten sich Euler, Lomonossow und viele andere. Die Kritik war leicht, und dieses „Luftschloß" ergab sich ohne Widerstand. Andererseits besaß die Korpuskularhypothese ihre unbestreitbaren methodischen Vorzüge, die besonders in der heutigen Zeit begreiflich sind, da diese Hypothese, obgleich in etwas veränderter Form, auf spezielle Fälle angewandt die Resultate des Experiments voraussagt, und hierin liegt vor allem der Nutzen jeder Hypothese.

Eine andere wissenschaftliche Entdeckung, die neben der des Teleskops im 17. Jahrhundert weite Kreise interessierte, war die der Luftpumpe, die von dem Magdeburger Bürgermeister Otto von Guericke gemacht worden war. Die Pumpe machte den gasförmigen Zustand der Stoffe, der wegen seiner Unwahrnehmbarkeit und Formlosigkeit geheimnisvoll erschien, dem Studium zugänglich. Besonders zahlreiche Experimente mit der Pumpe stellte Boyle unter Assistenz von Hooke an. In den Kreisen der Royal Society waren diese Experimente ein ständiger Gegenstand der Vorführungen und Diskussionen. In einem Schriftwechsel Newtons mit Boyle bildeten die Experimente mit der Luftpumpe das Hauptthema.

Es besteht kein Zweifel, daß auf Grund der „Pneumatischen Experimente“ die Ideen Newtons über den Äther, die das Leitmotiv seiner wissenschaftlichen Äußerungen in den 70er Jahren bildeten, entstanden und reiften. Die Vorstellung vom Äther entstand als natürliche Extrapolation der Experimente mit der Luftpumpe. Das Hauptthema der langen „hypothetischen“ Denkschriften Newtons, welche im Jahre 1675 geschrieben und von denen im 6. und 7. Kapitel die Rede war, stellte selbstverständlich der Äther dar. Newton verstand darunter Folgendes: „In der Hypothese muß man das Bestehen eines ätherischen Mediums zugeben, das der Struktur nach sehr ähnlich der Luft, jedoch dünner, feiner und elastischer ist. Als nicht unbedeutender Beweis zugunsten des Bestehens dieses Mediums dient die Bewegung des Pendels in einem luftleeren Glasgefäß, welche genau so schnell wie im Freien abklingt.“ Somit ist der Äther nach Newton ein Gas sehr geringer Dichte. Weiter führte er Beweise dafür an, daß der Äther aus verschiedenen „ätherischen Medien“ besteht, ähnlich wie die Luft, die sich aus der trägen Masse der Luft zusammensetzt und mit verschiedenen „Dämpfen und Ausdünstungen“ vermischt ist. Somit wird der Begriff des Äthers bei Newton nicht präzisiert. Dieser Äther Newtons ähnelt sehr dem Äther nach den Vorstellungen D. I. Mendelejews. Mendelejew verwies sogar den Äther in das periodische System der chemischen Elemente und nannte ihn „Newtonium“.

Ein solcher Äther konnte nach der Vermutung Newtons in den 70er Jahren als Grundlage aller Dinge dienen.

„Es ist möglich“, schrieb er, „daß das ganze Weltgebäude nichts als eine verschiedenartige Komposition von gewissen ätherischen Stoffen oder Dämpfen ist, die sozusagen zu einem Niederschlag verdichtet werden, ganz ähnlich wie Wasserdämpfe sich zu Wasser verdichten." Der Äther kann nach Newton die Dynamik der Erscheinungen und zum Teil den Fall der Körper erklären: „Der große Körper der Erde", schrieb er, „vermag, indem sich überall, in allen seinen Teilen und vielleicht sogar bis zu seiner Mitte eine ununterbrochene Arbeit vollzieht, immerwährend große Mengen ätherischer Flüssigkeiten in sich zu kondensieren. Dann aber muß auch immerwährend von allen Seiten die ätherische Flüssigkeit mit großer Geschwindigkeit zum Ersatz nach der Erde hinströmen, und diese Ätherströme werden die Körper über der Erde mit sich zur Erde zu führen, und zwar mit einer Kraft, welche den Oberflächen aller der Teile, auf welche die Ströme wirken, proportional ist. Und wie die Erde, so mag auch die Sonne diese Substanz einsaugen und dadurch sich nicht bloß ihre Leuchtkraft bewahren, sondern auch die Planeten verhindern, sich weiter von ihr zu entfernen."

Weiter vermutet Newton genau so, als ob er ein Vertreter der reinen Wellenanschauung von der Natur des Lichts sei, daß „der Äther, ähnlich der Luft zu Vibrationen, allerdings viel schnelleren und feineren, fähig ist." Nach der Meinung Newtons erfolgen die Schwingungen im Äther eine hinter der anderen in einer Entfernung von weniger als 1 Hunderttausendstel Zoll (das ist $2{,}5 \cdot 10^{-5}$ cm). Diese Größe wurde offensichtlich den Experimenten mit den Interferenzringen entnommen und entspricht der Hälfte einer Wellenlänge. Indem Newton ähnliche Erwägungen wie beim Schall anstellt, vermutet er, daß die Ätherschwingungen sich nach der Größe, aber nicht nach der Geschwindigkeit unterscheiden. Früher wurde bereits gesagt, auf welche Art und Weise die Vorstellungen über den Äther von Newton zur Erklärung der Erscheinungen der Reflexion und der Brechung des Lichtes, der Interferenzringe und der Beugung angewandt wurden. Als Ätherströme werden nach Newton gleichfalls die Erscheinungen der elektrostatischen Anziehung und Abstoßung, die Prozesse der Lösung in Flüssigkeiten, der Zusammenziehung und der Ausdehnung der Muskeln usw. erklärt.

Diese Konzeption war kein bloß flüchtiger Gedanke. Vier Jahre später, im Jahre 1679, entwickelt Newton sie von neuem in einem umfangreichen Brief an Boyle mit einigen Varianten, jedoch das Wesentliche beibehaltend. Wiederum wird angenommen, daß überall eine gewisse ätherische Substanz zerstreut ist, die zur Kompression und Ausdehnung fähig und ungewöhnlich elastisch ist, „mit einem Wort, in jeder Hinsicht der Luft ähnlich, aber viel feiner als sie ist."

„Ich nehme mit anderen an[23]", teilt Newton Boyle weiter mit, „daß dieser Äther alle Körper durchdringt, aber innerhalb der Körper dünner ist als im freien Raum, und zwar um so mehr, je kleiner die Poren derselben sind. Diese verschiedene Dichtigkeit des Äthers aber ist die Ursache der Brechung des Lichtes, des Zusammenhängens von ebenen, gut polierten Metallflächen auch im Vakuum, des Hängenbleibens des Quecksilbers in der Torricellischen Leere[24], der Kapillaritätserscheinungen, der Lösung fester Körper in Flüssigkeiten und endlich eine der Hauptursachen der Kohäsion." Weiter folgt eine lange Liste physikalisch-chemischer und rein chemischer Erscheinungen, welche mit Hilfe des Äthers erklärt werden.

Der Brief endet mit einem Hinweis auf die Gravitation: „Ich füge noch eine Annahme hinzu", so schrieb Newton am Schluß des Briefes, „die mir beim Schreiben dieses Briefes gekommen ist; sie betrifft die Ursache der Gravitation. Ich nehme an, daß der Äther aus verschiedenen Teilen besteht, die sich voneinander in ihrer Feinheit kontinuierlich unterscheiden. In den Poren der Körper ist verhältnismäßig weniger von dem gröberen Äther enthalten als im offenen Raum. Daraus folgt, daß in dem großen Erdkörper sich verhältnismäßig bedeutend weniger grober Äther befindet, als in den Regionen der Atmosphäre, und daß von der höchsten Schicht der Luft bis zur Oberfläche der Erde und wieder von der Oberfläche der Erde bis zum Mittelpunkt derselben der Äther unmerklich feiner und feiner wird. Denken wir uns nun einen Körper, der frei in der Luft schwebt oder auf der Erde liegt, und bedenken wir, daß nach unserer Hypothese der Äther in den Poren der oberen Teile des Körpers gröber sein muß, als in den Poren der unteren Teile, und daß der gröbere Äther weniger geeignet ist, in den Poren zu bleiben, als der feinere Äther darunter; so muß dieser gröbere Äther bestrebt sein, aus den Poren herauszutreten und dem feineren Äther von unten Raum zu geben, und das wird nicht geschehen können, ohne daß der Körper selbst niedersteigt, um für den ausströmenden Äther Raum zu machen."

Vergleicht man die Variante der Erklärung der Gravitation in der Denkschrift und in dem Briefe an Boyle, so kann man wesentliche Unterschiede bemerken. Der Newtonsche Äther der 70er Jahre, welcher nach seiner Meinung das Weltall erfüllt, und der durch seine Bewegungen sowie die Verschiedenheit der Dichte und des Druckes alle wesentlichen Erscheinungen der Natur hervorruft, kommt dem „Raum" Descartes' nahe, und die Rangordnung „der Feinheiten" des Äthers ist der Rangordnung der Descartesschen Teilchen verwandt; bei Newtons

Hypothese fehlen bloß die Descartesschen Wirbel. In der Folge, wie dies aus den „Fragen“, der „Optik“ und auch aus den „Prinzipien“ hervorgeht, lehnte Newton entschieden einen Äther ab, der den Raum erfüllt, und räumte ihm nur einen Platz innerhalb der Körper und nach außen hin, nahe der Oberfläche, ein.

Die Epoche der Ablenkung Newtons durch die Ätherhypothese kann mit vollem Recht als eine vorübergehende Erscheinung bezeichnet werden. Von den optischen Fragen, welche die Ursache des Entstehens dieser Hypothese waren, ging Newton allmählich zu den Problemen der Astronomie und der Mechanik über, wobei er wohl hauptsächlich durch die optische Konzeption des Äthers zu ihnen hingezogen wurde. Anfangs der 80er Jahre ist Newton fast völlig mit diesem neuen Fragenkreis beschäftigt.

Das Leben Newtons hatte sich in der Zwischenzeit merklich verändert. Im Jahre 1675 lief seine Mitgliedschaft im Trinity College ab; der Satzung entsprechend mußte er eine geistliche Würde annehmen oder das College verlassen. Dieser Umstand hatte ihn anscheinend stark erregt und ihm seine Zukunft ungewiß gemacht. Es ist möglich, daß auf Initiative Barrows, welcher damals Master des College war, und vielleicht auch von Newton selbst ein Gesuch an den König gerichtet wurde, in welchem um die Erlaubnis nachgesucht wurde, so lange Mitglied des College bleiben zu dürfen, als er den Lucasischen Lehrstuhl innehabe. Am 2. März 1675 traf aus Whitehall die Erlaubnis ein, und Newton wurde einer schweren Sorge enthoben. In damaliger Zeit war diese königliche Zustimmung das Zeichen einer großen, ungewöhnlichen Anerkennung.

Im Jahre 1677 verlor Newton seinen Lehrer und Freund I. Barrow, und im folgenden Jahre 1678 starb der Sekretär der Royal Society, Oldenburg, dessen Korrespondenz mit Newton hauptsächlich dazu diente, die Entdeckungen Newtons der Öffentlichkeit zugänglich zu machen.

Oldenburg (1626—1678) war gebürtiger Bremer; er studierte in Oxford und war längere Zeit sächsischer Konsul. Seit der offiziellen Bestätigung der Royal Society (1662) wurde er deren Sekretär und leistete zusammen mit Hooke sehr viel für die Festigung der Society, die Organisation ihrer Arbeit und Verlagstätigkeit. Oldenburg führte eine gewaltige Korrespondenz, welche viel zur Entwicklung der Wissenschaft in England und anderen Ländern Europas beigetragen hat. Er mußte zur Verteidigung der Society und der freien Wissenschaft gegen Mißgünstige und Obskuranten auftreten. Im Vorwort zum 5. Band der „Philosophical Transactions" bezieht er sich, indem er solchen Leuten vorwirft, das Rad der kulturellen Entwicklung aufhalten zu wollen, auf die Entwicklung der Wissenschaft in allen Teilen der Welt. Für den russischen Leser ist es interessant, im 17. Jahrhundert bei Oldenburg folgende Zeilen über Rußland zu lesen: „Selbst an den frierenden Moskowitern und den Russen ist diese wirksame Gärung nicht vorübergegangen, und bei ihnen finden alle wahren Freunde der Wissenschaft und Tugend jede Unterstützung." [25]

Durch den Tod Oldenburgs drohte die Arbeit Newtons noch mehr von der Außenwelt abgeschlossen zu werden. An die Stelle von Oldenburg wählte die Society Grew und Hooke, und die Korrespondenz mit der Society mußte jetzt über Hooke geführt werden, der Newton wenig angenehm war.

Der zweite ständige Korrespondent Newtons, Collins, dessen Name von uns bereits früher erwähnt wurde, erkrankte 1676 schwer und stellte daher die Korrespondenz ein. Er starb im Jahre 1683. Die wissenschaftliche Isolierung Newtons wuchs somit noch mehr.

Sogar ein langjähriger Zimmergenosse im Trinity College, ein gewisser John Wilkins, zog im Jahre 1684 um. Es ist möglich, daß Wilkins Newton wegen seiner Schweigsamkeit und „Nichteinmischung in seine Angelegenheiten" gefiel. Als sich später Conduitt an den Sohn Wilkins' wegen der Überlassung von Aufzeichnungen seines Vaters über Newton wandte, erhielt er nur spärliche Angaben: „Ich hörte von meinem Vater", schrieb der Sohn, „daß er oft Zeuge war, wie Sir Isaac, in seine Beschäftigung versenkt, das Essen vergaß oder wie er auch plötzlich aufsprang, befriedigt darüber, daß er irgendeinen Satz gefunden hatte; fast nie hatte er den Wunsch, sich schlafen zu legen, gerade so, als ob er das Bedürfnis danach verloren habe. Er wurde, so glaube ich, grau, als er ungefähr 30 Jahre alt war, und als mein Vater ihm sagte, dies sei die Folge angestrengter geistiger Arbeit, antwortete er scherzend, die graue Farbe rühre von den häufigen Experimenten mit Quecksilber her."

Aber an Stelle der alten Beziehungen trat im Jahre 1680 eine Bekanntschaft und Freundschaft völlig neuen Charakters mit dem jungen Aristokraten Charles Montague, der ins Trinity College aufgenommen worden war. Diese Freundschaft dauerte bis zum Tode Montagues und hatte im weiteren Leben Newtons, insbesondere in seinen späteren Jahren, sehr große Bedeutung, da sie seine Übersiedlung nach London und die Berufung in die Münze bewirkt hat.

Seine Drohung, „mit der Philosophie zu brechen", welche er Oldenburg gegenüber in den erwähnten Übergangsjahren geäußert hatte, hatte Newton in erheblichem Maße durchgeführt. Er druckte nichts, und in der wissenschaftlichen Korrespondenz war der Brief an Boyle über den Äther fast die einzige und obendrein sich im wesentlichen wiederholende Niederschrift des Jahres 1675. Newton setzte die Lehrtätigkeit fort. Seine Vorlesungen über Algebra und Arithmetik, welche im Verlauf von zehn Jahren gelesen wurden (1673—1683), sind erhalten geblieben. Er reiste ziemlich oft nach Woolsthorpe und verbrachte anscheinend viel Zeit im chemischen Laboratorium. Sonst liegen weiter keine Angaben vor.

NEUNTES KAPITEL

„Die mathematischen Prinzipien der Naturphilosophie“
Die Vorgänger Newtons. Ein neuer Streit mit Hooke
Die erste Ausgabe der „Prinzipien“

1680–1687

Der Übergang Newtons von den optischen zu den mechanischen Aufgaben war, wie wir gesehen haben, ein allmählicher. In seinen optischen Arbeiten berührte Newton immer wieder Fragen der Bewegung der Himmelskörper und der Gravitation. Die Hypothese des Äthers, die von Newton in den siebziger Jahren vorgebracht wurde, betraf in gleichem Maße das Gebiet der optischen Erscheinungen und die Gravitation. Übrigens war das gleichzeitige Studium der Optik und der Schwerkraft in der Mitte des 17. Jahrhunderts sehr verbreitet. Das System Descartes' erklärte gleichfalls – oder richtiger gesagt: erklärte eben nicht – die Bewegung der Planeten und die optischen Gesetze. Der Lehrer Newtons, Barrow, arbeitete gleichzeitig auf diesem und jenem Gebiet, aber ganz besonders eng waren bei Hooke und Huygens die Forschungen über die Optik und Schwerkraft verquickt. In diesem Sinne war die Dualität der Interessen Newtons eine nicht absonderliche Erscheinung der damaligen Zeit.

Weit bekannt ist die Anekdote, daß Newton in Woolsthorpe durch einen vom Baume fallenden Apfel auf die Entdeckung der Weltgravitation gebracht wurde. Diese Erzählung scheint glaubwürdig und ist keine Legende. Stukeley übermittelt folgende Szene, die sich auf die alten Tage Newtons bezieht: „Nach dem Essen (bei Newton in London) war es sehr heiß; wir gingen in den Garten und tranken unter dem Schatten einiger Apfelbäume Tee; wir waren beide allein. U. a. erzählte mir Sir Isaac, daß er sich damals in der gleichen Lage befunden habe, als ihm zum erstenmal der Gedanke über die Gravitation gekommen sei. Während er sinnend dasaß, wurde dieser Gedanke durch das Fallen eines Apfels in ihm ausgelöst. Weswegen fällt ein Apfel immer senkrecht herunter, dachte er für sich, warum nicht zur Seite und stets nach der Erdmitte? Es muß eine Anziehungskraft in der Materie geben, welche im Erdinnern konzentriert ist. Wenn die Materie eine andere Materie so sehr anzieht, muß eine Proportionalität mit ihrer Masse bestehen. Deswegen zieht der Apfel die Erde genau so wie die Erde den Apfel an. Es muß deswegen eine Kraft geben, ähnlich der, welche wir Schwerkraft nennen, und die sich über das ganze Weltall ausbreitet."

Die Erzählung Stukeleys blieb aus irgendeinem Grunde wenig bekannt, dafür wurde in der Welt eine ähnliche Nacherzählung Voltaires nach den Worten einer Nichte Newtons verbreitet. Die Erzählung gefiel; man begann auf den Apfelbaum zu zeigen, als ob er Anlaß zum Entstehen der „Prinzipien" gegeben habe; die Dichter und Philosophen benutzten die dankbare Metapher, indem sie den Newtonschen Apfel mit dem Apfel des Paris oder mit dem Apfel verglichen, der Adam ins Verderben gestürzt hatte. Den Leuten, die nichts von der Wissenschaft verstanden, gefiel die einfache Mechanik des Entstehens der komplizierten wissenschaftlichen Idee. Noch immer gibt es viele Leute, die von Newton nur das wissen, was mit dieser Erzählung von dem Apfel zusammenhängt.

Es gibt keinen Anlaß, daran zu zweifeln, daß sich Newton im Jahre 1666 mit der Gravitation befaßte. Dies war überhaupt eine nicht ungewöhnliche Aufgabe, und an ihr waren damals viele interessiert. In einem Brief an Halley im Jahre 1686 bestätigte Newton, daß er schon 1665 oder 1666 aus dem Keplerschen Gesetz die umgekehrt quadratische Proportionalität der Schwere mit der Entfernung abgeleitet habe. In einem anderen Brief an Halley vom 20. Juni 1666 schreibt Newton folgendes: „Schon in den Papieren, die vor mehr als 15 Jahren von mir geschrieben wurden (das Datum kann ich nicht genau angeben, aber auf jeden Fall war dies vor dem Beginn meiner Korrespondenz mit Oldenburg), habe ich die umgekehrt quadratische Proportionalität der Attraktion der Planeten gegen die Sonne mit der Entfernung ausgesprochen — und die direkte Proportionalität der irdischen Schwere mit den conatus recedendi des Mondes vom Zentrum der Erde berechnet, wenn auch nicht genau genug."

Unter den Papieren Newtons befindet sich außerdem folgende genauere Aufzeichnung: „In dem gleichen Jahre (1666) begann ich, über die Gravitation nachzudenken, die sich bis zur Mondbahn erstreckt, und ich fand, wie die Kraft abzuschätzen ist, mit welcher eine Kugel, die innerhalb einer Sphäre rotiert, auf die Fläche dieser Sphäre drückt.

Aus der Regel Keplers, daß die Perioden der Planeten das Verhältnis anderthalb zu den Entfernungen von den Zentren ihrer Bahnen haben, folgerte ich, daß die Kräfte, welche die Planeten in ihren Bahnen halten, umgekehrt proportional zu den Quadraten ihres Abstandes von den Zentren sein müssen, um welche sie sich drehen. Hieraus weiter schließend verglich ich die Kraft, die notwendig ist, um den Mond in seiner Bahn zu halten, mit der Schwerkraft auf der Oberfläche der Erde und fand, daß sie fast genau gleich sind. All dies ereignete sich in den zwei Pestjahren 1665 und 1666, da ich damals in der Blüte meiner erfinderischen Kräfte war und mehr als jemals später über Mathematik und Philosophie nachdachte." Auf jeden Fall, wenn Newton im Jahre 1666 vermochte, das Gravitationsgesetz aus den Gesetzen Keplers zu folgern, mußte er bereits den Ausdruck der Zentrifugalkraft kennen, und die „Prinzipien" entstanden bei dem Studenten Newton sozusagen im Konzept.

Wie es bei Newton oft geschah, wurden die Frage der Gravitation und andere mechanische Probleme ohne jeden sichtbaren Anlaß auf lange Zeit beiseitegelegt, und er konzentrierte sich vollkommen auf die optischen Aufgaben. Zur Mechanik kehrte Newton anscheinend erst um das Jahr 1679 zurück, d.h. fast 15 Jahre später. Ungeachtet der oben erwähnten zweifellosen Verbindung der optischen und mechanischen Forschungen Newtons und anderer Physiker — seiner Zeitgenossen — war der Übergang für Newton ziemlich plötzlich. Es handelte sich nicht nur um eine Änderung des Bereichs seiner Forschungen, sondern auch um eine neue Methode. Vom Experiment ging Newton in das Gebiet der mathematischen Physik über. Im Jahre 1675 schrieb Collins an Gregory, daß „die mathematischen Spekulationen Barrow und Newton jetzt im allgemeinen trocken und fruchtlos erscheinen". In den achtziger Jahren, zur Zeit der Herausgabe der „Prinzipien", liebte es Newton dagegen, sich als Mathematiker zu bezeichnen und gab dem Buche selbst die Überschrift: „Die mathematischen Prinzipien der Naturphilosophie".

Newton vereinte in sich die Qualitäten eines genialen Experimentators, eines theoretischen Physikers und eines Mathematikers, jedoch machte sich in den achtziger Jahren ein offensichtliches Umschlagen seiner Neigung zum Experiment bemerkbar. Newton setzte die chemischen Arbeiten fort, aber zum genauen physikalischen Experiment kehrte er sehr selten zurück.

Um den historischen Platz der „Prinzipien" zu verstehen, ist eine Perspektive notwendig; man muß — sei es auch nur knapp — den Stand der Mechanik, der Astronomie und der Lehre von der Schwerkraft vor Newton prüfen.

Eine brauchbare Fragestellung für dieses Problem wurde erst seit Kopernikus möglich, beim Übergang vom geozentrischen zum heliozentrischen Weltsystem. In der unklaren scheinbaren Bewegung der Planeten trat dadurch eine gewisse Einfachheit zutage, und die Stellung der mechanischen Aufgabe wurde möglich. Seit dem Erscheinen des Buches von Kopernikus bis zur Veröffentlichung der „Prinzipien“ verflossen beinah 1½ Jahrhunderte. Während dieser Zeit war sehr viel geleistet worden. Im Jahre 1609 veröffentlichte Kepler die zwei empirischen Gesetze der Bewegung der Planeten, die von ihm bei der Bearbeitung von vorliegendem Material entdeckt wurden, das sich auf den Mars bezog.

1. Gesetz: Die Bewegung der Planeten geschieht in elliptischen Bahnen, in deren Brennpunkt sich die Sonne befindet.
2. Gesetz: Die einen Planeten und die Sonne verbindende Linie (radius vector) bestreicht in gleichen Zeiten gleiche Flächen (Flächensatz).

Im Jahre 1618 entdeckte Kepler das

3. Gesetz, das die Bewegungen der verschiedenen Planeten mit der Sonne in Zusammenhang bringt: Die Quadrate sind den Kuben der Entfernungen ihrer mittleren Entfernungen von der Sonne proportional.

Es findet sich somit ein klarer mathematischer Ausdruck für die Bewegung der Körper des Sonnensystems. Wie genau diese empirischen Gesetze sind, kann man daran ermessen, daß sogar bei den neueren feineren Methoden der astronomischen Beobachtungen nur in der Bewegung der der Sonne am nächsten befindlichen Planeten gewisse außerordentlich geringe Abweichungen von den Gesetzen Keplers (abgesehen von den sog. Ungleichheiten der Bewegungen, die durch andere Planeten hervorgerufen werden) zutage treten. Kepler stellte die astronomische Aufgabe sehr deutlich und genau. Welches müssen die allgemeinsten Gesetze der Natur sein, damit im Endergebnis eine Bewegung entstehen kann, die von den Gesetzen Keplers empirisch beschrieben wird? Kepler selbst suchte diese Gesetze, und obgleich nur tastend, kam er dennoch der Wahrheit sehr nahe. Die mechanische Ursache der Bewegung der Planeten liegt nach Kepler in der Sonne, da anscheinend die Drehung eines Planeten um so langsamer ist, je weiter sein Abstand zur Sonne wird. Die Sonne dreht sich um eine unbewegliche Achse in derselben Richtung wie die Planeten, indem sie diese gewissermaßen hinter sich herzieht. Von der Sonne breitet sich in geraden Linien eine Kraft aus, welche die Planeten zwingt, sich gemeinsam um sie zu drehen. Der Unterschied der Umlaufszeiten der Planeten rührt von der Abnahme der Sonnenkraft mit zunehmendem Abstand her. Das Licht und die Kraft, die von der Sonne ausgehen, sind in vieler Hinsicht gleich, aber zugleich auch verschieden. Das Licht wird von der Oberfläche ausgestrahlt und nimmt mit zunehmendem Abstand wie die Oberfläche ab (d. h. umgekehrt proportional zum Quadrat des Abstandes), die Kraft jedoch, welche von der Sonne ausgeht, nimmt nach Kepler proportional dem Abstande ab. Diese Kraft breitet sich zum Unterschied vom Licht nur in der Fläche aus, in welcher sich die Sonne und die Planeten befinden, und geht nicht „nutzlos in anderen Richtungen verloren".

In seinem Hauptwerk „Die neue Astronomie oder die Himmelsphysik"*) (1609) untersucht Kepler die Frage der Schwerkraft. Schwere ist das Vereinigungsbestreben verwandter Körper und ähnlich der magnetischen Anziehungskraft. Wenn zwei Steine sich an einer Stelle befinden würden, wo keine anderen Körper auf sie wirken, so würden sie wie zwei Magneten an einer mittleren Stelle zusammenkommen; so würden auch die Erde und der Mond, wenn nicht irgendeine lebendige Kraft sie in ihrem Umschwunge erhielte, sich miteinander vereinigen. Die Anziehungskraft, welche der Mond auf die Erde ausübt, kann man leicht am Meerwasser bemerken. Dieses würde ganz zum Monde abfließen, wenn es nicht von der Erde festgehalten würde. In diesen Mutmaßungen Keplers lassen sich leicht die Vorläufer der Theorie Newtons erkennen, jedoch kann man kaum einen unmittelbaren Einfluß der Ideen Keplers auf ihn annehmen, denn in seinen Studentenjahren studierte Newton nur die optischen Werke Keplers.

Zugleich mit den Arbeiten Keplers bereiteten die Ergebnisse, die von Galilei beim Studium der Gesetze des Falls der Körper erzielt wurden, bei Newton den Boden in anderer Richtung vor. Galilei war der Begründer der rationellen Dynamik, d. h. der Lehre von der Bewegung der Körper unter dem Einfluß von Kräften. Das große Verdienst Galileis bestand darin, daß er versuchte, in der Bewegung das Wesentliche zu erkennen und sich nicht von dem Nebensächlichen, Zufälligen ablenken ließ. Nach Aristoteles bewegt sich ein Körper unter der Einwirkung einer Kraft gradlinig mit konstanter Geschwindigkeit. Diese Ansicht stützte sich auf ein primitives Experiment. Unter dem ständigen Krafteinsatz eines Pferdes rollt ein Wagen auf einem Wege geradeaus und gleichmäßig; wenn das Pferd seine Anstrengung einstellt,

*) Astronomia nova, s. physica coelestis, Heidelberg 1609.

bleibt der Wagen stehen. Galilei vermochte es, in der wirklichen Bewegung zufällige Kräfte zu unterscheiden (Reibung, Luftwiderstand usw.) und gelangte beim Studium der Bewegungen der Körper auf einer geneigten Fläche zu der Schlußfolgerung, daß ohne Einwirkung von Kräften ein Körper sich gleichmäßig bewegen oder stillstehen würde.

Die Bedeutung dieser Schlußfolgerung Galileis wurde von Descartes vollständig begriffen, wobei Descartes darauf hinwies, daß die Bewegung ohne Einwirkung der Kräfte gradlinig sein muß. Wir kehren weiter zu diesem Hauptgesetz der Mechanik in Verbindung mit einer Formulierung Newtons zurück. Galilei stellte auch das 2. Gesetz der Mechanik auf, das Gesetz der Unabhängigkeit der Einwirkung der Kräfte, welches man so formulieren kann: „Wenn auf den sich bewegenden Körper eine neue Kraft einwirkt, so entsteht die neue Bewegung aus der Zusammensetzung der früheren Bewegung mit jener Bewegung, welche die gegebene Kraft einem ruhenden Körper mitgeteilt hätte. Die Prinzipien Galileis wurden glänzend von Huygens in seiner Abhandlung Horologium oscillatorium (Pendeluhren) (1673) ausgenutzt. Indem Huygens Newton zuvorkam, fand er den mathematischen Ausdruck der durch eine Kurvenbewegung erzeugten Zentrifugalkraft, die Beständigkeit der Schwingungsdauer des Kreispendels, und löste die Aufgabe über den Stoß elastischer Kugeln usw.

Die Gesetze Keplers stellten eine bestimmte mechanische Aufgabe. Die Gesetze Galileis stellten Prinzipien auf, auf Grund deren die Aufgabe gelöst werden mußte; schließlich wurden von Huygens die ersten einfachen Verfahren der Lösung dynamischer Aufgaben gegeben. So stellt es sich uns jetzt dar, wenn wir aufmerksam in die Tiefe der Geschichte der Wissenschaften blicken. Zum erstenmal jedoch wurde dieses logische Schema nur von Newton begriffen. Die wunderbare Fähigkeit, in der Kompliziertheit der Erscheinungen die physikalische Grundlage auszusondern, und sein mathematisches Genie erlaubten ihm, diese Aufgabe vollends zu lösen. Dies ist das Skelett der Geschichte von der Entdeckung des Gesetzes der Weltgravitation.

Und wie immer entwickelte sich die Wissenschaft tatsächlich bei weitem nicht auf einem solchen geraden Weg. Das Bestehen der Aufgabe wurde von vielen empfunden, aber niemand war der analytischen Methode gewachsen. Man versuchte, die Aufgabe auf umgekehrtem Wege zu lösen, indem man von einer bestimmten Hypothese hinsichtlich der Herkunft der Schwerkraft ausging, oder man skizzierte nur qualitativ jenen Weg, den auch Newton verfolgte. Newton bezeichnet in den „Prinzipien" Bullialdus[26], Borelli und Hooke als seine Vorgänger.

Das Buch von Bullialdus*), das 1645 in Paris erschien, war seinem Wesen nach sehr konservativ. Der Autor vertrat den Standpunkt des Aristoteles und kritisierte die Anschauungen Keplers. Für Newton erschien nur die Bemerkung Bullialdus wichtig, daß die Meinung Keplers, wonach die Kraft, die von der Sonne ausgeht, sich nur in der Ebene der Planeten verbreitet, und demzufolge umgekehrt proportional zum Abstand von der Sonne abnimmt, nicht richtig sei. Nach Bullialdus muß sich die Kraft von Oberfläche zu Oberfläche ausbreiten und muß deswegen umgekehrt proportional zum Quadrat des Abstands von der Sonne abnehmen. Diese Bemerkung machte Bullialdus jedoch, ohne das Bestehen einer von der Sonne ausgehenden Zentralkraft anzunehmen.

Von viel größerer Wichtigkeit für Newton waren die Erwägungen, die von dem Italiener Borelli im Jahre 1666 angestellt wurden. Bei der Beobachtung der Bewegungen der Planeten und der Trabanten des Jupiter gelangte Borelli zu dem Schluß, daß in den Planeten ein natürliches Streben nach einer Vereinigung mit dem Zentralkörper (Sonne) bestehen müsse. Außerdem sei aber auch gewiß, daß jede Kreisbewegung in dem bewegten Körper einen Drang des Körpers vom Zentrum der Bewegung nach außen hervorrufe. Sind an einem Planeten diese entgegengesetzten Kräfte unter sich gleich, so kann sich der gegebene Planet nur in einer bestimmten Entfernung von der Sonne bewegen. Nehmen wir an, daß sich ein Planet in einem gewissen Augenblick in einer derartigen Entfernung von der Sonne befindet und sich mit einer solchen Geschwindigkeit bewegt, daß die Zentrifugalkraft kleiner als das Streben zur Sonne ist. Der Planet wird, indem er aus dem größeren Kreis in den kleineren übergeht, beginnen, sich der Sonne zu nähern und wird einen Punkt erreichen, wo beide Kräfte ausgeglichen sein werden (Gleichgewichtslage). Dabei wird der Planet die erreichte Annäherungsgeschwindigkeit an die Sonne beibehalten (Galileisches Gesetz) und wird sich deswegen weiterhin bei seiner Drehung so lange annähern, bis die Zentrifugalkraft die Anziehung überwindet. Alsdann beginnt der Planet sich von der Sonne zu entfernen und wird diese Entfernung so lange fortsetzen, bis er seinen Ausgangspunkt nach einem Umlauf wieder erreicht hat.

Auf diese Weise erklärte Borelli die elliptische Bewegung der Planeten um die Sonne.

Diesem Bild der Planetenbewegung fehlt nur die mathematische Symbolik und der bestimmte Ausdruck für die Zentrifugalkraft und die

---

*) Ismaelis Bullialdus, Astronomia Philolaica, Paris 1645

Schwere. Wir vermerken jedoch den synthetischen Charakter der Theorie Borellis. Es wird das Vorhandensein der Schwere vermutet, und hieraus wird die geschlossene krummlinige Bewegung des Planeten gefolgert.

Newton schlug, wie wir sehen werden, den umgekehrten, analytischen Weg ein.

Über den Zusammenhang der Schwerkraft und der Planetenbewegungen war man sich auf jeden Fall schon vor Newton klar geworden. Bereits im Jahre 1661, d. h. vor ihrer offiziellen Bestätigung, trug die Royal Society in einer ihrer Sitzungen einer besonderen Kommission, der Boyle angehörte, auf, die Frage über die Natur der Schwerkraft zu untersuchen. Im Jahre 1666 vermutete Hooke, indem er in der Gesellschaft über seine mißlungenen Versuche berichtete, die Abhängigkeit des Gewichts der Körper von der Höhe über der Erdoberfläche festzustellen, daß die Schwere magnetischer oder elektrischer Natur sei. Wäre sie magnetisch, so müßte sie mit der Entfernung von der Erde an Stärke immer abnehmen. In einem anderen Bericht, der der Gesellschaft zwei Monate später unterbreitet wurde, ging Hooke von der Planetenbewegung aus, um zu dem Gesetz der Kraftwirkung zu kommen. Die Ablenkung der Planetenbahnen aus einer Geraden in eine krumme Linie könne nicht die Wirkung eines ersten, einmaligen Impulses sein, sondern müsse außer dieser ersten noch eine andere wirkende Kraft zur Ursache haben. Erstens könne die Tendenz zum Zentrum durch eine geringere Dichte des Äthers in der Nähe der Sonne verursacht werden als in der Entfernung von derselben. Diese Annahme habe jedoch viel gegen sich. Danach bleibe nur die zweite Annahme übrig, daß die Ablenkung durch eine anziehende Eigenschaft eines Körpers verursacht wird, der im Zentrum der Bewegung steht und den bewegten Körper immer nach diesem hinzieht. Diese Annahme lasse die Planetenbewegung aus den gewöhnlichen mechanischen Prinzipien erklären, und vielleicht liefere sie uns die Mittel, um aus wenigen Beobachtungen der Bewegung eines himmlischen Körpers die ganze Bewegung desselben mit größter Genauigkeit zu berechnen. Hooke war aber kein Mathematiker, und „größte Genauigkeit" in seinem Munde war nur ein frommer, nie verwirklichter Wunsch. Nolens volens griff er zum Experiment, indem er sich bald bemühte, das Gravitationsgesetz mittels einer direkten Beobachtung der Veränderung des Gewichts der Körper mit zunehmender Höhe zu entdecken, bald die elliptische Bewegung der Planeten durch die Bewegung des konischen Pendels zu verdeutlichen suchte.

Acht Jahre später, im Jahre 1674, veröffentlichte Hooke eine große Abhandlung unter der Überschrift: „Ein Versuch, die jährliche Bewegung der Erde auf Grund von Beobachtungen zu beweisen"*). Am Ende dieser Schrift kommt Hooke der Wahrheit noch näher: „Ich werde", so schreibt er, „hiernach ein Weltsystem aufstellen, das in manchen Einzelheiten von jedem bis jetzt bekannten System verschieden ist, das aber in allen Dingen den gewöhnlichen mechanischen Gesetzen entspricht. Dasselbe hängt von drei Annahmen ab: 1. Daß alle himmlischen Körper eine Anziehung oder Gravitation nach ihrem eigenen Mittelpunkt ausüben, so daß sie nicht nur ihre eigenen Teile anziehen und dieselben, wie wir an der Erde beobachten, von dem Davonfliegen abhalten. Es üben also nicht nur die Sonne und der Mond einen Einfluß auf die Körper und die Bewegung der Erde — und diese wieder auf jene aus, sondern ebenso üben auch Merkur, Venus, Mars, Jupiter und Saturn durch ihre Anziehung einen beträchtlichen Einfluß auf die Bewegung der Erde aus, in derselben Weise, wie die entsprechende Anziehung der Erde einen beträchtlichen Einfluß auf die Bewegung eines jeden von ihnen hat. 2. Daß alle möglichen Körper, welche eine einfache und geradlinige Bewegung einmal erhalten haben, dieselbe so lange in einer geraden Linie fortsetzen, bis sie durch eine andere wirkende Kraft in ihrer Bewegung abgelenkt und gezwungen werden, einen Kreis, eine Ellipse oder eine andere zusammengesetztere Linie zu beschreiben. 3. Daß die anziehenden Kräfte in ihrer Wirkung um so größer sind, je näher die Körper, auf die sie wirken, dem Zentrum der Anziehung sind. Was freilich den Grad dieser Zunahme betrifft, so habe ich ihn noch nicht experimentell bestätigt; aber es ist dies sicher ein Begriff, der, wenn er, wie er sollte, völlig erkannt wird, den Astronomen mächtig helfen wird, alle himmlischen Bewegungen auf ein Gesetz zurückzuführen, was ohne ihn niemals geschehen wird. Wer die Natur des Kreispendels und der kreisförmigen Bewegung versteht, wird das Wesen dieses Prinzips leicht erkennen und wohl wissen, wo die Hinweise in der Natur zu finden sind, um dasselbe als wahr festzustellen. Dies wollte ich gegenwärtig nur für diejenigen andeuten, welche Geschicklichkeit und Gelegenheit haben, diese Untersuchungen weiter zu verfolgen, und die es nicht an Fleiß in der Beobachtung und in der Berechnung fehlen lassen."

Im Jahre 1679, nach dem Tode Oldenburgs, wurde Hooke zum

*) „An Attempt to prove the Annual Motion of the Earth from Observations", London 1674.

Sekretär der Royal Society gewählt. Seinem Amt gemäß wandte er sich an Newton mit der Bitte, Material für die Zeitschrift der Gesellschaft zu schicken. Hooke schrieb, es sei ihm zu Ohren gekommen, daß einige Leute versuchten, die Beziehungen zwischen ihm und Newton zu trüben, jedoch hoffe er, daß Meinungsverschiedenheiten nicht Anlaß zu einer Feindschaft geben würden. „Meinerseits“, schrieb Hooke, „hielte ich es für eine große Ehre, wenn Sie mir auf schriftlichem Wege Ihre Meinung über irgendeine meiner Hypothesen mitteilten, wenn Sie z. B. mir Ihre Ansichten über die Zusammensetzung der Himmelsbewegungen der Planeten aus der direkten Bewegung auf der Tangente und der Anziehungsbewegung zum Zentralkörper bekannt gäben.“ Man darf mit vollem Recht annehmen, daß diese Zeilen Hookes den unmittelbaren Anlaß zu einer entschlossenen Inangriffnahme der Probleme der Mechanik und der Gravitation durch Newton gaben. In demselben Schreiben informierte Hooke Newton über neue geodätische Messungen in Frankreich, die von Piccard, de la Hire, Cassini und Römer durchgeführt wurden. Auf Grund dieser Messungen hoffte man genauere Werte über den Erddurchmesser und hieraus über den Abstand des Mondes zu erzielen, was für Newton sehr wichtig war.

Newton antwortete sehr bald auf den Brief Hookes, indem er bedauerte, kein neues wissenschaftliches Material zu besitzen, da er das letzte halbe Jahr auf dem Lande verbracht habe. Er erinnerte daran, daß er vor einigen Jahren genötigt gewesen sei, von den „philosophischen“ zu anderen Studien überzugehen und daß er deswegen nur ab und zu in einigen Stunden abwechslungshalber zur „Philosophie“ zurückgekehrt sei. Deswegen habe er nichts von den astronomischen und sonstigen Hypothesen Hookes gehört. Newton bedauerte, daß es in Cambridge niemand gäbe, der astronomische Beobachtungen durchführen könne; er selbst sei kurzsichtig und außerdem gesundheitlich zu solchen Studien nicht imstande, jedoch sei er im Winter, falls er freie Zeit habe, bereit, sich mit der Messung der Differenz der Breiten zwischen Cambridge und London zu befassen. Weiter schlug er ein neues Verfahren zur Bestimmung der täglichen Drehung der Erde vor, das darin besteht, daß ein Körper, den man von einem Turm herunterfallen läßt, nicht genau an den Fuß des Turmes fällt, sondern infolge der Drehung der Erde etwas nach Osten abweicht. Eine solche Erscheinung müsse prinzipiell tatsächlich vorhanden sein, da ein Körper, der aus großer Höhe auf die sich drehende Erde fällt, zu Anfang eine horizontale Komponente der Bewegung besitze, die größer als auf der Erdoberfläche sei. Würde der Erdkörper nicht den herabstürzenden

Stein behindern, so müßte sich nach Newton der Stein, indem er sich dem Zentrum der Erde nähert, spiralförmig bewegen. Newton legte dem Briefe eine Handzeichnung bei, welche dies erklärte.

Die Mitglieder der Society trafen Maßnahmen zur Prüfung der Erscheinung, die von Newton aufgezeigt wurde, obgleich anscheinend keiner von ihnen richtig begriff, was Newton sagen wollte. Schließlich teilte Hooke im Jahre 1680 Newton mit, daß es ihm gelungen sei, ein Experiment durchzuführen, das die Erwartungen Newtons bestätigt habe. In Wirklichkeit war die Bestätigung zufällig und falsch, da der Effekt zu gering war, als daß man ihn mit jenen groben Mitteln hätte beobachten können, über die damals die Gesellschaft verfügte.

Als Hooke den Brief Newtons auf einer Sitzung der Society mitteilte, konnte er sich nicht enthalten, mit einer Kritik aufzutreten, indem er behauptete, ein schwerer Körper falle nicht spiralförmig, sondern ähnlich einem „exzentrischen Ellipsoid", und falle nicht nach Osten, sondern nach Südosten, und dabei mehr nach Süden als nach Osten. Hooke hatte in jener Hinsicht recht, daß ein Stein nicht spiralförmig fällt und auf der Breite Londons nicht nach Osten, sondern nach Südosten. Aber was Hooke unter einem „exzentrischen Ellipsoid" verstand, blieb sein Geheimnis. Vor kurzem ist die Antwort Newtons auf diese Einwände Hookes gefunden worden, die in korrekter, aber sehr trockener Form geschrieben ist. Newton stimmte Hooke darin zu, daß ein schwerer Körper nach Südosten fällt und daß, wenn man die Schwerkraft als konstant auffaßt, er nicht spiralförmig, sondern komplizierter fallen werde.

In einem folgenden Briefe vom 6. Januar 1680 schrieb Hooke an Newton, seine Vermutung bestehe darin, daß die Anziehung umgekehrt proportional zum Quadrat des Abstandes zwischen den Zentren sei. Vereint man alle Mutmaßungen und Gedanken Hookes über die Bewegung der Planeten und die Gravitation, die von ihm im Verlauf von 20 Jahren geäußert wurden, zu einem Ganzen, so findet man fast alle Hauptschlußfolgerungen der „Prinzipien" Newtons, allerdings in einer unsicheren und wenig überzeugenden Form vorgebracht. Hooke fand, ohne die Aufgabe zu lösen, die Antwort. Wir haben es durchaus nicht nur mit zufällig hingeworfenen Gedanken, sondern mit der Frucht einer langjährigen Arbeit zu tun. Hooke besaß die geniale Intuition eines Physikers und Experimentators, der im Labyrinth der Tatsachen die wahren Wechselbeziehungen und Gesetze der Natur erkennt. Als ein Experimentator mit einer ähnlich seltenen Intuition stellt sich uns in der Geschichte der Wissenschaft noch Faraday dar, aber weder Hooke noch er waren Mathematiker. Ihr Werk wurde von Newton und Maxwell vollendet. Der zwecklose Kampf gegen Newton um die Priorität warf einen Schatten auf den glänzenden Namen Hookes, aber es ist an der Zeit, daß nach fast 300 Jahren die Geschichte einem jeden den ihm gehörigen Tribut zollt. Hooke konnte nicht den geraden, einwandfreien Weg der „mathematischen Prinzipien" Newtons gehen, aber auf Umwegen, deren Spuren wir jetzt nicht mehr entdecken können, ist er gleichfalls zum Ziel gelangt.

Die Notwendigkeit einer Lösung der Aufgabe der Erklärung der Planetenbewegung wurde mit jedem Jahr offenbarer, aber Newton schwieg wie zuvor, indem er die „Philosophie" ignorierte und sich mit wissenschaftlichen Arbeiten, der Chemie und dem Woolsthorpeschen Besitz beschäftigte.

Im Jahre 1685 nahm sich Newton einen Sekretär, seinen Namensvetter und Landsmann Humphrey Newton, der von dem Leiter der Grantham School empfohlen worden war. Humphrey lebte bis 1689 bei Newton und machte später Conduitt Angaben über das Leben Newtons während dieser Zeit. „In diesen Jahren schrieb er seine ‚Principia'", erzählt Humphrey, „und seiner Anweisung zufolge schrieb ich dieses prächtige Werk ins Reine, ehe es in Druck gegeben wurde. Nach erfolgtem Druck schickte mich Sir Isaac mit den Büchern als Geschenk zu leitenden Persönlichkeiten im College und zu seinen Bekannten; einer von ihnen, Dr. Babington vom Trinity College, sagte, man müsse sieben Jahre studieren, ehe man etwas von diesem Buch verstehe.

Sir Isaac war zu jener Zeit sehr liebenswürdig, ruhig und sehr bescheiden und geriet nie in gereizte Stimmung; mit Ausnahme eines Falles sah ich nie, daß er lachte. Er war ständig beschäftigt, besuchte selten irgend jemand und empfing keine Gäste — ausgenommen zwei oder drei Freunde — Dr. Ellis, Mr. Laughton und den Chemiker Dr. Vigani. Er gestattete sich keine Erholung oder Pause, ritt nie aus, ging nicht spazieren, spielte nicht Kegel, trieb keinen Sport; er hielt jede Stunde für verloren, die nicht dem Studium gewidmet war. Selten verließ er sein Zimmer, ausgenommen, wenn er als Lucasischer Professor Vorlesungen halten mußte. Die Vorlesungen wurden von wenigen besucht und von noch viel wenigeren verstanden. Oft mußte er seine Vorlesungen vor leeren Bänken halten. Fremde empfing er einfach und höflich, und lud man ihn zum Mittag- oder Abendessen ein, was sehr selten geschah, so revanchierte er sich mit Vergnügen. Er wurde so sehr von seinen Studien mitgerissen, daß er oft vergaß, zu Mittag zu essen. Wenn ich in sein Zimmer kam, fand ich häufig das Mittagessen unberührt auf dem Tisch stehend, und nur nach erfolgter Ermahnung aß er etwas, ohne sich zu setzen. Ich erlebte nie, daß er sich ohne Aufforderung an den Mittagstisch setzte. In den seltenen Fällen, an denen er Gäste empfing, waren meistens die Vorgesetzten des College zugegen. Er ging selten vor zwei bis drei Uhr nachts schlafen, und oft schlief er erst um fünf oder sechs Uhr morgens ein. Er schlief insgesamt nicht mehr als vier oder fünf Stunden, besonders im Herbst und Winter, wenn in seinem chemischen Laboratorium Tag und Nacht das Feuer brannte.

Ich konnte nicht erkennen, was er mit diesen chemischen Experimenten, bei deren Durchführung er sehr genau und akkurat war, zu ermitteln suchte; seiner besorgten Miene und der ständigen Arbeit nach zu urteilen, vermute ich, daß er danach strebte, die Grenzen der menschlichen Kraft und Fähigkeit zu überschreiten[27]. Damals hatte Newton weder Schüler noch Zimmergefährten, die ihm bei der Arbeit geholfen hätten. Nur ein einziges Mal war er während der ganzen Zeit krank und lag einige Tage zu Bett; seine Leiden ertrug er mit großer Geduld, indem er sich völlig gleichgültig dem Leben und dem Tod gegenüber verhielt.

Im Laboratorium des Sir Isaac gab es viele chemische Apparate, jedoch am meisten benutzte er Schmelztiegel, in denen er seine Metalle schmolz. Zuweilen schlug er in einem alten vergilbten Buch nach, das in seinem Laboratorium lag und den Titel hatte: ‚Agricola: De Metallis'. Die Verwandlung der Metalle war das Hauptziel, und das Antimon das Hauptingrediens ... Zuweilen blieb er während des Spazierengehens im Garten plötzlich stehen, lief die Treppe hinauf auf sein Zimmer und begann wie Archimedes hinter seinem Pult zu schreiben, wobei er vergaß, sich zu setzen ...

Wenn Newton in seinen Vorlesungen keinen Hörer fand, kehrte er nach einer Viertelstunde zurück. Er ging wie ein Schüler der Peripatetiker lange in seinem Zimmer auf und ab. Am Tage schlief er nie. Ich glaube, es betrübte ihn sehr, daß er Zeit auf das Essen und den Schlaf verwenden mußte. Obgleich er eine große Bibliothek hatte, schlug er selten in den Büchern nach."

Wie bereits gesagt, wurden während der Dienstjahre Humphreys die „Prinzipien" geschaffen. Vielleicht hätte diese anstrengende Arbeit, von der niemand in der Welt etwas ahnte, noch lange gedauert, wenn nicht ein glücklicher Umstand eingetreten wäre. Den Worten Halleys zufolge gelang es diesem, im Jahre 1683 aus dem 3. Gesetz Keplers die umgekehrte quadratische Proportionalität der Schwere mit der Entfernung zu erschließen, aber er konnte hieraus nicht die elliptische Bewegung der Gestirne erklären. Der Architekt Wren entwickelte Ansichten, die den Ansichten Hookes ähnlich waren, indem er annahm, daß die Bewegung der Planeten sich aus zwei Bewegungen zusammensetzt: einer geradlinigen gleichmäßigen Bewegung des Planeten und seinem Absteigen zur Sonne. Während eines Zusammentreffens Wrens mit Hooke und Halley in einem Londoner Caféhaus versprach Wren demjenigen, welcher die Entstehung einer Ellipse durch die im quadratischen Verhältnis der Entfernung abnehmende Kraft überzeugend beweise, sogar eine Prämie. Alle drei waren anscheinend vollkommen davon überzeugt, daß die Antwort auf die Aufgabe keine andere sein könne. Die Schwierigkeit lag nur in der Mathematik. Die Aufgabe lösen und das Theorem beweisen konnte niemand. Es blieb nur eins übrig: sich an den allwissenden Newton zu wenden.

Im August 1684 war Halley in Cambridge und besuchte Newton. Während der Unterhaltung über das Halley interessierende Thema bemerkte Newton, daß er den Beweis, welchen Wren und Halley suchten, bereits besitze, und er versprach Halley, ein Manuskript zu schicken. Im November war das Manuskript in den Händen Halleys. Er begriff anscheinend sofort die gewaltige Bedeutung der neuen Arbeit Newtons und begab sich von neuem nach Cambridge mit der Bitte um Veröffentlichung des Manuskripts. Am 10. Dezember 1684 berichtete Halley der Royal Society, daß von Newton in Bälde eine sehr wichtige Denkschrift „Über die Bewegung" eingesandt werden würde. Das Manuskript ging tatsächlich im Februar 1685 ein; auf Wunsch Newtons wurde das Manuskript nicht in der Zeitschrift der Society gedruckt, sondern nur zum Zweck des Schutzes der Priorität registriert. Das Manuskript des ersten Buches der „Prinzipien" ging erst ein Jahr später ein. Im Verlauf dieses selben Jahres fuhr Newton für ziemlich lange Zeit aufs Land nach Woolsthorpe. Es scheint, daß Newton sich absichtlich nicht beeilte, die Ergebnisse seiner Forschungen mitzuteilen. Inzwischen erwartete man in der Royal Society ungeduldig das Manuskript. „Am 28. April 1686 überreichte Dr. Vincent, wie in dem Protokoll der Sitzungen der Gesellschaft vermerkt ist, das Manuskript Newtons unter der Überschrift: ‚Principia mathematica philosophiae naturalis' (Die mathematischen Prinzipien der Naturphilosophie), worin für die kopernikanische Hypothese, wie sie von Kepler vorgetragen worden ist, ein mathematischer Beweis gegeben und alle himmlischen Bewegungen durch die einzige Annahme einer Gravitation nach dem Zentrum der Sonne erklärt werden, die dem Quadrate der Entfernung umgekehrt proportional ist." Auf einer Sitzung der Gesellschaft am 19. Mai wurde beschlossen, die Arbeit auf Kosten der Gesellschaft drucken zu lassen. Halley wurde die Aufsicht über die Herausgabe übertragen. Der Druck erfuhr aber eine Verzögerung, weil die Gesellschaft nicht über die nötigen Mittel verfügte. Schließlich blieb Halley nichts weiter übrig, als die „Prinzipien" auf eigene Kosten herauszugeben.

Die Verzögerung erfolgte infolge der Prätensionen Hookes. Diese Prätensionen bestanden zu Recht. Newton erwähnte in der ersten Variante des Manuskripts nicht einmal den Namen Hookes. In einem Schreiben vom 22. Mai 1686 teilte Halley Newton mit, Hooke erhebe Prätensionen hinsichtlich der Entdeckung des Gesetzes der quadratischen Abnahme der Schwere mit der Entfernung vom Kraftzentrum. „Er behauptet", so schrieb Halley, „daß Sie diesen Begriff bei ihm entliehen haben, obgleich er auch eingesteht, daß die Herleitung der Kurven, welche dadurch erzeugt werden, ganz Ihnen angehört... Nur scheint Hooke zu erwarten, daß Sie in dem Vorwort, welches Sie vielleicht dem Werke voransetzen, seiner Erwähnung tun." Newton war außerordentlich erzürnt, und in einem ausführlichen Antwortschreiben an Halley bestritt er jedes Verdienst Hookes und beschuldigte diesen, er habe seine Beweise bei Borelli und vielleicht sogar aus eigenen Briefen (Newtons) an Huygens entliehen. Diese gingen durch die Hände Oldenburgs, und Hooke konnte Einsicht in sie erlangen: „Aus den eigenen Worten Hookes geht hervor, daß er keinen Weg zur Lösung wußte. Die Mathematiker, welche alles ausfindig machen, begründen und alle Arbeiten verrichten, müssen sich damit begnügen, daß sie nichts weiter sind als trockene Rechner und geringe Arbeiter, und ein Anderer, der nichts tut, als alles zu beanspruchen und nach allem zu greifen, der soll alle Erfindungen für sich vorwegnehmen, sowohl von seinen Nachfolgern wie von seinen Vorgängern." Wie wir bereits zu Anfang des Kapitels gesagt haben, konnte Newton beweisen, daß das Gesetz der quadratischen Abnahme der Schwere ihm zumindestens 20 Jahre vorher bekannt war. Halley versuchte, den Zorn Newtons zu dämpfen, und dessen folgender Brief war bereits in einem bedeutend versöhnlicheren Ton geschrieben. Newton gesteht ein, daß der an ihn gerichtete Brief Hookes vom Jahre 1679 Anlaß zu seinen Arbeiten über die Bestimmung der Planetenbewegungen gab. Er stellte jedoch, nachdem er die gefundene Methode nur für den Fall einer Ellipse geprüft hatte, diese Arbeit bald ein und ging zu anderen Forschungen über. Die Arbeiten wurden im Jahre 1684 nach dem Besuch Halleys wieder aufgenommen. Newton erklärte sich einverstanden, in einer Scholie der „Prinzipien" sich auf Hooke zu beziehen, indem er seinen Namen zugleich mit den Namen Wrens und Halleys anführte. Hiermit endete der Streit. Newton war offensichtlich nicht im Recht: die bescheidenen Wünsche Hookes waren voll begründet. Die „Prinzipien" konnte im 17. Jahrhundert niemand außer Newton schreiben. Aber man kann nicht bestreiten, daß das Programm, der Plan der „Prinzipien", zum erstenmal von Hooke entworfen wurde.

Zur Zeit des Streites mit Hooke war Newton derart durch neue Auseinandersetzungen außer Fassung gebracht, daß er sogar auf den Druck des dritten Buches der „Prinzipien", welches die Anwendung der physikalisch-mathematischen Schlußfolgerungen für die Himmelsbewegungen enthält, verzichten wollte, und er behielt diesen Teil und den langen Titel des Buches nur um seiner größeren Verbreitung willen bei, damit die Auslagen Halleys für die Herausgabe gedeckt würden.

Das Buch kam Mitte 1687 heraus (Abb. 23), und die Auflage war schnell vergriffen. Bereits im Jahre 1691 war kein Exemplar mehr auf dem Büchermarkt aufzutreiben.

ZEHNTES KAPITEL

Die Physik der Prinzipien und die Physik der Hypothesen „Die Prinzipien" Newtons

In der Geschichte der Naturwissenschaften gab es kein größeres Ereignis als das Erscheinen der „Prinzipien" Newtons. Die Ursache lag darin, daß dieses Buch die Bilanz alles dessen zog, was während der vorhergehenden Jahrtausende beim Studium der einfachsten Formen der Bewegung der Materie geleistet worden war. Die verschlungenen Windungen der Entwicklung der Mechanik, der Physik und der Astronomie, welche mit den Namen eines Aristoteles, Ptolemäus, Kopernikus, Galilei, Kepler, Descartes verknüpft sind, wurden von der genialen Klarheit und Harmonie der „Prinzipien" aufgesogen und ersetzt.

Die Newtonsche Lehre über den Raum, die Zeit, die Massen und Kräfte lieferte ein allgemeines Schema für die Lösung jedweder speziellen Aufgabe der Mechanik, der Physik und Astronomie. Das imposante Beispiel des Weltsystems, das von Newton aufgerichtet worden war und durch die Entdeckung des Gravitationsgesetzes gekrönt wurde, führte die Wissenschaft auf einen neuen Weg, auf die Anwendung des Newtonschen Schemas auf alle Gebiete der Physik. Es entstand „die klassische Physik", nach der Art der „Prinzipien", welche ihre siegreiche Entwicklung im Laufe der Jahrhunderte bis zu unserer heutigen Zeit fortsetzte. So wurden die klassische Lehre vom Schall, von der Wärme, von der Struktur der Materie und zahllose angewandte Wissenschaften geschaffen, die die Grundlage für die gewaltige moderne Technik schufen. Die „Prinzipien" sahen viele als das letzte prinzipielle Wort an, auf dessen Grundlage das ganze Gebäude der Wissenschaft aufgebaut werden muß und kann.

Im 19. Jahrhundert wurde das Newtonsche Schema durch Faradays und Maxwells Lehre von der Elektrizität und dem Magnetismus ergänzt, die diesem Schema nicht widersprach und es nur konkretisierte. Die klassische Physik zu Ende des 19. Jahrhunderts und zu Anfang

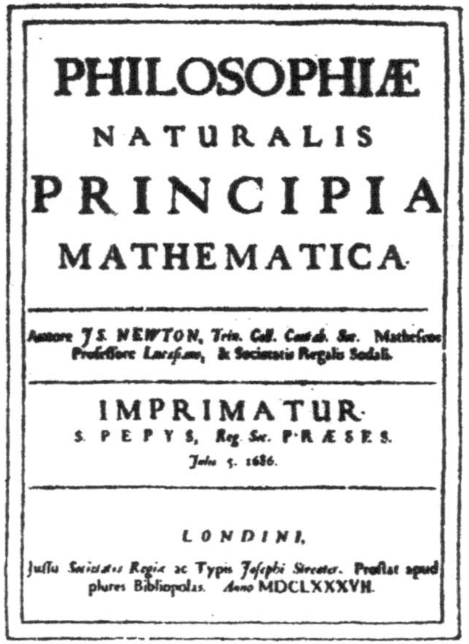

PHILOSOPHIÆ
NATURALIS
PRINCIPIA
MATHEMATICA.

Autore JS. NEWTON, Trin. Coll. Cantab. Soc. Matheseos Professore Lucasiano, & Societatis Regalis Sodali.

IMPRIMATUR.
S. PEPYS, Reg. Soc. PRÆSES.
Julii 5. 1686.

LONDINI,

Jussu Societatis Regiæ ac Typis Josephi Streater. Prostat apud plures Bibliopolas. Anno MDCLXXXVII.

Abb. 23. Titelblatt der ersten Ausgabe der „Prinzipien"

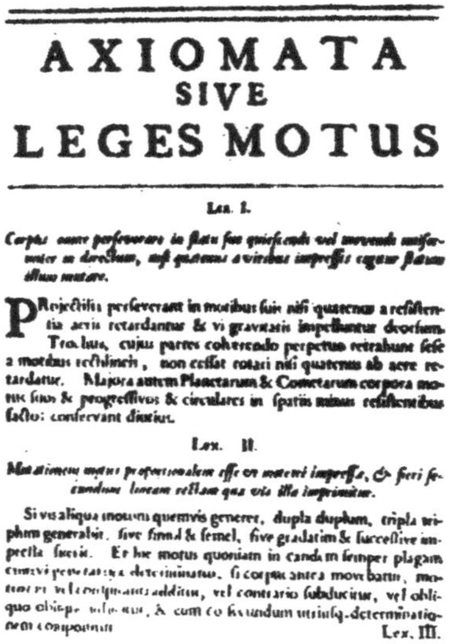

AXIOMATA
SIVE
LEGES MOTUS

Lex. I.

Corpus omne perseverare in statu suo quiescendi vel movendi uniformiter in directum, nisi quatenus a viribus impressis cogitur statum illum mutare.

Projectilia perseverant in motibus suis nisi quatenus a resistentia aeris retardantur & vi gravitatis impelluntur deorsum. Trochus, cujus partes cohaerendo perpetuo retrahunt sese a motibus rectilineis, non cessat rotari nisi quatenus ab aere retardatur. Majora autem Planetarum & Cometarum corpora motus suos & progressivos & circulares in spatiis minus resistentibus factos conservant diutius.

Lex. II.

Mutationem motus proportionalem esse vi motrici impressæ, & fieri secundum lineam rectam qua vis illa imprimitur.

Si vis aliqua motum quemvis generet, dupla duplum, tripla triplum generabit, sive simul & semel, sive gradatim & successive impressa fuerit. Et hic motus quoniam in eandem semper plagam cum vi generatrice determinatur, si corpus antea movebatur, motui ejus vel conspiranti additur, vel contrario subducitur, vel oblique oblique adjicitur, & cum eo secundum utriusq; determinationem componitur.

Lex. III.

Abb. 24. Seite aus der ersten Ausgabe der „Prinzipien", mit den Axiomen oder den Gesetzen der Bewegung

unseres Jahrhunderts strebte überall danach, das Schema der Elementarquanten (der Atome, Elektronen) durchzuführen, welche durch die Kräfte der Schwere und die elektromagnetischen Kräfte aufeinander einwirken. So wurde in Ergänzung zur klassischen Mechanik, Akustik und Wärme die klassische elektromagnetische Optik geschaffen, und zu Ende des 19. Jahrhunderts schien das in den „Prinzipien“ entworfene Programm nahe der Vollendung zu sein.

Die neue Zeit, die ersten Jahre des 20. Jahrhunderts, zerstörten jedoch diese jahrhundertealte Illusion der Unantastbarkeit der „Prinzipien“. Die Erscheinungen, welche mit der Ausbreitung des Lichtes und seinen Wirkungen, mit der Bewegung von Teilchen mit gewaltigen Geschwindigkeiten, die sich der Geschwindigkeit des Lichtes nähern, zusammenhängen und schließlich das Gebiet der inneratomaren Prozesse zeigen offensichtlich die Unvollkommenheit und Begrenztheit der Grundsätze, die den „Prinzipien“ zugrunde gelegt worden waren. Es wurden in den einst für unzerstörbar gehaltenen Grundlagen des Newtonismus, der Lehre vom Raum, von der Zeit und von den Massen Veränderungen nötig, und es entstanden die Relativitätstheorie und die Wellenmechanik der Quanten — die Nachfolger der „Prinzipien“.

Dies bedeutet nicht, daß die „Prinzipien“ überlebt sind und ihre Bedeutung verloren haben. Für einen gewaltigen Kreis von Erscheinungen, insbesondere praktischen Charakters behalten die klassischen Grundsätze Newtons voll und ganz ihre Bedeutung und werden sie stets behalten. Die Mechanik Newtons widerspricht nicht der Mechanik der Relativitätstheorie und der Quantenmechanik — sie ist nur ihr äußerster Grenzfall. In diesem Sinne ist das Werk Newtons ewig und verliert niemals seine gewaltige Bedeutung.

Der Titel des Newtonschen Buches war in gewissem Sinne eine Herausforderung an die Cartesianer. Die Ansichten Descartes' wurden in den berühmten „Prinzipien der Philosophie“, die 1644 erschienen, in endgültiger Form dargelegt. Newton behielt für sein Buch den Titel Descartes' bei, verengte aber bedeutend die Aufgabe: „Die mathematischen Prinzipien der Naturphilosophie“. Die Bezeichnung der Physik als „Naturphilosophie“ ist in England bis zum heutigen Tage beibehalten worden und ist vielleicht die treffendste und genaueste Bezeichnung des Inhaltes dieser Wissenschaft. Indem man von „Philosophie“ spricht, muß man in diesem Falle ihr wesentliches Merkmal, die außerordentliche Allgemeinheit ihrer Schlußfolgerungen in Betracht ziehen. Die nähere Bestimmung „Natur“ begrenzt den Bereich der Kompetenz der Physik, der durch das Experiment und die Beobachtung bestätigt wird. Das Ideal der Physik im Sinne der Newtonschen „Naturphilosophie" wurde in folgenden Worten der letzten „Frage" der „Optik" zum Ausdruck gebracht: „Aus den Erscheinungen zwei oder drei allgemeine Prinzipien der Bewegung abzuleiten und dann darzulegen, wie sich aus diesen klaren Prinzipien die Eigenschaften und Wirkungen aller dinglichen Gegenstände ergeben, das ist der große Fortschritt in der Philosophie, obgleich die Ursachen dieser Prinzipien noch nicht entdeckt sind." Der Wunsch Newtons war es, eine Physik nach dem Muster der Geometrie und ihr ähnlich zu konstruieren. Aus genau formulierten unbeweisbaren Axiomen — den Prinzipien — sollten sich auf mathematischem Wege logisch die Theoreme und Lemmata ergeben. Die Prinzipien sind die Axiome der Physik, sie sind nur durch das Experiment aufzeigbar, sie können logisch sein, aber dennoch nicht bewiesen werden. Die Prinzipien sind die verallgemeinerten experimentellen Tatsachen. In dieser dem Wesen nach willkürlichen Verallgemeinerung verbirgt sich tatsächlich ein Element der Hypothese, wie auch in den Prinzipien selbst.

Die berühmte Induktionsmethode Bacons ist nichts anderes als eine Verallgemeinerung der Tatsachen — die Aufzeigung von Prinzipien. Dieses Verfahren bildet den analytischen Teil der Physik der „Prinzipien". Ihre Hauptaufgabe jedoch ist die Ableitung von logischen Folgerungen aus den Prinzipien auf deduktivem synthetischem Wege. Diese Folgerungen müssen notwendigerweise experimentell zu bestätigen sein — andernfalls sind die Prinzipien selbst nicht richtig.

Im Gegensatz zu der Physik der Prinzipien ist die „Physik der Hypothesen" auf willkürliche Mutmaßungen aufgebaut, welche nicht durch das unmittelbare Experiment bewiesen sind, da sie überhaupt nicht beweisbar sind. So stand es um die Wellenauffassung von der Natur des Lichtes bei Hooke und Huygens. Durch ein unmittelbares Experiment lassen sich die Lichtwellen nicht aufzeigen; ihr Bestehen wird in Analogie zum Schall oder zu den Wellen auf dem Wasser vermutet. Auf Grund dessen wird eine Reihe von Tatsachen erklärt. Die Molekularphysik und die Molekulartheorie der Wärme befanden sich bis zum Ende des 19. Jahrhunderts in einer ähnlichen Lage. Die Struktur der hypothetischen Physik kann in logisch-mathematischer Hinsicht ebenso einwandfrei sein, wie die Physik der Prinzipien (z. B. die kinetische Theorie der Gase), jedoch gibt es keine Garantie dafür, daß nicht eines schönen Tages die Ausgangshypothese durch ein direktes Experiment widerlegt wird und die ganze Konstruktion zusammenstürzt. (Als Beispiele wären die Geschichte des „Wärmestoffs", der elektrischen und magnetischen Fluida, der elastischen Lichtschwingungen usw. zu erwähnen.)

Dagegen ist die Physik der Prinzipien unzerstörbar: Die Prinzipien können verallgemeinert, etwas verändert und ergänzt werden, aber vollständig können sie nicht zusammenstürzen, falls sie der Ausdruck des direkten Experiments sind. So werden in unserer Zeit die Prinzipien der Thermodynamik, der Elektrodynamik und sogar der Mechanik ergänzt und verallgemeinert, jedoch bleibt das Hauptgebäude der Konstruktion hierbei fast völlig unberührt.

An die physikalische Theorie wird außer der Bedingung der Dauerhaftigkeit noch die Forderung der Nützlichkeit gestellt. Das Ziel der Wissenschaft besteht letzten Endes in ständig sich erneuernden Folgerungen von theoretischer und praktischer Bedeutung. Dieses Ziel kann sowohl durch die Physik der Prinzipien als auch durch die Physik der Hypothesen erreicht werden. Sehr oft ist der letzten das zugänglich, was der ersten unzugänglich ist. Die Thermodynamik ist nicht imstande, vollständig die kinetische Theorie der Gase zu ersetzen, die klassische Elektrodynamik nicht die Theorie der Elektronen usw.

Eine einheitliche, alles umfassende Physik, die sich aus wenigen Prinzipien oder Hypothesen ergibt, gibt es noch nicht: da aber dieses Ziel nicht erreicht wurde, sind für den Forscher beide Methoden gleichwertig. Die Frage des Vorzuges dieser oder jener ist eine Frage der Zweckmäßigkeit und zuweilen der individuellen Neigung. Die Neigungen Newtons werden aus all dem deutlich, was wir von ihm wissen.

Beide Charakterzüge Newtons — äußerste Zurückhaltung und Langsamkeit bei der Mitteilung der von ihm erzielten wissenschaftlichen Ergebnisse und die Unlust, sogar Verachtung hinsichtlich der hypothetischen Konstruktionen — waren die Folge ein und derselben Ursache: der außerordentlich hohen Ansprüche, die er an sich selbst und an seine Leistung stellte. Newton hat freilich oft absichtlich der wissenschaftlichen Welt seine Fähigkeit bewiesen, Hypothesen zu konstruieren, aber diese hypothetischen Exkursionen wurden niemals bis zu einem quantitativen Abschluß, bis zu allen praktischen und logischen Folgerungen geführt. Newton hat zuweilen entgegengesetzte und sich gegenseitig ausschließende Hypothesen (der Äther in den „Fragen“ der „Optik“) fast spöttisch zitiert und entwickelt. In der zweiten Ausgabe der „Prinzipien“, in der letzten „allgemeinen Scholie“ wurde die Einstellung Newtons zu den Hypothesen besonders scharf zum Ausdruck gebracht: „Hypothesen ersinne ich nicht (Hypotheses non fingo)“ —, schrieb der

70jährige Newton im Jahre 1713. — „Alles jedoch, was nicht aus den Erscheinungen gefolgert wird, muß Hypothese genannt werden; für metaphysische, physikalische und mechanische Hypothesen sowie verborgene Eigenschaften ist kein Platz in der Experimentalphilosophie." Eine ähnliche Äußerung ist, wie wir gesehen haben, auch in der „Optik" enthalten. In der „Optik" bemühte sich Newton gleichfalls, keine Hypothesen zu ersinnen, sondern Prinzipien zu finden; jedoch gab es von diesen Prinzipien und Erscheinungen so viele, daß eine harmonische mathematische Konstruktion der synthetischen Optik eine undurchführbare Aufgabe war. Der Lichtstrahl mit „Polen", mit „Anwandlungen", mit einer unendlichen Mannigfaltigkeit, welche durch die Farbe charakterisiert wird, mit eigentümlichen Anziehungs-Abstoßungseigenschaften, bedurfte offensichtlich einer Hypothese, was auch die Geschichte bestätigt. Unter den Händen Youngs und Fresnels wurden alle mannigfaltigen Eigenschaften des Lichtstrahls sehr schön in dem hypothetischen Begriff der Lichtwellen vereint. Die „Optik" war der Prüfstein der Konstruktion der „Physik der Prinzipien", ihr erster analytischer Teil — eine Aufsuchung der Prinzipien selbst. In den „Principia" dagegen wurden im Bereich der Mechanik beide Aufgaben — die analytische und die synthetische — gelöst.

Es ist nicht möglich, den Inhalt der „Prinzipien"[28] in unserem kleinen Buch darzulegen, und wir beschränken uns daher auf eine allgemeine und ausgewählte Charakteristik.

Das direkte Ziel der „Principia" war der Beweis des sich zwangsläufig aus der Anwendung der Prinzipien der Mechanik auf die Bewegungen der Himmelskörper ergebenden Gesetzes der Weltgravitation. Diese Zwangläufigkeit wird mit erstaunlicher Meisterschaft vorbereitet. Der Plan des Buches ist folgender: zuerst werden die Bestimmungen der wesentlichen physikalischen Begriffe, der Masse, der Bewegungsgröße, der Kraft usw. eingeführt, dann kommen die Axiome oder Gesetze der Bewegung. Das erste Buch ist die Lösung einer Reihe dynamischer Aufgaben, die sich auf die Bewegung materieller Punkte und starrer Körper beziehen. Es werden die Hauptfragen über das Gesetz der Zentripetalkraft bei einer gegebenen Bahn gelöst und Versuche gemacht, auch an das umgekehrte Problem heranzugehen. Neben dem Gesetz des reziproken Quadrats der Entfernung erscheinen in diesen Aufgaben auch andere Gesetze. Das Ziel des zweiten Buches ist ein vernichtender Schlag gegen die Wirbeltheorie Descartes', das Hauptthema sind hydrodynamische und hydrostatische Aufgaben, die Gesetze der Bewegung der Körper in widerstehenden Mitteln, die Wellenbewegung, die einfachsten Fälle der Wirbelbewegungen. Nach der Regel: „Sapienti sat“ (dem Verstehenden genügt es) wollte Newton, da er ermüdende Streitigkeiten fürchtete, hiermit die erste Ausgabe des Buches abschließen. In dieser Form enthielt es den Schlüssel zur Lösung der astronomischen Aufgabe und eine scharfe Kritik der herrschenden Ansicht Descartes', aber für die meisten der Zeitgenossen Newtons wäre es vollkommen geheimnisvoll geblieben. Die Rätsel wurden durch das dritte Buch „Über das System der Welt“ gelöst. Aber auch hier geht Newton sehr vorsichtig vor, indem er den Schlüssen selbst „die Regeln der philosophischen Schlußfolgerung“ (Regulae philosophandi) vorausschickt.

In der ersten Ausgabe der „Prinzipien“ wurden die drei folgenden Regeln angeführt:

1. Regel. Man darf in der Natur nach keinen anderen Ursachen suchen als denen, die wahr und für die Erklärung der Erscheinungen ausreichend sind. Darum behaupten die Philosophen, in der Natur geschehe nichts Überflüssiges, es wäre aber überflüssig, mit vielem das zu tun, was mit wenigem getan werden könnte. Die Natur sei einfach und treibe keine Verschwendung mit den Ursachen der Dinge.

2. Regel. Deswegen muß man, soweit es angeht, gleichartigen Wirkungen dieselben Ursachen zuschreiben.

3. Regel. Solche Eigenschaften der Körper, die weder verstärkt noch abgeschwächt werden können, und die allen Körpern, an denen man Versuche anstellen kann, zukommen, sind für Eigenschaften aller Körper zu halten.

In der dritten Ausgabe der „Prinzipien“ wurde noch eine vierte Regel hinzugefügt: In der Experimentalphysik muß man die aus den Erscheinungen durch Induktion erschlossenen Sätze so lange entweder genau oder annähernd für wahr halten, bis andere Erscheinungen eintreten, durch welche sie noch größere Genauigkeit erlangen oder Ausnahmen unterworfen werden.

Dies muß geschehen, damit nicht das Argument der Induktion durch Hypothesen aufgehoben werde.

Vor uns steht wiederum das physikalische Programm der Prinzipien und der Verzicht auf Hypothesen. „Die wahren Ursachen“ der 1. Regel sind eben die Prinzipien. Das Ziel der „Regeln“ ist klar: jenen Weg zu zeigen, der unvermeidlich zum Gesetz der Weltgravitation führt.

Indem Newton die Haupterscheinungen der Planetenbewegung sowie ihre gegenseitigen Störungen untersuchte, indem er ferner die sog. Ungleichheiten in der Bewegung des Mondes, die Erscheinung der

Ebbe und Flut, die Bewegungen der Kometen analysierte, fand er überall die Bestätigung seines allgemeinen Gesetzes. Nachdrücklich unterstrich Newton mehrmals den mathematischen, formalen Charakter seines Buches, indem er es vermied, die Frage der Ursache der Schwere zu berühren. „Es genügt", schrieb er zuletzt, „daß die Gravitation tatsächlich existiert und entsprechend den von uns aufgestellten Gesetzen wirkt und für die Erklärung aller Bewegungen der Himmelskörper und des Meeres völlig ausreicht." An anderer Stelle der „Prinzipien", Abschnitt 11 („Scholie"), äußerte sich Newton noch bestimmter: „Unter ‚Anziehung' verstehe ich hier überhaupt nur ganz allgemein ein Streben der Körper nach einer gegenseitigen Bewegung, ob dieses Bestreben von der Wirkung der Körper selbst herrührt, welche bestrebt sind, entweder sich einander zu nähern oder einander vermittels des von ihnen ausgestrahlten Äthers in Bewegung zu versetzen, oder ob diese Bewegung durch den Äther hervorgerufen wird, oder durch die Luft oder überhaupt durch irgendein materielles oder immaterielles Mittel, welches die eingetauchten Körper zwingt, einander in Bewegung zu versetzen. In diesem Sinne jedoch gebrauche ich auch das Wort „Impuls", indem ich in dieser Verbindung nicht die Arten der Kräfte und ihre physikalischen Eigenschaften untersuche, sondern nur ihre Größen und mathematischen Wechselbeziehungen untereinander."

Die Aufgabe, die vor Newton stand, forderte neue mathematische Methoden. Mit den klassischen Methoden der Geometrie des Euklid konnte man nicht auskommen. Wir wissen, daß diese neuen Methoden von Newton gefunden wurden. Es gibt keinen Zweifel, daß zur Zeit, da die ‚Prinzipien' geschrieben wurden, Newton die Methoden der Fluxionsrechnung und die Methode der Quadratur (Differential- und Integralrechnung nach der Terminologie Leibniz' und Bernoulli's) vollkommen beherrschte. Im zweiten Abschnitt des zweiten Buches der ‚Prinzipien' benutzte Newton diese Methoden und lieferte einige wichtige Theoreme. Hier befindet sich auch die berühmte ‚Scholie', die die Behauptung der Priorität Newtons hinsichtlich der Fluxionsmethode enthält und die später als Hauptverteidigungspunkt in dem Streit mit Leibniz diente, von dem später die Rede sein wird.

Aber die Fluxionsmethode wird in den ‚Prinzipien' nur in sehr geringem Grade angewandt. Anstatt dessen wird zu Anfang des ersten Buches das geometrische Surrogat der Fluxionsrechnung dargelegt: ‚Die Methode der ersten und letzten Verhältnisse, mit deren Hilfe das folgende bewiesen wird.' Diese Methode ist eine geometrische Form des Übergangs zum Grenzwert (Limes) und wird von Newton in den

‚Prinzipien' systematisch durchgeführt. Infolgedessen werden die Beweise von dem heutigen Leser, der im allgemeinen an die geometrische Betrachtungsweise nicht mehr gewöhnt ist, bisweilen außerordentlich schwierig und schlecht verstanden. Nach einer Bemerkung eines Biographen Newtons, des Mathematikers de Morgan, liefern die ‚Prinzipien' zahlreiche Beweise einer ungewöhnlichen Neigung Newtons zur alten Geometrie, weswegen sie in gewissem Sinne für uns überlebt sind. „Wenn Newton dem Gang seiner eigenen Erfindung gefolgt wäre und die ‚Prinzipien' mit Hilfe der Fluxionsmethode geschrieben hätte, würden die jungen Studenten, die mit Hilfe der modernen Analysis ausgebildet werden, das Buch bis zum heutigen Tage und mit Interesse lesen; tatsächlich lesen sie jedoch höchstens ein oder zwei Kapitel der ‚Prinzipien', und dies auch nur in England." Es ist schwierig, mit Bestimmtheit zu sagen, warum Newton nicht nach dem Rezept de Morgans verfuhr. Sehr wahrscheinlich eben aus jenen Erwägungen, welche de Morgan zugunsten der Fluxionsmethode anführt: Indem Newton seine Resultate veröffentlichte, war er natürlich letzten Endes bestrebt, sein Buch verständlich zu machen. Wir haben z. B. gesehen, wie sehr Newton für diesen Zweck die „Optik" vereinfachte. Die mit Hilfe der Fluxionsmethode und der Methode der Quadraturen geschriebenen „Prinzipien" wären für die meisten Gelehrten und Zeitgenossen Newtons ein Buch mit sieben Siegeln geblieben. Die geometrischen „Prinzipien" verstand man zwar nur mit Mühe, aber man verstand sie immerhin, wenn auch nur bis zu einem gewissen Grade.

Newton dachte zweifellos viel darüber nach, in welcher Form der Darlegung es am besten sei, die „Prinzipien" zu veröffentlichen. Dies kann man an dem ersten Buch ermessen, in dem Newton die Infinitesimalmethode schwierig (durior) nennt, sowie auch in der Einführung des dritten Buches: „Ich hatte zuerst ... das dritte Buch in einer populären Form verfaßt, damit es von vielen gelesen würde. Aber diejenigen, die die Hauptsätze nicht genügend verstanden haben, hätten sich gewiß die Kraft ihrer Folgerungen nicht vollkommen klargemacht und nicht die Vorurteile abgelegt, an die sie im Laufe vieler Jahre gewöhnt waren. Um daher nicht in Auseinandersetzungen hineingezogen zu werden, kleidete ich das Wesentliche dieses Buches in eine Reihe von Sätzen nach mathematischer Gepflogenheit dergestalt, daß sie nur von denjenigen gelesen werden können, die vorher die ‚Prinzipien' begriffen haben." Wir sehen, daß Newton einen Mittelweg einschlug: Er verzichtete auf eine große volkstümliche Ausgabe, da er die dilettantischen Zänkereien weiter Kreise fürchtete, jedoch, damit ihn die Spezialisten verstünden, ging er nach „mathematischer Gepflogenheit" vor. Die Annahme, er habe es nicht verstanden, die „Prinzipien" analytisch darzulegen, oder er habe gewünscht, die Methoden einer praktischen Anwendung der Fluxionsmethode zu verbergen, ist unbegründet.

So oder so haben die mathematischen Verfahren Newtons heute in vieler Hinsicht nur noch historisches Interesse. Die „Prinzipien" bleiben ein klassisches Beispiel der Anwendung der geometrischen Methode zur Lösung komplizierter Aufgaben der Mechanik, aber sehr oft, namentlich infolge dieser Methode, konnte die Aufgabe nicht gänzlich gelöst werden oder wurde nicht in hinreichend allgemeiner Form gelöst. Aber der eigentliche Gegenstand der Anwendung der geometrischen Methoden Newtons – die Prinzipien der Mechanik und das sich aus dem Studium der astronomischen Erscheinungen ergebende Gesetz der Weltgravitation – bleiben auch noch in unserer Zeit im Mittelpunkt des lebhaftesten Interesses.

Wir wollen bei den Ausgangspunkten der „Prinzipien" – den Bestimmungen und Axiomen der Bewegung und bei der endgültigen Schlußfolgerung, dem Gesetz der Weltgravitation, etwas ausführlicher verweilen. Unsere Hauptbegriffe über Masse und Kraft wurden von Newton geschaffen und sind den Gelehrten und anderen gebildeten Menschen so sehr in Fleisch und Blut übergegangen, daß sie angeboren erscheinen. Newton zwang Jahrhunderte, in seiner Weise zu denken; er lenkte die Wissenschaft auf seinen Weg, obgleich auch andere Wege möglich waren. Für die Bestimmung der Masse, der Bewegungsgröße und der Kraft legte Newton die notwendigen Begriffe der Zeit, des Raumes, des Ortes und der Bewegung fest. „Diese Begriffe sind allgemein bekannt", sagt Newton, „jedoch muß man bemerken, daß sie sich gewöhnlich auf das beziehen, was von unseren Empfindungen wahrgenommen wird. Hieraus ergeben sich falsche Urteile, für deren Beseitigung man die oben angeführten Begriffe in absolute und relative, in wahre und scheinbare, mathematische und alltägliche einteilen muß.

1. Die absolute, wahre, mathematische Zeit verläuft an und für sich und nach ihrem Wesen ohne jede Beziehung zu irgend etwas Äußerem gleichmäßig und wird auch Dauer genannt. Die relative, scheinbare oder alltägliche Zeit ist ein entweder genaues oder veränderliches, von den Sinnen wahrnehmbares, äußeres, vermittels irgendeiner Bewegung bestimmtes Maß der Dauer, das im täglichen Leben anstatt der wahren mathematischen Zeit angewendet wird, so z. B. die Stunde, der Tag, der Monat und das Jahr.

2. Der absolute Raum bleibt seinem eigentlichen Wesen nach und unabhängig von jeder äußeren Erscheinung stets gleich und unbeweglich...

3. Der Ort ist ein Teil des Raumes, der von einem Körper eingenommen wird, und pflegt hinsichtlich des Raumes entweder absolut oder relativ zu sein...

4. Die absolute Bewegung ist die Verschiebung eines Körpers von einer absoluten Stelle nach einer anderen absoluten; die relative Bewegung die aus einer relativen in eine andere relative... Anstatt der absoluten Stellen und Bewegungen werden relative benutzt: In Dingen des täglichen Lebens hat dies keine Unbequemlichkeit zur Folge, in philosophischen Dingen jedoch muß man sich von den Sinnen unabhängig machen. Es kann sein, daß es in Wirklichkeit keine ruhenden Körper gibt, auf die man den Ort und die Bewegung der übrigen beziehen könnte."

Diese Begriffsbestimmungen des absoluten Raumes und der Zeit Newtons sind schon längst skeptisch angesehen worden; die Kritik erreichte ihren Höhepunkt in der Relativitätstheorie Einsteins; sie waren Newton jedoch notwendig zur Konstruktion der Mechanik und zur Formulierung seiner Gesetze. Eine Rechtfertigung dieser Begriffe liegt in der Richtigkeit der Prinzipien der Mechanik und der Folgerungen, die mit Hilfe dieser Begriffe abgeleitet wurden.

Newton verhielt sich außerordentlich vorsichtig hinsichtlich der Begriffe des absoluten Raumes und der Zeit, indem er sich bemühte, an den ersten über den Begriff der beschleunigten Bewegung (z. B. der Kreisbewegung) heranzukommen, die von der Erscheinung der zentrifugalen Kräfte begleitet wird. Die Kritik Machs und die allgemeine Relativitätstheorie bekunden die Mangelhaftigkeit auch dieses Arguments. Aber Newton selbst war zum Relativismus geneigt: „Die relativen Größen sind nicht", so schreibt er, „die wahren Größen, die man gewöhnlich so bezeichnet, sondern sind das Ergebnis von Messungen der oben erwähnten Größen (wahre und scheinbare), welche von der Empfindung wahrgenommen und gewöhnlich als die Größen selbst angesehen werden...

Nicht wenig wird die Mathematik und die Physik von jenen befleckt, welche die wahren Größen mit den relativen und deren gewöhnlichen Maßen verwechseln." Für Newton existierte zugleich mit dem mathematischen Raum und der Zeit der physikalische Raum und die Zeit, welchen er die sonderbarsten Eigenschaften zuzuschreiben geneigt war. „Die Geometrie", schreibt Newton im Vorwort zu den „Prinzipien", „lehrt nicht, wie man gerade Linien und Kreise ziehen soll, sondern postuliert die Ausführbarkeit dieser Konstruktionen... An und für sich stellt das Zeichnen einer Geraden und eines Kreises auch eine Aufgabe, allerdings keine geometrische, dar. Die Geometrie stützt sich auf die mechanische Praxis und ist nichts anderes als jener Teil der allgemeinen Mechanik, in der die Kunst der genauen Messung dargelegt und bewiesen wird." Der letzte Satz könnte, aus dem Zusammenhang herausgelöst, als sehr geeignetes Motto für moderne Bücher über die Relativitätstheorie dienen. Als Physiker war Newton Relativist, als Philosoph erkannte er den absoluten Raum und die absolute Zeit an. Zugleich mit der „mechanischen Geometrie" existierte für ihn eine andere rein gedankliche, jedoch wirkliche Geometrie, d. h. die einzigartige Geometrie des Euklid.

Auf Grund der Beobachtungen stellt Newton die drei berühmten Axiome der Bewegung auf (Abb. 24)[29]:

I. Jeder Körper fährt fort, in seinem Zustand der Ruhe oder der gleichmäßigen und gradlinigen Bewegung zu beharren, solange und soweit er nicht durch angewandte Kräfte genötigt wird, diesen Zustand zu ändern.

II. Die Veränderung der Bewegungsgröße ist proportional der angewandten bewegenden Kraft und verläuft in Richtung jener Geraden, in welcher diese Kraft wirkt.

III. Die Wirkung ist stets von einer entgegengesetzt gleichen Gegenwirkung begleitet, oder mit anderen Worten: Die Wechselwirkungen zweier Körper aufeinander sind untereinander gleich und entgegengesetzt gerichtet.

Das erste oder Trägheitsgesetz wurde ausdrücklich in relativer Form ausgesprochen. Der Zustand der Ruhe oder der gradlinigen gleichmäßigen Bewegung ist abhängig von dem Zustand der Bewegung des Körpers, von dem aus die Beobachtung ausgeführt wird. Andererseits kann die beschleunigte Bewegung nach Newton durch das Mittel der entstehenden Kräfte (z. B. der Zentrifugalkraft), welche verschiedene Wirkungen hervorrufen, absolut aufgezeigt werden. Newton hat, wie wir bereits gesehen haben, voll und ganz in Betracht gezogen, daß es „scheinen kann, daß es in Wirklichkeit keinen ruhenden Körper gibt, auf den man die Stelle und die Bewegung der übrigen Körper beziehen könnte", und daß das Gesetz der Trägheit keine absolute Bedeutung haben kann. Die endlosen Streitigkeiten über die Formulierung des Gesetzes der Trägheit in der zweiten Hälfte des vergangenen Jahrhunderts hatten hauptsächlich das erfolglose Suchen nach einer absoluten Formulierung des Gesetzes zum Gegenstand: Man versuchte, die Bewegung in Beziehung zu dem hypothetischen „Körper A", zum Zentrum der Trägheit des Weltalls, dem Äther, in Beziehung zu bringen. Es ist jedoch klar, daß das relative Gesetz der Trägheit einwandfrei formuliert wird, sofern nur die Möglichkeit besteht, die gleichmäßige gradlinige Bewegung von der beschleunigten zu unterscheiden. In der modernen Relativitätstheorie wird diese Möglichkeit ausgeschlossen, und das Prinzip der Trägheit wird durch ein allgemeines Gesetz ersetzt, welches man ungefähr so ausdrücken kann: Die Bewegung des Körpers nach dem Gesetz der Trägheit erfolgt auf den „geodätischen" oder kürzesten Linien, wobei „Linien" in der vierdimensionalen raumzeitlichen Mannigfaltigkeit mit veränderlicher Krümmung gemeint sind. Die veränderliche Krümmung wird durch die Verteilung der Massen hervorgerufen.

Es ist sehr bemerkenswert, daß der Begriff der „Masse" in der Formulierung auch nicht eines einzigen der drei Prinzipien Newtons in offener Form vorkommt. Die Kraft im zweiten Gesetz wird durch die Veränderung der Bewegungsgröße $\Delta m v$, wo Δ das Zeichen der Veränderung, m die Masse und v die Geschwindigkeit ist. Mathematisch kann man dieses Gesetz so formulieren:

$$\Delta (mv) = F \Delta t, \tag{1}$$

wo F die Kraft, Δt das Zeitintervall ist, in dessen Verlauf die gegebene Veränderung der Bewegungsgröße erfolgt. Indem wir diese Gleichung umformen, finden wir folgende Bestimmung der Kraft:

$$F = \frac{\Delta (mv)}{\Delta t}. \tag{2}$$

In dieser Formel kann die Veränderung der Bewegungsgröße $\Delta (m v)$ als vollkommen selbständige Größe – Impuls genannt – angesehen werden, die von uns völlig unabhängig von der Masse und der Geschwindigkeit gemessen und empfunden wird. Sieht man das zweite Gesetz Newtons als eine Bestimmung der Masse mit Hilfe der Kraft an, so kann man den Begriff der Masse sehr verallgemeinern. P. M. Lebedew zeigte an Hand von Experimenten, daß das Licht auf entgegenstehende Körper einen Druck ausübt, d. h. einen Impuls in sich trägt. Die Größe eines solchen Drucks, der auf eine schwarze Fläche von 1 cm^2 ausgeübt wird, wird $\frac{\varepsilon}{c}$ sein, wo ε die in einer Sekunde einfallende Lichtenergie, c die Lichtgeschwindigkeit ist. Nach dem zweiten Gesetz Newtons (1) entspricht jeder Impuls, darunter selbstverständlich auch der Lichtdruck, der Veränderung der Bewegungsgröße. Im Falle des Lichtes, das auf eine schwarze Fläche fällt, ist die Anfangsgeschwindigkeit des Lichtes c; das Licht; das von der Fläche absorbiert wird, „bleibt stehen", die Endgeschwindigkeit ist gleich null: demzufolge ist nach dem zweiten Gesetz Newtons:

$$\Delta (m v) = m c - m \cdot 0 = \frac{\varepsilon}{c},$$

woraus wir die „Masse des Lichtes" bestimmen:

$$m = \frac{\varepsilon}{c^2}. \tag{3}$$

Indem wir somit das Gesetz Newtons auf das Licht anwenden, müssen wir dem Licht eine Masse zuschreiben. Schreibt man irgendeiner Energieform, zum Beispiel der Bewegungsenergie, dieselbe „Masse" zu, so ist nicht schwer zu folgern, daß die Masse des Körpers m, welche sich mit der Geschwindigkeit v bewegt, sich von der Masse des ruhenden Körpers m_0 unterscheiden wird, und zwar:

$$m = \frac{m_0}{\sqrt{1 - \frac{v^2}{c^2}}}. \tag{4}$$

Die Masse wird eine relative Größe, insofern wir nicht in einem einzigen Falle mit Gewißheit sagen können, welchen Wert die absolute Geschwindigkeit v hat. Diese aus dem zweiten Gesetz Newtons, das in der allgemeinen Form (1) geschrieben wurde, abgeleiteten Folgerungen, decken sich mit den Schlußfolgerungen der Relativitätstheorie Einsteins. Von diesem Gesichtspunkt aus können wir sagen, daß das Gesetz (1) auch in der „neuen Mechanik" der Relativitätstheorie seine Gültigkeit bewahrt. Setzt man jedoch von Anfang an voraus, daß m nicht von der Geschwindigkeit abhängt, wie wir auf Grund des Experiments zumindest für solche mechanischen Bewegungen behaupten können, welche sich mit geringer Geschwindigkeit vollziehen, wird die Gleichung (2) in der üblichen Form umgeschrieben.

Das erste und zweite Gesetz wurden hinsichtlich der praktischen Anwendung bereits von Galilei und Descartes aufgestellt; Newtons Verdienst ist ihre allgemeine, außerordentlich vorsichtige Formulierung, welche erst jetzt, nach dem Entstehen der Relativitätstheorie, gewürdigt werden kann. Das dritte Gesetz wird von Newton selbst mit dem Namen Huygens' verbunden, aber erst in den „Prinzipien" finden wir zum erstenmal eine klare und allgemeine Formulierung des Gesetzes der Wirkung und Gegenwirkung.

Der Scharfblick Newtons bei der Aufstellung der „Prinzipien“ der Mechanik läßt sich schon daraus beurteilen, daß das Gesetz der Wirkung und Gegenwirkung selbst heute noch von den Anfängern sehr schwer verstanden und mehr formell erwähnt als verstanden zu werden pflegt. Dies ist ein Gesetz, das sich ganz und gar auf das Experiment stützt und auf entsprechende Art und Weise verallgemeinert ist. In einem Brief an Cotes anläßlich der zweiten Ausgabe der „Prinzipien“ gibt Newton dem dritten Gesetz folgende Auslegung: „Wenn irgendein Körper einen anderen in der Nähe befindlichen Körper anziehen könnte, aber selbst nicht von diesem mit derselben Kraft angezogen würde, so würde jener Körper, der den anderen weniger stark anzieht, den letzteren vor sich her treiben, und alle beide würden beginnen, sich ad infinitum beschleunigt zu bewegen, was dem ersten Gesetz der Bewegung widerspricht!“

Durch Anwendung seiner Prinzipien auf die Bewegungen der Planeten und Kometen, auf die eigentümliche Bewegung des Mondes, auf die Erscheinungen des Falles der Körper an der Erdoberfläche und auf die Gezeiten usw. gelangte Newton für all diese Fälle zu dem gleichen Gesetz der Weltgravitation.

Indem Newton zu Beginn des dritten Buches die wesentlichen empirischen Gesetze der Bewegung der Jupiter- und Saturntrabanten, der Planeten selbst und des Mondes erwähnte, bewies er auf Grund einer Schlußfolgerung im ersten Buche der „Prinzipien“, daß in allen diesen Bewegungen die Kraft, die von dem zentralen Gestirn auf den Trabanten ausgeht, umgekehrt proportional zu dem Quadrat des Abstandes abnimmt. Der Hauptpunkt des dritten Buches ist eine Berechnung, aus der hervorgeht, daß der Mond auf seiner Bahn durch dieselbe Schwerkraft gehalten wird, unter deren Einwirkung die schweren Körper auf der Erdoberfläche fallen. Indem Newton aus den Elementen der Mondbewegung die Beschleunigung der Zentripetalkräfte errechnete, erhielt er eine Größe, die 3600mal kleiner war als die Beschleunigung der Schwerkraft auf der Erde. Andererseits befindet sich der Mond von der Erde in einem Abstand von ungefähr 60 Erdradien. Nach dem Gesetz des umgekehrten Entfernungsquadrats wird die Beschleunigung der Schwerkraft der Erde auf dem Monde um $(60)^2 = 3600$mal geringer als auf der Erdoberfläche selbst.

Im Zusammenhang mit dieser Berechnung, welche in der Theorie der Weltgravitation entscheidend ist, übermittelt Biot und nach ihm auch die Mehrzahl der anderen Biographen Newtons, zum Teil nach Worten Voltaires, zum Teil Robinsons (1739–1805), folgende Erzählung: Der berühmte Apfel veranlaßte Newton, über die Schwerkraft nachzudenken, und alsbald, d. h. in den sechziger Jahren des 17. Jahrhunderts, stellte er bereits fest, daß dem Fall der Körper und der Bewegung des Mondes ein und dieselbe Ursache zugrunde liegt. Newton wurde aber stutzig gemacht durch eine gewisse Differenz zwischen den Werten der Beschleunigung der Schwerkraft, die auf der Oberfläche der Erde experimentell festgestellt und denen, die aus der Mondbewegung errechnet worden waren. Angeblich erfuhr Newton erst im Jahre 1682, als er an einer Sitzung der Royal Society teilnahm, von den neuen Erdmessungen, welche in Frankreich von Picard durchgeführt worden waren. Nachdem Newton nach der Sitzung zu Hause angelangt war, machte er sich sofort an die Berechnung auf Grund dieser verbesserten Berechnungsdaten. Seine Aufregung soll hierbei so groß gewesen sein, daß er selbst diese (sehr einfachen) Berechnungen nicht beenden konnte und sie seinem Freunde übergab. Die Berechnungen bestätigten voll und ganz die Erwartungen Newtons. Alle Einzelheiten dieser Erzählung sind sehr zweifelhaft. Die Messungen Picards waren der Royal Society schon 1675 bekannt. Im Jahre 1679 teilte Hooke diese, wie bereits gesagt wurde, Newton mit. Ebenfalls ist nichts von Freunden Newtons vor 1682 bekannt, denen er hätte die Berechnung auftragen können. Andererseits liegt, wie wir bereits im vorhergehenden Abschnitt gesagt haben, kein Grund vor, die Möglichkeit zu bestreiten, daß Newton bereits in den sechziger Jahren die Weltgravitation vermutete. Newton war imstande, Jahre und Jahrzehnte hindurch seine Entdeckungen unveröffentlicht liegen zu lassen, wie wir dies von seinen optischen und mathematischen Arbeiten wissen.

Ein Biograph Newtons, der im Jahre 1927 ausführlich die verschiedenen wahrscheinlichen Ursachen des Aufschubs der Publikation seiner Entdeckung analysierte, kommt zu dem Schluß, die Hauptursache liege darin, daß Newton lange Zeit nicht das Problem der Anziehungskraft einer Kugel auf einen äußeren Punkt zu lösen vermocht habe. Die einfache Lösung, die darin besteht, daß eine solche Kugel durch einen Punkt im Zentrum mit der Masse der ganzen Kugel ersetzt werden kann, wurde von Newton erst viel später gefunden.

Das Studium der Mondbewegung lieferte Newton nicht nur den Beweis der formalen Ähnlichkeit des Gesetzes der zentralen Kräfte, welche die Bewegung der Planeten, der Kometen und Trabanten einerseits und der Erscheinungen des Falles andererseits bestimmen, sondern auch ihrer vollen Identität.

Die Experimente Newtons mit dem Pendel, dessen Pendelkörper in einem Falle aus Holz, im zweiten Falle aus Gold waren, bewiesen bis 0,001 genau, daß das Gewicht der Körper proportional ihrer Trägheit ist, unabhängig von der Form und der Zusammensetzung des Körpers. Diese fundamentale Tatsache der Lehre von der Gravitation wurde im Jahre 1828 von Bessel mit noch größerer Genauigkeit geprüft. Einige Abweichungen, die tatsächlich an der Grenze der Genauigkeit der Methode liegen, wurden von Bessel nur für das Wasser verzeichnet; die Forschungen der letzten Zeit haben jedoch auch hier die volle Proportionalität der trägen und schweren Masse gezeigt. Andererseits bewies ein ungarischer Physiker vermittels einer besonderen Methode für eine große Zahl fester Körper die erwähnte Proportionalität mit der außerordentlichen Genauigkeit von 0,000 000 001 = 10^{-9}.

Newton gelangte weiter zu dem Schluß, daß die „Gravitation" gegen den ganzen Planeten aus der Gravitation gegen seine einzelnen Teilchen herrührt und aus dieser entsteht, d. h. mit jedwedem Teilchen, wie klein es auch sein möge, verbindet sich die Schwerkraft. Fassen wir alle angeführten Eigenschaften der Schwere zusammen, so erhalten wir seine bekannte mathematische Formel:

$$F = k \cdot \frac{m_1 m_2}{r^2}, \tag{5}$$

wo F die Schwerkraft ist, m_1, m_2, zwei beliebige Massen sind, welche sich in der Entfernung r befinden, und k die universale Konstante, welche weder von der Form, noch von der Zusammensetzung der Materie noch von irgendwelchen anderen physikalischen Faktoren abhängt. Hierin liegt der bemerkenswerte Unterschied der Schwerkraft von den elektrischen, magnetischen und sonstigen Kräften. Ähnlich der Zentrifugalkraft wird die Schwerkraft gänzlich von der trägen Masse des Körpers bestimmt.

„Die Schwerkraft", schreibt Newton, „ist anderer Art als die magnetische Kraft, da die magnetische Anziehung nicht proportional der angezogenen Masse ist... Die magnetische Kraft kann in ein und demselben Körper vergrößert und verkleinert werden. Mit der Entfernung vom Magneten nimmt sie nicht im quadratischen, sondern eher im kubischen Verhältnis zur Entfernung ab, soweit ich an einigen groben Versuchen beurteilen konnte." Diese kurze Bemerkung zeigt, daß Newton sich mit dem Experimentalstudium der magnetischen Erscheinungen befaßte, wobei er der Entdeckung des Hauptgesetzes des Magnetismus (Coulombsches Gesetz) sehr nahe war. Jeder wirkliche Magnet ist zweipolig. Wenn der Abstand zwischen den Polen gering ist im Vergleich zu der Entfernung, in der die Größe der magnetischen

Kraft untersucht wird, wird die Komponente der Kräfte beider Pole annähernd im umgekehrten kubischen Verhältnis zur Entfernung abnehmen. Nähert man sich andererseits einem dieser Pole des Magneten in einem Abstande, der bedeutend geringer als der Abstand zwischen den Polen ist, so wird die magnetische Kraft ungefähr proportional zum Quadrat der Entfernung abnehmen.

Nachdem Newton die Universalität des Gravitationsgesetzes festgestellt hatte, bemerkte er: „Wenn jemand einwenden wird, alle Körper, die sich um uns herum befinden, müßten nach diesem Gesetz gegeneinander gravitieren, während in Wirklichkeit eine derartige Gravitation überhaupt nicht empfunden werde, so werde ich darauf antworten, daß die Gravitation gegen diese Körper — da sie um soviel mal kleiner ist als die Gravitation gegen die Erde, wie die Masse der Körper kleiner sein wird als die Masse der ganzen Erde — bei weitem geringer als die kleinste erscheint, die noch empfunden werden könnte." Cavendish beseitigte im Jahre 1798 die Möglichkeit auch eines solchen Einwandes, indem er experimentell mit Hilfe der sogenannten Torsionswaage die Gravitation zwischen zwei kleinen Kugeln maß. Boys vervollkommnete die Methode Cavendishs und machte die Beobachtung der Gravitation so zugänglich, daß sie jetzt in den Vorlesungen zugleich mit der magnetischen und elektrischen Anziehung leicht demonstriert werden kann. Die Größe der Konstante der Gravitation in der Gleichung (5) erweist sich gleich $6{,}67 \cdot 10^{-8}$ (im Zentimeter-Gramm-Sekunden-System).

Ein wesentlich neuer und äußerst wichtiger Schritt vorwärts wurde in dem Experimentalstudium der Gravitation seit Newton erst im Jahre 1919 gemacht. Auf Grund einer Vorhersage Einsteins, die sich auf Schlußfolgerungen der allgemeinen Relativitätstheorie stützte, entdeckten die englischen Astronomen Eddington, Crommelin und Davidson während der Sonnenfinsternis am 29. Mai eine Abweichung der Lichtstrahlen von ihrem gradlinigen Wege beim Vorbeigehen an einem schweren Körper (der Sonne). Diese Beobachtung wurde während einiger nachfolgender totaler Verfinsterungen bestätigt. Die Lichtstrahlen, welche an einem schweren Körper vorbeigehen, werden von ihm bis zu einem gewissen Grade angezogen, ähnlich wie die Planeten und Kometen von der Sonne angezogen werden. Diese Abweichung war selbst bei der Sonne äußerst gering, aber trotzdem konnte sie gemessen werden.

Das Gravitationsgesetz wurde von Newton auf Grund der Anwendung der oben angeführten drei Prinzipien auf die astronomischen und physikalischen Beobachtungen gefolgert. Im Ergebnis wurde ein neues,

Abb. 25. Büste Newtons aus Elfenbein, eine Arbeit von Le Marchand, in Naturgröße

Aus der Sammlung des Britischen Museums

wiederum physikalisches Experimentalprinzip erzielt. Die Geschichte der Astronomie im 18. und 19. Jahrhundert stellt eine ununterbrochene Kette von Triumphen der Gravitationstheorie Newtons dar. Das Newtonsche Gesetz erweist sich bis zu den gewaltigen Entfernungen (mehr als 4 500 000 000 km) des ganzen Sonnensystems als gültig. Die Bewegungen der sogenannten Doppelsterne, die sich weit hinter den Grenzen des Sonnensystems befinden, sind ebenfalls dem Gravitationsgesetz unterworfen. Beim Studium der Bewegung dreier Sterne im Sternbild des Drachen stellten van de Kamp und Hoffleit im Jahre 1941 die genaue Erfüllung des Gravitationsgesetzes fest. Von den drei Sternen sind zwei einander verhältnismäßig nahe, und der dritte ist 25 000-mal weiter als die Erde von der Sonne von ihnen entfernt. Jedoch beträgt der mittlere Abstand des ganzen Systems 26 (Draconis) von der Erde 30 Lichtjahre.

Als ein weiteres bemerkenswertes Beispiel der Erprobung des Newtonschen Gesetzes können die Beobachtungen an den Anhäufungen oder „Haufen“ der einzelnen Nebel oder Sterne dienen[30].

Betrachten wir die kugelförmige Anhäufung, die im Sternbild des Haares der Berenike gelegen ist. Von der Erde hat sie den gewaltigen Abstand von ungefähr 45 000 000 Lichtjahren (das ist ungefähr 100 000 000mal weiter als die soeben erwähnten Doppelsterne). Der Haufen im Haar der Berenike stellt Tausende von einzelnen Nebeln dar, von denen ein jeder nach seiner absoluten Helligkeit unsere Sonne um das hundertmillionenfache übertrifft. Diese Nebel sind in einer Kugel mit einem Durchmesser von ungefähr 5 000 000 Lichtjahren verteilt.

Für solche Haufen, welche von der Weltgravitation zusammengehalten werden und die sich dem Newtonschen Gesetz unterwerfen, wird im Zentrum der Kugel die Konzentration selbstverständlich am größten sein, und sie muß zur Peripherie hin allmählich abnehmen. Das Gesetz der Verteilung der Gestirne vom Zentrum zur Peripherie auf Grund des Gravitationsgesetzes und der statistischen Mechanik wurde von Emden errechnet. In der folgenden Tabelle wird für die verschiedenen Winkelabstände vom Zentrum ein Vergleich der Berechnung mit der Beobachtung angeführt.

Beim Vergleich muß man beachten, daß wir es mit einer statistischen Aufgabe zu tun haben, bei deren Lösung das errechnete Resultat die Bedeutung einer Wahrscheinlichkeit hat und um so genauer sein muß, je größer die Zahl der Gestirne ist, die geprüft werden. Zieht man dies in Betracht, so kann man sagen, daß die Theorie, welche sich auf das Newtonsche Gesetz stützt, eine gute Bestätigung findet.

Abstand vom Zentrum in Bogenminuten	Beobachtete Zahl der Nebel	Berechnete Zahl der Nebel
2',5	2777	2692
5	1431	1763
10	643	795
20	285	281
30	193	158
40	120	103
50	95	75
60	66	55
80	15	33
100	23	19,5
120	12	10,5
140	1	4,5
160	2	1

Somit kann man mit Recht die Gültigkeit des Gesetzes der Weltgravitation im ganzen Weltall bis zu den Entfernungen bestätigen, die vom Licht in Millionen von Jahren durcheilt werden.

Im Zusammenhang damit bemerken die Astronomen seit frühester Zeit eine Reihe kleiner Differenzen zwischen Theorie und Beobachtung. Es bestehen Ungleichheiten in der Bewegung des Mondes, welche nicht gänzlich von der Theorie erklärt werden; die elliptische Bahn des Merkur vollzieht eine Rotation (ungefähr 29–38″ in 100 Jahren); ferner wurden Differenzen in der Bewegung einiger Kometen und Doppelgestirne bemerkt. In all diesen Fällen handelt es sich jedoch um geringfügige Abweichungen, die fast auf der Fehlergrenze der Beobachtung und Berechnungen liegen, und immer kann man das Vorhandensein irgendwelcher unbekannter Massen vermuten, welche die Bewegung stören. Newcomb rechnete aus, man müsse für die Erklärung der Anomalien in der Bewegung des Merkur annehmen, daß die Schwere nicht umgekehrt zu der zweiten Potenz des Abstandes, sondern der Potenz 2.000 000 15 abnimmt; so gering wäre die Verbesserung des Newtonschen Gesetzes, wenn wir versuchten, die Ursache nicht in den störenden Einflüssen, sondern in der Ungenauigkeit des Gravitationsgesetzes selbst zu suchen.

Die moderne Physik verallgemeinert die Ausgangsprinzipien Newtons und verändert sie etwas, wie bereits gesagt wurde. Deswegen muß sich auch das Ergebnis der Anwendung dieser Prinzipien auf das aus dem Experiment sich ergebende Resultat – das Gravitationsgesetz –

verändern. Wir haben bereits gesehen (Formel 4), daß die Masse eines Körpers von der Geschwindigkeit abhängen muß. Dieser Umstand darf an und für sich nicht das Gravitationsgesetz verändern. Andererseits ergibt sich aus der gleichen Formel (4), daß es (bei gewissen Einschränkungen) keine größere Geschwindigkeit als die Lichtgeschwindigkeit c geben kann, und demzufolge die Schwerkraft selbst sich nicht mit größerer Geschwindigkeit ausbreiten kann. (Wir bemerken übrigens, daß bis zum heutigen Tage die Geschwindigkeit der Ausbreitung der Schwere nicht gemessen wurde.)

Die allgemeine Relativitätstheorie Einsteins faßt die Kräfte, welche gänzlich von der Masse bestimmt werden (die Zentrifugalkräfte, die Gravitation Newtons), in eine allgemeine Klasse der Gravitationskräfte, welche sich einem allgemeinen Gesetz unterwirft, zusammen. Im Grunde genommen darf man auch keinen Vergleich zwischen dem Newtonschen Gesetz und dem Einsteinschen Gesetz anstellen. Zur Formel Newtons gehören die absoluten Massen und Entfernungen, welche in der Einsteinschen Theorie keinen Sinn haben. Andererseits läßt die Einsteinsche Lehre den Begriff der Kraft selbst unbeachtet, sie operiert, so kann man sagen, „mit einem anderen Wortschatz" und sagt nichts über die Kräfte der Wechselbeziehungen zweier Körper. Die Theorie liefert die unmittelbaren Formeln für die Bahn der Bewegung des Körpers unter gewissen Bedingungen. Wendet man jedoch beide Gesetze auf ein und dieselbe Bewegung an, z. B. auf die Bewegung des sonnennächsten Planeten Merkur, so lassen sich die Resultate vergleichen. Somit zeigte es sich, daß das Einsteinsche Gesetz die anomale Bewegung des Merkur berücksichtigt und für die Rotation der großen Achse seiner Bahn einen Wert ergibt, der den Beobachtungsergebnissen ziemlich nahe kommt. Dieses Ergebnis gestattet die Schlußfolgerung, daß das Gravitationsgesetz Newtons ungeachtet seiner außerordentlichen Genauigkeit dennoch nur eine erste Näherung ist. Aber seit dem 20. Jahrhundert ist die Physik zweifellos in den Bereich der nächstfolgenden, zweiten Näherung eingetreten.

Newton vermied in den „Prinzipien" sorgfältig die Frage der möglichen Ursachen der Schwere, indem er sich auf die Feststellung der bloßen Tatsache und ihrer mathematischen Formulierung beschränkte und Hypothesen vermied. Im Zusammenhang damit charakterisierte Engels folgendermaßen die Newtonsche Gravitation: „Das Beste, was man von ihr sagen kann, ist, daß sie nicht erklärt, sondern den jeweiligen Stand der Bewegung der Planeten anschaulich darstellt."

Im Vorwort zur zweiten Ausgabe der „Prinzipien" (1713) verteidigte der Herausgeber Cotes die Ansichten Newtons: „Ich höre", schrieb Cotes, „daß manche Physiker diese Schlüsse nicht billigen und irgend etwas von verborgenen Eigenschaften murmeln. Ihnen erwidert man leicht, daß diejenigen Ursachen keine verborgenen sind, deren Dasein durch Beobachtungen aufs deutlichste erwiesen wird, sondern nur diejenigen, deren Existenz verborgen oder erdichtet, aber noch nicht erwiesen ist. Die Schwere wird demzufolge keine verborgene Ursache am Himmel sein, indem aus den Erscheinungen selbst dargetan worden ist, daß sie wirklich existiert. Vielmehr möchte man behaupten, daß zu den geheimen Ursachen gerade diejenigen ihre Zuflucht nehmen, welche die Gesetze dieser Bewegungen, weiß der Teufel was für Wirbeln einer abstrakten Materie zuschreiben, die von den Sinnen durchaus nicht wahrgenommen wird."

Cotes verfiel im Eifer des Gefechtes und der Verteidigung in das andere Extrem und behauptete — allerdings nicht ganz deutlich —, daß die Gravitation unbedingt ursprünglich und nicht weiter ableitbar sei.

Bei Newton selbst erscheint ein ähnlicher Gesichtspunkt nur als Möglichkeit: „Ich behaupte keineswegs, daß die Gravitation den Körpern ihrem Wesen nach eigen ist", fügte Newton in der dritten Ausgabe der „Prinzipien" hinzu; „unter anhaftender Kraft verstehe ich einzig und allein nur die Kraft der Trägheit. Sie ist unveränderlich. Die Schwere nimmt bei der Entfernung von der Erde ab." Es muß erwähnt werden, daß selbst Newton in den 70er Jahren mehrmals auf mögliche Unterschiede in der Erklärung der Gravitation hinwies.

In den „Fragen" der „Optik" wird die Hypothese des Äthers mehrmals dargelegt, aber dort wird der Äther andererseits auch abgelehnt. Die zweite Ausgabe der „Prinzipien" endet mit folgendem bemerkenswerten Absatz: „Jetzt müßte man etwas über einen sehr dünnen Äther hinzufügen, der alle kompakten Körper durchdringt und sich in ihnen hält, durch dessen Kraft und Einwirkungen die Körperteilchen bei sehr kleinen Abständen gegenseitig angezogen werden und bei der Berührung aneinanderhaften. Die elektrisierten Körper wirken in größerer Entfernung, indem sie die nahen kleinen Körper sowohl abstoßen als auch anziehen... Aber dies kann nicht in kurzer Form dargelegt werden; zudem gibt es keinen genügenden Erfahrungsschatz, durch welchen die Gesetze der Wirkung dieses Äthers genau bestimmt und bewiesen wären." Gewöhnlich versteht man diesen Satz als eine Anspielung Newtons auf eine mögliche Erklärung der Schwere auf Grund der Hypothese des Äthers, der den Raum anfüllt. Liest man jedoch die angeführten Zeilen aufmerksam durch, so wird es klar, daß tatsächlich ihre Bedeutung genau die umgekehrte ist. Newton spricht nur von dem Äther, der alle kompakten Körper durchdringt und sich in ihnen hält. Mit Hilfe dieses Äthers könnten nach Newton die Kräfte erklärt werden, welche unter den Teilchen der Körper in geringen Entfernungen wirken, d.h. die elektrischen und Kapillarkräfte und andere. Aber über die Gravitation, über den Äther im Weltenraum findet sich in der angeführten Stelle nicht ein Wort. Newton war stets ungewöhnlich genau in der Ausdrucksweise, nicht nur seiner Bücher und Denkschriften, sondern auch in seinen Briefen. Deswegen ist die Nichterwähnung der Schwere und des Äthers im Zwischenplanetenraum in der angeführten Stelle der „Prinzipien", in denen die Gravitation das Hauptthema bildet, zweifellos beabsichtigt. Mit anderen Worten, Newton wollte damit dem Leser sagen, daß er es nicht für möglich halte, die Schwere mit Hilfe des Äthers zu erklären.

Übrigens muß man sehr vorsichtig hinsichtlich der endgültigen Meinung Newtons auf Grund ähnlicher Zitate sein. Es ist nicht schwer, Zitate für und gegen den Äther zu finden, dies insbesondere in den „Fragen" der „Optik", wo zum Teil scharf einander widersprechende Hypothesen aufeinander folgen. Der Schlüssel zum Verständnis dieser Gegensätze ist stets ein und derselbe: „Ich ersinne keine Hypothesen." Die Gegenüberstellung entgegengesetzter und gleich wahrscheinlicher Hypothesen stellt in einem gewissen Sinne eine Verhöhnung der Anhänger der Hypothesen und eine Verteidigung der Induktionsmethode der „Prinzipien" dar. Die Schüler oder richtiger Nachfolger Newtons verstanden häufig seine Vorsicht nicht und verwandelten das Prinzip gröblich in eine Hypothese, indem sie aus der Schwere einen ursprünglichen, mehr noch, unerklärlichen Grundsatz machten. Newton mischte sich selten in die Streitigkeiten und den in der Hauptsache rein dilettantischen Lärm, der um die „Prinzipien" entstanden war. Seine Kaltblütigkeit ging in dieser Hinsicht so weit, daß er letzten Endes die von ihm völlig unabhängigen Ansichten Cotes' in dem Vorwort zur zweiten Ausgabe der „Prinzipien" zuließ. „Wenn Sie ein neues Vorwort schreiben wollen", schrieb er an Cotes, „brauche ich es nicht zu sehen, um nicht dafür verantwortlich zu sein."

Vom mechanischen Gesichtspunkt schien die Idee einer der Materie anhaftenden Schwere und ihrer Einwirkung in die Ferne ohne Vermittlung eines Agens Newton selbstverständlich unsinnig, was er auch mehrmals äußerte. Diese Äußerungen sind häufig als gewissermaßen offensichtlicher Beweis der Sympathie Newtons für die Ätherhypothese zitiert worden. In Wirklichkeit fand Newton aus dieser Schwierigkeit einen völlig unerwarteten mystisch-religiösen Ausweg. Fast überall wird ein Teil des folgenden Auszugs aus einem Briefe Newtons vom 25. Februar 1693 an Dr. Bentley, den Autor der Vorlesungen über das Thema: „Die Ablehnung des Atheismus", zitiert. „Es ist tatsächlich unbegreiflich", schrieb Newton, „wie unbeseelte, unvernünftige Materie, ohne die Vermittlung von irgend etwas anderem, welches nicht materiell ist, auf andere Materie wirken und auf dieselbe ohne gegenseitige Berührung wirken könnte, wie es geschehen müßte, wenn die Gravitation in dem Sinne von Epikur der Materie wesentlich und inhärent sein sollte. Daß die Gravitation der Materie wesentlich, inhärent und anerschaffen sein sollte, so daß ein Körper auf einen anderen wirken könnte auf die Entfernung hin durch den leeren Raum, ohne die Vermittlung von irgend etwas, durch welches ihre Aktion und ihre Kraft von einem zum anderen geleitet werden könnte, das ist nach meinem Dafürhalten eine so große Absurdität, daß ich glaube, kein Mensch, welcher in philosophischen Dingen eine genügende Denkfähigkeit hat, kann jemals darauf verfallen. Die Gravitation muß durch ein Agens, welches konstant nach gewissen Gesetzen wirkt, verursacht sein, ob aber dieses Agens materiell oder immateriell ist, habe ich der Überlegung der Leser überlassen."

Zitiert man nur die von uns hervorgehobenen Stellen und wendet man die Aufmerksamkeit dem ersten und letzten Satz des Auszugs zu, so folgert man, daß der Äther für Newton eine Notwendigkeit war. Wie aus dem ersten und letzten Satz hervorgeht, entsteht diese Notwendigkeit tatsächlich nach Newton nur in dem Falle, wenn das „immaterielle" (d. h. geistige) Agens ausgeschlossen wird. Die Lösung dieser Frage überließ Newton im Jahre 1693 seinen Lesern, indem er seine eigene Meinung verschwieg. Welches diese Meinung war, kann man mit Verwunderung aus den vor kurzem (1937) veröffentlichten Aufzeichnungen D. Gregorys entnehmen.

Am 21. Dezember 1705 vermerkte Gregory folgendes: „Sir Isaac Newton weilte bei mir und sagte, er habe seinem Buche über das Licht und die Farben (d. h. der ‚Optik') in der neuen lateinischen Ausgabe sieben Seiten hinzugefügt... Er hatte Zweifel, ob er folgende Frage so ausdrücken könne: ‚Womit ist der Raum angefüllt, wenn er frei von Körpern ist?' Die volle Wahrheit ist, daß er an die allgegenwärtige Gottheit im wahren Sinne des Wortes glaubt. Genau so wie wir die Gegenstände wahrnehmen, wenn ihre Bilder ins Hirn gelangen, so muß auch Gott jedes Ding empfinden, da er immer bei ihm ist. Er nimmt an, Gott sei sowohl in dem von Körpern freien Raum als auch dort anwesend, wo es Körper gibt. Aber da er der Meinung ist, eine solche Formulierung sei zu plump, will er so schreiben: ,Welche Ursache schrieben die Alten der Gravitation zu?' Er glaubt, daß die Alten Gott und nicht irgendeinen Körper als Ursache ansahen, denn jeder Körper ist bereits an und für sich schwer.'"

Diese bemerkenswerte Stelle in dem Tagebuch Gregorys, die bis 1937 unbekannt geblieben war, erklärt den Sinn des langen religiösen Endteils der „Optik" und der „Allgemeinen Belehrungen", mit welcher die „Prinzipien" in der zweiten Ausgabe abschließen. In der „Optik" erlangen der Satz „Gott weilt überall selbst in den Dingen" und in den „Prinzipien" die Behauptung, daß die „rotierenden Körper keinen Widerstand seitens der allgemeinen Göttlichkeit erleiden" nach der Erklärung Gregorys einen buchstäblichen Sinn.

So sehr es auch verwunderlich ist, dies von dem Schöpfer der klassischen Physik zu hören, vermutete er dennoch anscheinend vollen Ernstes, daß der leere Raum mit Gott angefüllt sei, „der der Bewegung keinen Widerstand entgegensetzt" und die Weltgravitation reguliert.

Man kann übrigens feststellen, daß das religiöse Dogma über die Erfüllung des Raumes durch Gott nicht eine originelle Erfindung Newtons war. In dem berühmten Traktat Otto von Guerickes „Experimenta nova (ut vocantur) Magdeburgica de vacuo spatio" (die neuen, sogenannten Magdeburger Experimente mit dem leeren Raum), welcher von dem Autor selbst 1672 herausgegeben wurde und zweifelsohne Newton bekannt waren, befindet sich eine Gegenüberstellung von Äußerungen über das Thema Raum und Gott. Insbesondere wird die Meinung des berühmten gelehrten Jesuiten Kircher angeführt, daß „Gott, seine Substanz und Anwesenheit jeden vorstellbaren Raum, Vakuum oder leeren Raum anfülle."

In den zweieinhalb Jahrhunderten, die seit dem Erscheinen der „Prinzipien" verflossen sind, hat man kaum etwas zur Klärung der Frage über die „Ursache" der Gravitation in dem Sinne beigetragen, wie man dies in der klassischen Physik verstand. Die Menge der Bücher, Denkschriften und Broschüren über dieses Thema ist praktisch unübersehbar. Bis vor kurzem verging kaum ein Monat, ohne daß ein Werk erschienen wäre, das gewöhnlich von dem Autor selbst herausgegeben und in welchem der Versuch unternommen wurde, die Aufgabe zu lösen. Alle diese Erzeugnisse endeten ungeachtet des Scharfsinnes einiger von ihnen unheilvoll mit einem Mißerfolg. Entweder handelte es sich um ein rein qualitatives, nicht durchgearbeitetes Schema oder ein Ergebnis, das nicht dem Experiment entsprach oder eine Konstruktion, welche sich auf offenbar falsche Vermutungen stützte. Die qualitative Möglichkeit der hydrodynamischen Erklärung der Schwere mit Hilfe der Hypothese des Äthers wurde von Newton selbst bereits lange vor der Veröffentlichung der „Prinzipien" aufgezeigt. Aber diesen Gedanken zu Ende zu führen, aus ihm alle Folgerungen abzuleiten, gelang niemand infolge der offensichtlichen Differenz mit den experimentellen Ergebnissen. Die Versuche, die Gravitation auf die elektrostatische Anziehung zurückzuführen, hatte gleichfalls keinen Erfolg.

Auf die Lösung des Problems der Gravitation wurde im Jahre 1916 von Einstein als notwendiges Glied der allgemeinen Relativitätstheorie hingewiesen, die jedwede beschleunigte Bewegung umfaßt. Diese Lösung ist originell und unerwartet, da sie die bloße Fragestellung nach der mechanischen Ursache der Gravitation sinnlos macht. In der Relativitätstheorie unterscheidet sich die Gravitation im wesentlichen nicht von der Zentrifugalkraft und anderen Trägheitseffekten, welche unlöslich mit den beschleunigten Bewegungen der Massen verbunden sind. Niemand stellt die Frage nach den speziellen Ursachen der Zentrifugalkraft; sie wird als organische Eigenschaft der Masse angenommen und ergibt sich notwendigerweise aus dem Gesetz der Wirkung und Gegenwirkung. Einen analogen Charakter erlangt die Weltgravitation in der allgemeinen Relativitätstheorie. Die Unbegreifbarkeit der Fernwirkung verschwindet in der Lehre Einsteins, da der absolute leere Raum Newtons durch einen physikalischen Raum ersetzt wird, der nicht weniger real und materiell als die Materie ist, welche die Eigenschaften dieses Raumes bestimmt.

Die Theorie Einsteins sagte einige neue Erscheinungen voraus, welche mit der Gravitation verbunden sind: die Ablenkung der Lichtstrahlen im Gravitationsfeld, die Anomalien in der Bewegung der Planeten (die langsame Rotation der Planetenbahnen), die Verschiebung der Spektrallinien nach der roten Seite des Spektrums in kräftigen Gravitationsfeldern. Alle diese feinen Erscheinungen gelang es in befriedigender Übereinstimmung mit der Theorie zu bestätigen.

Im Jahre 1871 schrieb E. Mach: „Bei ihrem Erscheinen beunruhigte die Gravitationstheorie fast alle Naturforscher, da sie sich auf ungewöhnliche und unverständliche Vorstellungen stützte. Man war bestrebt, die Gravitation auf Druck- und Stoßwirkungen zu reduzieren. Jetzt beunruhigt die Gravitation niemanden, sie wurde zu einer gewohnten unverständlichen Sache." In der Gegenwart vermochte die theoretische Physik die Gravitation als notwendiges Glied in das System der wichtigsten physikalischen Vorstellungen einzubeziehen. Die Gravitation hörte auf, ein Fremdkörper dieses Systems zu sein. Leider sind die Einfachheit und die Klarheit der klassischen Physik, wie sie in den „Prinzipien" zum Ausdruck gebracht wurden und unseren Gewohnheiten und unserer alltäglichen Erfahrung entsprechen, die von jedem seit frühester Kindheit erworben wurde, dadurch verlorengegangen, und die Gravitation bleibt mit vielem anderen aus der neuen Physik im gewöhnlichen Sinne des Wortes „wenig verständlich".

Der Inhalt der „Prinzipien" wird nicht durch die Grundsätze der Mechanik, das Problem der Gravitation, die astronomischen Aufgaben und die Theorie der Gezeiten erschöpft. In dem zweiten Buche der „Prinzipien" befindet sich ein gewaltiges Material über die Frage der Bewegung der Körper im widerstehenden Medium, über die Schwingungen und Wellen in den elastischen Körpern, und zum erstenmal wurde die Theorie der Ausbreitungsgeschwindigkeit des Schalles gegeben.

Das Lesen der „Prinzipien" bleibt ungeachtet ihrer Archaismen, ihres schweren Stils und ihrer schwerfälligen mathematischen Beweise selbst für den modernen Leser – unabhängig vom historischen Interesse – sehr fruchtbar.

ELFTES KAPITEL

Die chemischen und alchimistischen Studien Newtons

Seit früher Jugend, bereits in Grantham und bis zur Übersiedlung nach London, stellte Newton ununterbrochen chemische Experimente an. Seine Bekanntschaft mit der Chemie und Alchimie begann wahrscheinlich in der Apotheke Clarks in Grantham; zumindest enthielten seine frühen Aufzeichnungen einige chemische Rezepte; ein umfangreicher Brief an Aston, der im zweiten Kapitel dieses Buches angeführt wurde, zeigt deutlich die große Vertrautheit Newtons mit der Chemie und der chemischen Technologie. Die Experimente zur Herstellung einer passenden Legierung für das Spiegelteleskop, die wahrscheinlich nicht später als 1666 begonnen wurden, enthüllen gleichfalls große chemische Kenntnisse und praktische Fertigkeit Newtons in den chemischen Operationen. Wir haben bereits die Erinnerungen Humphrey Newtons angeführt, die sich auf die Zeit der Abfassung der „Prinzipien" beziehen, d. h. auf die achtziger Jahre; aus ihnen ist ganz klar die gewaltige Arbeit auf chemischem Gebiet ersichtlich, die Newton in jener Zeit ständig leistete. Sein chemisches Laboratorium befand sich in einem Garten des Trinity College. Nach den Worten Humphreys „führte Newton dort seine Arbeit mit großem Eifer, Vergnügen und Zufriedenheit durch".

Erst vor kurzem (1927) wurde die Bibliothek Newtons und ihr Katalog gefunden. Die Geschichte der Bibliothek dessen, „der durch sein Genie das Menschengeschlecht übertraf", verdient erzählt zu werden. Ungefähr 1920 machte R. de Villamil das Vermögensverzeichnis Newtons ausfindig, das unmittelbar nach seinem Tod zusammengestellt worden war. In diesem Verzeichnis war die aus 1896 Bänden bestehende Bibliothek aufgeführt, deren Wert auf 270 Pfund geschätzt wurde. Diese Bibliothek kaufte ein Nachbar Newtons in London für 300 Pfund, und zwar der Chef des Marinegefängnisses, John Huggins. Die Bücher schickte man dem Sohn Huggins nach Oxford, wo sie auch bis 1750 blieben. Hier wurde die Bibliothek für 400 Pfund an James

Musgrave verkauft. Im Jahre 1778 ging sie in den Erbbesitz der Baronie Burnsley-Park über. Die Besitzer des Burnsley-Park interessierten sich wenig für den „Bücherplunder“, und er wurde im Jahre 1920 zusammen mit anderem Besitz verauktioniert, wobei die neuen Besitzer bereits nicht mehr wußten oder vergessen hatten, daß diese Bücher einst Newton gehörten. Die alten Folianten wurden für einen Spottpreis als Makulatur in Ballen von 200 Büchern verkauft! Somit wurde ein bedeutender Teil der Bücher Newtons erst in jüngster Zeit mit Hilfe von Antiquaren in alle Winde zerstreut und gelangte nach Amerika. Aber selbst der Katalog der erhalten gebliebenen Bücher, welcher von Villamil zusammengestellt wurde, liefert zusammen mit dem alten Katalog Musgraves, der von ihm ebenfalls entdeckt wurde, sehr wertvolles Material für eine Biographie Newtons.

In dem Katalog sind insbesondere etwa 100 Bücher über Chemie und Alchimie verzeichnet. Hier findet sich der Agricola „De Metallis“, den Humphrey erwähnte, ferner „Die Geheimphilosophie“ des Agrippa von Nettelsheim, einige Bücher über den Stein der Weisen, die Verwandlung der Metalle, ferner Kompendien der Alchimie, verschiedene alchimistische Traktate des Lullius, Werke von Paracelsus, von Boyle usw.

Aber nicht allein Bücher finden sich dort. 1936 veröffentlichte das Antiquariat Sotheby in London[31] einen Katalog von Manuskripten aus dem Archiv Newtons, welche im Auftrage des Viscount Lymington verkauft wurden. Im ersten Teil dieses Katalogs ist eine Beschreibung chemischer und alchimistischer Manuskripte enthalten, welche größtenteils der Feder Newtons entstammen. Nach einer Berechnung des Verfassers des Katalogs enthalten diese Manuskripte mehr als 650000 Worte, d. h. einige tausend Seiten. Den Hauptteil der Manuskripte bilden anscheinend Abschriften aus der alchimistischen und chemischen Literatur, Denkschriften und Rezepte. Die alchimistischen Bemerkungen wurden zuweilen von Newton auf Geschäftspapier der Münze und auf Briefbogen niedergeschrieben. Die Bibliothek und das Archiv Newtons verraten somit offensichtlich sein gewaltiges Interesse an der Chemie und Alchimie.

Was weiß man jedoch über Ergebnisse der chemischen Forschungen Newtons? Es sind, wie wir sehen, eine große Menge chemischer Eintragungen Newtons im Konzept erhalten geblieben; in Briefen, in den „Fragen“ der „Optik“ gibt es weitschweifende Exkursionen chemischen Charakters; es ist auch eine kleine chemische Denkschrift unter der Überschrift „De natura acidorum“ (Über die Natur der Säuren) veröffentlicht worden, welche nach der Schaffung der „Prinzipien" geschrieben ist. Schließlich liegt eine Anzahl von Briefen an Locke mit alchimistischem Inhalt vor. Aber trotz dieser umfangreichen Manuskripte und Schriften gelang es bis jetzt nicht, die Hauptlinie der chemischen Arbeiten Newtons zu verfolgen. Aus einer ersten Prüfung seiner Notizen gewinnt man den Eindruck einer stark empirischen Arbeit, welche das traditionelle Ziel der Verwandlung der Metalle und zum Teil natürlich auch der Gewinnung von Gold verfolgt. Wenn man die Archive vieler Chemiker und Alchimisten des 17. Jahrhunderts veröffentlichte, so würde man wahrscheinlich ein ähnliches Bild erhalten.

Es ist wohlbekannt, daß Newtons physikalische Bestrebungen und Folgerungen hauptsächlich auf die Erklärung chemischer Eigenschaften gerichtet waren. Anfangs – in den siebziger Jahren – diente diesem Ziel die Hypothese des Äthers, später, nach dem Erscheinen der „Prinzipien", die Idee der Anziehung. Die Theorie der chemischen Verwandlung auf Grund der Vorstellung zentraler Anziehungskräfte zwischen den Teilchen der Materie hatte für die Entwicklung der theoretischen Chemie bis in die jüngste Zeit eine gewaltige Bedeutung. Allerdings ist es unbestreitbar, daß die angestrengten unermüdlichen chemischen Experimente Newtons nicht nur zur Bestätigung dieser allgemeinen physikalischen Schlußfolgerungen dienten.

Leider wurde das chemische Archiv Newtons bis jetzt von niemand ernstlich studiert. Die Biographen Newtons streiten während der letzten Zeit[32] darüber, ob Newton ein Alchimist war oder nicht. Dieser Streit ist aus der Unklarheit, was unter Alchimie zu verstehen ist, entstanden. Wenn man einen Alchimisten als die bekannte Erscheinung früherer Zeiten ansieht, d. h. als einen betrügerischen oder betrogenen Menschen, der magische Beschwörungen auf die chemischen Prozesse anwendete, sich nur auf die Tradition alter Bücher, Manuskripte und Legenden stützte und der Kritik und des Spürsinns des Naturforschers entbehrte, so kann selbstverständlich keine Rede davon sein, daß Newton Alchimist war. Andererseits ist das Leitmotiv der Alchimie die Idee der Mannigfaltigkeit der Verwandlungen der Materie und der Möglichkeit der Transmutation der Metalle und Elemente überhaupt. Diese Idee aber findet sich bei Newton überall, und insbesondere schien ihm auch die Transmutation der Metalle durchaus nicht ausgeschlossen. Zieht man dieses Merkmal der Alchimie in Betracht, so darf man wohl sagen, daß Newton sich mit Alchimie befaßt hat.

Im 17. Jahrhundert, wie auch in der vorhergehenden und späteren Epoche, galt die Alchimie allgemein und in jeder Form als Zauberei und Magie und wurde auf jeden Fall der Astrologie gleichgestellt. Deswegen scheint es nicht verwunderlich, daß Newton seine alchimistischen Arbeiten vor seiner Umgebung verbarg. Der Autor des Vorwortes zu dem vorher erwähnten Verkaufskatalog des Archives Newtons hat recht, wenn er folgendes schreibt: „Nach der Erlangung einer Stelle in der Münze wäre jede Verbindung des Namens Newton mit der Alchimie außerordentlich unangenehm gewesen. Das Gerücht, der Direktor der Münze könne Kupferheller in schimmernde Goldguineen verwandeln, hätte im ganzen Lande eine Panik hervorgerufen! Das chemische Erbe Newtons blieb im wesentlichen in der Form von Konzepten erhalten."

Im Katalog der sog. „Portsmouth Collection", in welcher eine große Menge Manuskripte Newtons und andere Dokumente aufbewahrt werden, von denen viele bisher nicht herausgegeben wurden, findet sich eine Beschreibung von Manuskripten ähnlichen Inhalts.

Eine große Kladde von ungefähr 300 Seiten Umfang, welche von Newton in den Studentenjahren begonnen wurde, ist fast gänzlich mit chemischen Aufzeichnungen ausgefüllt. Ein Teil dieser Aufzeichnungen besteht aus Auszügen aus Werken Boyles und anderer Autoren. Aber daneben sind auch Aufzeichnungen über eigene Experimente vorhanden. Es wurden Experimente zur Gewinnung metallischen Quecksilbers aus verschiedenen Verbindungen, Rezepte über Antimonlegierungen, Angaben über Legierungen bei niederer Temperatur aufgezeichnet. Ferner wurden Experimente über Einwirkung von Sublimat auf Antimon und Silber notiert und die Wärme vermerkt, die bei einer Vermischung von Vitriollösungen mit Wasser oder Alkohol erzeugt wird, sowie ein Rezept für ein leicht schmelzbares Metall, welches „in der Sonne schmelzen soll". Auf Seite 121 des Heftes befindet sich laut Katalog eine Aufzeichnung, daß er am 10., 14. und 15. Mai 1681 einige alchimistische Symbole begriffen habe. Diese Bemerkung wurde jedoch ausgestrichen. In der folgenden Aufzeichnung vom 18. Mai lesen wir, daß er das alchimistische Symbol des Kaduzeus (geflügelter Stab des Mercurius) verstanden habe. Anschließend daran folgt die Beschreibung von Experimenten mit der Sublimierung grünen und blauen Vitriols mit Chlorammonium. Im Mai, Juni und Juli 1682 wurden Experimente für die Erzielung eines Regulus (Metallklumpen) aus einem Gemisch von Bleiblende, Antimon und Wismuth usw. aufgezeichnet. Während des Jahres 1683 wurden verschiedene Experimente mit Sublimat aufgezeichnet.

In einem anderen Bündel des Archivs sind in Manuskriptform Aufzeichnungen Newtons chemischer und alchimistischer Natur vom Ende des Jahres 1678 bis Februar 1696 enthalten. Der Hauptinhalt der Aufzeichnungen sind Experimente mit Antimonlegierungen. Am 10. Juli (das Jahr ist nicht angegeben) wurde eingetragen: „vidi philosophicum" (vielleicht: ich habe den Stein der Weisen gesehen?). Vom 16. Mai 1686 datiert die unverständliche Aufzeichnung „ven. vol. vor." Die Experimente mit den Legierungen dauerten auch noch 1693 an. Es wurde ein Vergleich der Schmelzung verschiedener Mischungen von Blei, Zinn und Wismut eingetragen. Als am leichtesten schmelzbar erwies sich die Legierung: 5 Teile Blei + 7 Teile Zinn + 12 Teile Wismut. Im April 1695 wurden Experimente mit Antimon, Eisenerz, Kupfer und Zinn eingetragen. Selbst im Februar 1696, d. h. kurz vor seiner Übersiedlung nach London, wurden Experimente über Sublimierung von Antimon mit Eisenerz eingetragen. Diese Prüfung des Katalogs der „Portsmouth Collection" führt zu einer bestimmten Schlußfolgerung: Zumindest von 1666–1696, d. h. im Verlauf von 30 Jahren, experimentierte Newton unentwegt mit Metallegierungen. Anfangs dürften diese Experimente das völlig praktische Ziel der Anfertigung eines guten Spiegels für den Reflektor verfolgt haben, aber alsdann wurde, so darf man annehmen, die Alchimie – die Gewinnung von Gold – zur Hauptaufgabe.

Als wesentliche Ergänzung der Manuskripte Newtons können einige seiner Briefe chemischen und alchimistischen Charakters dienen. 1675 druckte Boyle in den „Philosophical Transactions" einen Artikel unter der Überschrift: „Experimentelle Betrachtung über Erwärmung von Quecksilber mit Gold". In diesem Artikel spielt er auf einige „philosophische" Möglichkeiten an, wie sich die Alchimisten ausdrückten, d. h. auf die Möglichkeiten der Verwandlung von Metallen. Aus diesem Anlaß wandte sich Newton am 26. April 1676 schriftlich an Oldenburg und wies darauf hin, daß Boyle besser getan hätte, wenn er seine Geheimnisse für sich behalten hätte, da „vielen die Finger danach jucken", das Verfahren der Herstellung eines solchen Quecksilbers zu erfahren. „Das Verfahren, das zur Tränkung des Quecksilbers angewandt wird, könnte von anderen, welche davon Kenntnis erlangen, gestohlen werden und wird deswegen alsdann nicht mehr einem höheren Zwecke dienen. Die Bekanntgabe dieses Verfahrens wird der Welt, wenn ein Funken Wahrheit an dem ist, was die hermetischen Schriftsteller*) schreiben, gewaltigen Schaden bringen. Deswegen möchte ich nichts

*) Gemeint sind die Alchimisten.

anderes, als daß die große Weisheit des edlen Autors ihn so lange hätte schweigen heißen, bis er die Frage gelöst hat, worin die Folgen dieser Tatsachen bestehen können, sei es auf Grund eigener Erfahrung, sei es auf Grund der Beurteilung durch andere, die völlig begreifen, was er meint, d. h. der wirklichen hermetischen Philosophen."

Aus diesem Brief ist jedenfalls ersichtlich, daß die Beweggründe Newtons beim Suchen der Transmutation ganz andere waren als die der meisten anderen Alchimisten.

Am 30. Dezember 1691 starb Boyle; seine Schriften hinterließ er drei Freunden, unter denen Locke war. In einem Schreiben an Locke vom 26. Januar 1692 erwähnte Newton u. a.: „Ich habe gehört, daß Mr. Boyle Ihnen und mir das Verfahren der roten Erde und des Quecksilbers mitgeteilt und Ihnen vor seinem Tode eine gewisse Menge dieser Erde für seine Freunde übergeben hat." Die „rote Erde" Boyles wird in einer Reihe folgender Briefe Newtons an Locke erwähnt. Am 7. Juli 1692 schreibt er: „Sie haben mir mehr Erde geschickt, als ich erwartet habe. Ich wollte nur eine Probe haben, da ich nicht die Absicht habe, den ganzen Prozeß durchzuführen, denn, im Ernst, ich zweifle daran. Falls Sie vorhaben, ihn durchzuführen, würde ich mich freuen, dabei sein zu können."

In einem folgenden langen Brief vom 7. August 1692 erklärt Newton das Rezept Boyles, zeigt sich aber wie früher skeptisch. Er erzählt, daß er durch Boyle schon lange von diesem Rezept gehört hätte, daß Boyle es ihm mitgeteilt, allerdings einen Teil davon verheimlicht hätte, daß er aber darüber mehr wüßte, als Boyle ihm gesagt hätte. Somit wird das System der Geheimhaltung und der gegenseitigen „Geheimnisse", das bei den Alchimisten üblich war, bloßgestellt.

Hierauf beschränken sich die bis vor kurzem veröffentlichten Dokumente, welche sich auf die alchimistischen Studien Newtons beziehen. Aus ihnen ist die einen Zeitraum von mehr als 30 Jahren umfassende anstrengende und sehr monotone Arbeit Newtons über die Metalllegierungen ersichtlich, deren häufigstes Ingrediens Antimon war. Das Ziel dieser Experimente war wahrscheinlich die Transmutation.

Aus dem oben zitierten Brief an Oldenburg sind die ausschließlich der Erkenntnis dienenden „philosophischen Aufgaben" erkennbar, deren Lösung Newton hierbei erstrebte. Die Arbeit blieb hinsichtlich der Hauptaufgabe selbstverständlich ohne Erfolg. Verwunderlich ist das Fehlen anderer spezieller und privater Ergebnisse. Auf jeden Fall findet sich in den erhalten gebliebenen Aufzeichnungen anscheinend nichts außer einzelnen Beobachtungen, zum größten Teil qualitativen

Charakters. Ein solcher Stand der Dinge läßt sich schwer mit dem erstaunlichen Experimentiertalent Newtons verbinden, welches insbesondere bei den optischen Forschungen in Erscheinung trat. Die Kunst, die Experimente zu einem biegsamen, gefügigen Werkzeug der Forschung zu machen, welches den Gedanken und der Logik des Experimentators folgte, war eine der Hauptfähigkeiten Newtons, aber wir sehen sie nicht in dem Chaos (zumindest dem scheinbaren) der alchimistischen Experimente. Man muß hoffen, daß ein aufmerksames Studium des Archivs der alchimistischen Manuskripte Newtons einmal diese Frage lösen wird. Vorläufig bleibt sie ohne Antwort.

Newton selbst erwähnte in seinen Schriften mit keiner Silbe seine alchimistischen Studien; alle unsere Angaben sind Manuskripten und Briefen entnommen. Die allgemeinen theoretischen Fragen der Chemie wurden von Newton offen sowohl in seinen Briefen als auch in Schriften behandelt. In den siebziger Jahren, zu einer Zeit, da Newton die Vorstellung vom Äther fesselte, die von ihm zur Erklärung der ganzen Dynamik der Natur aufgegriffen worden war, wandte er sie auch auf die Erklärung der physikalisch-chemischen Prozesse an. In einem Brief an Boyle vom 28. Februar 1679, aus dem bereits früher einige Auszüge angeführt wurden, schreibt er u. a.: „Die Wirkung der Lösungsmittel auf die Körper kann man wie folgt erklären: Nehmen wir an, es wird irgendein Farbstoff, z. B. Cochenillenfarbe oder Campecheholz, ins Wasser gelegt. Kaum, daß das Wasser in die Poren dieser Körper eindringt, wird jedes Teilchen von allen Seiten befeuchtet, welche mit dem Körper nach dem Prinzip, das in dem zweiten Satz dargelegt wurde[33], kohärieren.

Das Wasser hebt auf oder vermindert zumindest jenes Element, welches die Teilchen mit dem Körper verbindet, denn es macht den Äther von allen Seiten des Teilchens hinsichtlich der Dichte gleichartiger als früher. Hierbei schwimmt das Teilchen, das bei der geringsten Bewegung losgerissen wird, im Wasser und schafft zusammen mit anderen Teilchen die Farben." Dies ist die „Äther-Theorie" Newtons. In dem gleichen Brief an Boyle brachte Newton weiter auf Grund der Vorstellung über den Äther folgende Vermutung über die Teilchen der Luft vor: „Nicht nur der Umfang, sondern auch die Dichte der Teilchen erklären die Beständigkeit der ätherischen Substanz. Denn der Äther außerhalb der Teilchen übertrifft hierbei seine Dichte innerhalb der Teilchen. Deswegen denke ich zuweilen, daß die wirkliche beständige Luft metallischen Ursprungs ist, denn keine Substanz hat eine solche Dichte wie die Metalle."

Die Schaffung der „Prinzipien“, die eventuelle Erklärung des Systems der Welt mit Hilfe der Gravitation, die Unvereinbarkeit der regulären Planetenbewegungen mit dem materiellen Äther, welcher den Raum erfüllt, zwangen Newton, auch die Ansichten über die molekularen und chemischen Kräfte zu ändern. Anstatt des Äthers werden zur Erklärung die Anziehungskräfte nach dem Muster der Weltgravitation herangezogen.

Im Jahre 1710 wurde in einer Beilage zum Lexicon Technicum des John Harris mit Erlaubnis Newtons eine kleine chemische Schrift in lateinischer Sprache mit englischer Übersetzung über „Die Natur der Säuren“ (De natura acidorum) veröffentlicht. In dem Vorwort zu dem Buch wurde gesagt, daß diese Schrift 1692 von Newton einem „Freunde“ übergeben worden sei. Die Zeit ihrer tatsächlichen Abfassung ist unbekannt, aber dem Inhalt nach ist klar, daß sie nach der Schaffung der „Prinzipien“ geschrieben sein muß. Newton erklärt folgendermaßen die Wirkung der Säure: „Die Teilchen der Säuren sind größer als die Teilchen des Wassers und deswegen weniger flüchtig, aber viel kleiner als die Teilchen der festen Körper und deswegen bedeutend weniger kohäsiv. Sie besitzen eine große Anziehungskraft und hierin besteht ihre Wirkung... Ihre Natur liegt zwischen Wasser und Körper, und sie ziehen dieses und jene an. Infolge ihrer Anziehungskraft sammeln sie sich sowohl um die steinernen als auch um die metallischen Körperteilchen... Vermittels der Anziehungskraft zerstören die Säuren die Körper, bewegen sie die Flüssigkeit und erzeugen Wärme, indem sie hierbei einige Teilchen so sehr aufteilen, daß sie in Luft verwandelt werden und Bläschen bilden. Hierin besteht die Grundlage der Lösung und der Gärung... Und so wie die Erdkugel, die, indem sie durch die Kraft der Schwere das Wasser stärker anzieht als die leichten Körper, bewirkt, daß die leichten Körper im Wasser hochsteigen und von der Erde fliehen, so trennen sich auch die Teilchen der Salze, indem sie das Wasser anziehen und einen möglichst großen Zwischenraum zwischen sich lassen, wobei sie sich im ganzen Wasser ausbreiten.“ Hier haben wir es mit einer neuen „Attraktions“-Theorie der Lösung zu tun, welche bei Newton an die Stelle der früheren „Äther“-Theorie getreten ist.

Anschließend an die kurze Theorie der Wirkung der Säuren folgen „verschiedene Überlegungen“, welche in aphoristischer Form die Anwendung der Vorstellung der Anziehung auf die verschiedenen physikalisch-chemischen Erscheinungen enthalten.

Bemerkenswert ist folgende „Überlegung“, welche das Gold und das

Quecksilber betrifft: „Das Gold besteht aus sich gegenseitig anziehenden Teilchen, deren Summe wir erste Verbindung nennen, und die Summe dieser Summen die zweite usw. Das Quecksilber und das Goldscheidewasser können durch die Poren zwischen den Teilchen der letzten Verbindung, aber nicht durch andere hindurchgehen. Wenn das Lösungsmittel durch die anderen Verbindungen hindurchgehen könnte, mit anderen Worten, wenn man die Teilchen des Goldes der ersten und zweiten Verbindung trennen könnte, würde das Gold flüssig und formbar. Wenn das Gold fermentieren könnte, könnte es in beliebige andere Körper verwandelt werden[34]." Hier erfahren wir endlich etwas über die Newtonsche Theorie der Transmutation.

Um diese Erwägungen Newtons zu begreifen, ist es nützlich, in die „Optik" zu schauen. Zur Klärung des Hindurchgehens der Lichtstrahlen durch die Körper nimmt Newton an, daß der Hauptteil der Körper die Poren sind. Er entwirft folgendes Bild der Struktur der Körper: „Stellen wir uns vor", sagt er, „daß die Teilchen der Körper so angeordnet sind, daß die Zwischenräume oder leeren Räume zwischen ihnen der Gesamtheit der Teilchen der Größe nach gleich sind, daß die Teilchen aus anderen, kleineren Teilchen zusammengesetzt sind, wobei der leere Raum zwischen diesen wiederum gleich der Größe aller dieser kleineren Teilchen ist, und daß diese kleineren Teilchen auf ähnliche Weise erneut aus noch kleineren zusammengesetzt sind, welche zusammen der Größe nach den Poren oder leeren Räumen zwischen ihnen gleich sind ... Wenn es fünf solcher Grade gibt, gibt es im Körper 31 mal mehr Poren als feste Teile. Bei sechs Stufen im Körper wird es 63mal mehr Poren als feste Teile geben usw. in infinitum. Es gibt auch andere Wege für das Verständnis der außerordentlichen Porosität der Körper. Aber welches wirklich ihre innere Struktur ist, wissen wir noch nicht." Die Vermutung Newtons über die außerordentliche Porosität der Körper wird, wie bekannt, völlig von den neueren Angaben über die Struktur der Materie bestätigt. Das Schema Newtons wurde in Form der Molekülverbindungen, der Elektronenschalen und Atomkerne konkretisiert.

Indem wir nun zu der zitierten „Überlegung" über das Quecksilber und das Gold zurückkehren, kann man den Gedanken Newtons folgendermaßen in die moderne Sprache übersetzen: Für die Zerstörung der Atome des Goldes muß man ein Teilungsverfahren der am engsten verbundenen Teilchen finden, aus denen das Atom besteht. Dieser Gedanke ist völlig richtig: der moderne Physiker weiß, daß man zur Zerstörung des Goldatoms seinen Kern zerstören muß, d.h. das, was Newton die „erste Verbindung“ nennt. Newton errät gewissermaßen das Vorhandensein des Atomkerns, obgleich man hiervon selbstverständlich nur im weitesten prinzipiellen Sinn sprechen kann. Die angeführten Zeilen aus „De natura acidorum“, so scheint uns, heben scharf den Alchimisten Newton aus dem anonymen Haufen von Dunkelmännern, Betrügern und Betrogenen hervor, welche in alten Zeiten im Rufe standen, Alchimisten zu sein. Seine Experimente waren ein allerdings verfrühter Versuch der Lösung einer Aufgabe, welche erst in unserer Zeit gelöst wurde.

Am ausführlichsten legte Newton seine chemischen Kenntnisse auf Grund der Idee der Anziehung in der 31. Frage der „Optik“ dar: „Haben die kleinen Partikel der Körper“, so beginnt Newton, „gewisse Kräfte, durch welche sie in die Ferne wirken, nicht bloß auf die Lichtstrahlen bei der Reflexion, Brechung oder Beugung, sondern auch wechselseitig, indem sie hierbei einen großen Teil der Naturerscheinungen hervorrufen? Wie bekannt, wirken die Körper aufeinander durch die Anziehungskräfte der Gravitation, des Magnetismus und der Elektrizität. Diese Beispiele zeigen die Tendenz und den Gang der Natur und machen das Vorhandensein anderer Anziehungskräfte außer diesen wahrscheinlich. Denn die Natur ist sehr in sich selbst abgestimmt und ihre Teile einander ähnlich.

Ich will hier nicht prüfen, auf welche Art und Weise diese Anziehung verwirklicht werden kann. Das, was ich Anziehung nenne, kann durch den Impuls oder irgendwelche andere Ursachen, die mir unbekannt sind, bewirkt werden. Ich gebrauche das Wort nur als allgemeine Bezeichnung einer Kraft, durch welche Körper zueinander streben, was auch die Ursache dieses Strebens sei... Die Anziehung der Gravitation, des Magnetismus und der Elektrizität erstrecken sich auf beachtliche Entfernungen und wurden demzufolge mit dem bloßen Auge beobachtet, aber es kann auch eine andere Anziehung geben, welche sich auf so kleine Entfernungen äußert, daß sie bis jetzt der Beobachtung entgangen ist, und vielleicht ist dies auch bei der Elektrizität der Fall, wenn sie nicht weiter durch Reiben in den Körpern erregt ist.“ Nach einer solchen prinzipiellen Einführung, welche eine Skizze der Theorie der chemischen Affinität darstellt, zitiert Newton eine große Anzahl chemischer Beispiele, welche er durch die Erscheinung der Anziehung erklärt. Hier ist z. B. ein solches: „Wenn Wasser und Vitriolöl nacheinander in ein und dasselbe Glas gegossen werden und die Mischung sich erhitzt, zeugt diese Wärme alsdann nicht von einer großen Bewegung der Partikel der Flüssigkeit? Und darf man nicht auf Grund dieser Bewegung schließen, daß die Partikel beider Flüssigkeiten sich bei der Vermischung stürmisch vereinigen und demzufolge mit beschleunigter Bewegung aufeinanderzu stürzen?" In einigen Fällen kann man nach Newton auch von einer Abstoßung der Partikel untereinander sprechen. So erklärt er in der „Optik" die Lösung folgendermaßen: (Dies ist, wie wir sehen, die dritte Variante der Lösungstheorie.) „Und setzt nicht ein solches Streben (d. h. die Lösung) bei den Partikeln eine abstoßende Kraft voraus, so daß eines von dem anderen fortfliegt oder zumindest die anderen Partikel weniger anzieht als das Wasser?"

Die Newtonsche Idee der Anziehung als Grundlage der chemischen Affinität bestimmte die Entwicklung der theoretischen Vorstellungen im Bereich der Chemie in der letzten Zeit. Insbesondere war D. I. Mendelejew auf chemischem Gebiet ein Anhänger Newtons, was besonders deutlich in seinen „Zwei Londoner Vorlesungen" seinen Ausdruck gefunden hat.

Es ist möglich, daß Newton beabsichtigte, ein besonderes Buch über die chemischen Erscheinungen zu schreiben. L. More fand unlängst in den Dokumenten der „Portsmouth Collection" folgende Aufzeichnung Stukeleys: „Er schrieb auch eine chemische Abhandlung, welche die Grundlagen dieser geheimen Kunst auf Grund experimenteller und mathematischer Beweise erklärt; er schätzte dieses Werk sehr, aber es ist unglücklicherweise in seinem Laboratorium bei einem Brand vernichtet worden. Er hat sich nie mehr mit dieser Arbeit befaßt, was sehr bedauerlich ist."

ZWÖLFTES KAPITEL

Die Revolution 1686–1689 Newton als Parlamentsabgeordneter Die Geistesstörungen Newtons Die Erlangung des Postens als Aufseher der Münze Die Übersiedlung nach London

1687–1695

Mit der Herausgabe der „Prinzipien" endete die eigentliche schöpferische Periode im Leben Newtons. Die Ideen und Pläne der Studentenjahre waren in weitem Umfang in Erfüllung gegangen, aber die Arbeit nahm nach den Gesetzen des geistigen Beharrungsvermögens unvermeidlich ihren Fortgang. Viele Fragen der Mechanik und Astronomie bedurften einer Überprüfung oder weiteren Ausarbeitung, die mathematischen Arbeiten waren noch in kein System gebracht, und die chemischen Experimente sowie die Experimente auf dem Gebiete der Elektrizität und des Magnetismus, der Wärme und Akustik wurden, wie man aus einer Reihe von Hinweisen in der „Optik" und den „Prinzipien" entnehmen kann, fortgesetzt. Schließlich begann Newton nach der Herausgabe der „Prinzipien" sich ernstlich und stark mit rein theologischen Fragen zu befassen.

Aber dennoch war die Herausgabe der „Prinzipien" die letzte Tat Newtons, welche den weiteren Gang der Wissenschaft bestimmte. Die vierzig Lebensjahre Newtons, welche nach dem Jahre 1687 verflossen, haben kaum noch etwas zu seiner wissenschaftlichen Persönlichkeit hinzugefügt. Eine nicht geringfügige Ursache hiervon waren die äußeren Ereignisse.

Ende der achtziger Jahre reifte in England eine neue Revolution heran. Die tiefen sozialen und wirtschaftlichen Gegensätze machten sich von neuem, wie bereits zur Zeit Cromwells, in religiösen Auseinandersetzungen bemerkbar. Die Papstanhänger und Katholiken, welche den König Jakob II. umgaben, flößten dem König den Gedanken der besonderen Gefährlichkeit der Oxforder und Cambridger Universität als einer Zitadelle des anglikanischen Glaubensbekenntnisses ein. Es wurde beschlossen, hier irgendwie das katholische Element zu stärken.

Eben in den Jahren der Herausgabe der „Prinzipien" schlug der König, indem er die Rechte der Universität verletzte, der Cambridger Universität vor, dem Benediktinermönch Franciscus den Magistertitel mit allen Privilegien zu verleihen. Die rein äußerliche Verleihung eines akademischen Grades honoris causa an Personen, welche der Wissenschaft fernstanden, war in den Universitäten seit alter Zeit üblich. In diesem Fall lag jedoch zweifellos eine politische Tendenz vor, welche für die meisten Mitglieder der Universität unannehmbar war. Jakob II. versuchte, dem Katholizismus die Stellung der herrschenden Kirche in England zurückzugeben, was auch dadurch erreicht wurde, daß man vorwiegend Katholiken in hohe Stellungen brachte. Die Zustimmung der Universität im vorliegenden Fall ließ als Präzedenzfall eine weitere Erhöhung der Zahl der katholischen Mitglieder der Universität voraussehen. Die Universität weigerte sich, dem Vorschlag des Königs nachzukommen; der Kampf entbrannte so heftig, daß die Anglikaner heimlich eine Bitte um Einmischung und Widerstandsleistung gegen den königlichen Despotismus an den Prinzen von Oranien in den Niederlanden richteten. Die Universität entsandte eine Delegation, welcher auch Newton angehörte, mit einem Gesuch an den König nach London. Der Delegation gelang es schließlich, ihren Willen durchzusetzen, und der Vorschlag des Königs, Franciscus zu wählen, wurde zurückgezogen.

Newton war ein schweigsames und dem Äußeren nach wenig aktives Mitglied der Universitätsdelegation. Jedoch liegen Mitteilungen darüber vor, daß er sich als der hartnäckigste und unnachgiebigste Delegierte erwies. Es gab einen Moment, da alle bereit waren, auf einen Kompromißvorschlag einzugehen, der darin bestand, daß der akademische Grad dem Franciscus unter dem Vorbehalt einer künftigen Nichtwiederholung solcher Ausnahmen verliehen werden sollte. Newton protestierte heftig, und die Delegation verzichtete auf den Kompromiß.

Von einem neuen Biographen Newtons, More, ist unlängst ein Brief Newtons an einen Unbekannten veröffentlicht worden, in dem deutlich seine politische Einstellung als Whig in diesen Jahren zum Ausdruck kommt: „Jeder anständige Mensch", schrieb er, „ist nach den menschlichen und göttlichen Gesetzen verpflichtet, den gesetzlichen Anordnungen des Königs Folge zu leisten, aber wenn man Seiner Majestät rät, etwas zu verlangen, was nach den Gesetzen nicht befolgt werden kann, darf niemand wegen der Nichterfüllung dessen leiden.“

Inzwischen spitzte sich die politische Lage im Lande zu; im Dezember 1688 landete Wilhelm von Oranien in England, und der König flüchtete nach Frankreich. Es wurden Wahlen für eine konstituierende Versammlung angesetzt. Wahrscheinlich wurde Newton im Zusammenhang mit dem Erfolg bei seinem ersten politischen Auftreten als Vertreter der Universität im Jahre 1688 als deren Parlamentsabgeordneter in London gewählt. In den Jahren 1688 und 1689 verbrachte Newton einen großen Teil seiner Zeit in London.

Wenn man den Charakter Newtons kennt, kann man sich ihn nicht leicht im Parlament vorstellen, um so mehr, als er während der ganzen Zeit seines dortigen Aufenthaltes nicht ein Wort sagte. In der Überlieferung existiert eine Anekdote, die besagt, daß das Unterhaus die Stimme Newtons nur ein einziges Mal hörte, und zwar als er einen Saalwächter bat, das Klappfenster des Sitzungssaales zu schließen.

Übrigens war der Abgeordnete Newton der Universität als Vermittler zwischen der neuen Regierung und der Universität anscheinend sehr nützlich. Es sind dreizehn Briefe Newtons an den Vizekanzler der Universität, John Covel, mit Hinweisen und Ratschlägen politischen Charakters erhalten geblieben. Die Haltung Newtons als Vertreter der Whigs und Anhänger des Königs Wilhelm blieb klar, ungeachtet der komplizierten Schwankungen des politischen Barometers.

Im Jahre 1689 erkrankte die Mutter Newtons ernstlich, und er begab sich von London nach Woolsthorpe, wo sie in seinen Armen starb. Es gibt kein Material über das Verhältnis Newtons zu seiner Mutter, aber der öftere lange Aufenthalt in Woolsthorpe spricht beredt von seiner großen Anhänglichkeit an seine Mutter.

Während seines Aufenthaltes in London nahm Newton an mehreren Sitzungen der Royal Society teil und lernte zum erstenmal Huygens kennen. Beide hielten Vorträge, wobei man schwerlich ein undankbareres Thema hätte ausdenken können. Newton berichtete über seine umsichtigen Messungen der Doppelbrechung des isländischen Spats in Anwesenheit des Schöpfers der berühmten Theorie der Doppelbrechung, die bis zum heutigen Tag nichts von ihrer Bedeutung verloren hat. Huygens dagegen berichtete über seine falsche Theorie der Gravitation in Anwesenheit des Herausgebers der „Prinzipien“. In London lernte Newton den Philosophen John Locke kennen. Diese Bekanntschaft übte einen großen Einfluß auf Newton aus. Beide Denker vereinte insbesondere das Interesse an der Theologie und der Alchimie. Im Jahre 1690 schrieb Newton eine theologische Forschungsarbeit über das Thema „Historical Account of Two Notable Corruptions of Scripture" (Historischer Bericht über zwei bemerkenswerte Verfälschungen der Heiligen Schrift), welche seine große Gelehrsamkeit auf diesem Gebiet verriet, und zugleich seinen Unglauben hinsichtlich des Grunddogmas der Dreieinigkeit bewies. Für die damalige Zeit war dies von nicht geringer Bedeutung. In jene Zeit fallen auch die Arbeiten Newtons über die Auslegung des Buches des Propheten Daniel und der Apokalypse St. Johannis.

Locke machte Newton in London mit den Würdenträgern des Königs Wilhelm, u. a. Lord Monmouth, Meshemami und Somers, bekannt. Dies erleichterte Newton die weitere Karriere.

Andererseits spiegelte sich der Einfluß Newtons sofort auch in den Ansichten Lockes wider. In den „Gedanken über die Erziehung", die von Locke 1693 veröffentlicht wurden (russische Übersetzung von A. Baskatow, 3. Ausgabe, Moskau 1913), gibt es Stellen, die für die Verbreitung der Newtonschen Ansichten in weiten Kreisen sehr symptomatisch sind: „Der unvergleichliche Mr. Newton hat uns gezeigt, wie sehr uns die auf gewisse Bereiche der Natur angewandte Mathematik mit Hilfe gewisser Prinzipien, die durch die Erfahrung bestätigt werden, bei der weiteren Erkenntnis helfen kann, sei es auch nur einzelner Bereiche des Weltalls, das für uns in seiner Gesamtheit unbegreiflich ist. Und wenn andere uns eine ebenso richtige und genaue Beschreibung irgendwelcher anderer Bereiche der Natur liefern würden, wie es dieser Gelehrte hinsichtlich unserer Planetenwelt und deren bemerkenswertesten Erscheinungen tat, die in seinem hervorragenden Werk „Philosophiae naturalis principia mathematica" behandelt werden, könnten wir hoffen, mit der Zeit eine zuverlässigere und klarere Kenntnis vieler Teile des erstaunlichen Mechanismus der Welt zu erhalten als bisher, und obgleich es sehr wenige Leute gibt, die genügend in der Mathematik bewandert sind, um ganz und gar die Beweise des Mr. Newton zu verstehen, verdient dennoch das Buch des Mr. Newton, nach dem Urteil der erfahrensten Mathematiker, welche es erforscht und als unwiderlegbar anerkannt haben, volle Würdigung und wird demjenigen, welcher die Bewegungen, Eigenschaften und Wirkungen der großen Masse der Materie in unserem Sonnensystem zu verstehen wünscht, nicht wenig Nutzen und Vergnügen bringen, selbst wenn er nur die Schlußfolgerungen dieses Werkes versteht, auf welche man sich wie auf völlig bewiesene Wahrheiten verlassen kann."

Nachdem Newton im Februar 1690 seine Aufgabe im Parlament beendet hatte, kehrte er nach Cambridge zurück.

In die Jahre 1690 bis 1693 fällt die dunkelste Epoche im Leben Newtons — seine zeitweilige Geistesstörung. Newton selbst, seine Verwandten und nächsten Schüler und Biographen des 18. Jahrhunderts hielten seine Krankheit sorgfältig geheim. Jedoch sind einige Briefe Newtons erhalten geblieben, welche einen unwiderlegbaren Beweis seiner Krankheit liefern. Der Volksmund brachte die Geistesverwirrung Newtons mit einem Brande in seinem Arbeitszimmer in Verbindung, bei dem angeblich viele Manuskripte und unvollendete Arbeiten vernichtet wurden. Über diesen Brand schreibt u. a. der Mathematiker Wallis an Leibniz im Jahre 1696, indem er von alten Dokumenten und Briefen Newtons spricht, auf welche man sein Recht der Entdeckung der Fluxionsrechnung begründe. Wallis bemerkt, ein großer Teil der Dokumente Newtons sei verbrannt. Viele Manuskripte Newtons sind verräuchert und tragen Spuren eines Brandes. Das, was die Bewohner Cambridges von dem Brande und der Krankheit Newtons erzählten, kann man nach einer Tagebuchaufzeichnung des Studenten Abraham de la Pryme beurteilen, dessen Manuskript unter der Überschrift „Ephemeris vitae“ in Cambridge aufbewahrt wird. Unter dem Datum vom 3. Februar 1692 schreibt er:

„Ich muß darüber Mitteilung erstatten, was ich heute hörte. Hier gibt es einen gewissen Mr. Newton (den ich oft gesehen habe), ein Mitglied des Trinity College, ein durch seine Gelehrsamkeit berühmter und glänzender Mathematiker, Philosoph, Theologe usw. Mitglied der Royal Society ist er seit langer Zeit; unter anderen sehr gelehrten Büchern und Abhandlungen hat er ein Werk über die mathematischen Prinzipien der Philosophie geschrieben, das ihm einen großen Namen erworben hat. Er erhielt eine Menge Gratulationsschreiben wegen dieses Buches, besonders aus Schottland. Aber unter allen von ihm verfaßten Büchern war eines über die Farben und das Licht, das sich auf Tausende von Experimenten stützte, welche er im Verlauf von 20 Jahren durchführte, und für die er Hunderte von Pfund ausgab. Dieses Buch, das er so sehr schätzte, wurde gerade zu jener Zeit, als der gelehrte Autor es fast vollendet hatte, auf folgende Art und Weise vernichtet und ging auf immer verloren: An einem Wintermorgen ließ er das Buch mit anderen Papieren auf dem Arbeitstisch und ging zur Kirche. Eine Kerze, welche er unglücklicherweise nicht ausgelöscht hatte, setzte irgendwie die Papiere in Brand, und an ihnen fing das Buch und zusammen damit noch andere wertvolle Manuskripte Feuer;

und es ist sehr verwunderlich, daß damit der Brand endete. Als Mr. Newton aus der Kirche zurückkehrte und sah, was geschehen war, dachten alle, er habe den Verstand verloren: Er war über den Vorfall so beunruhigt, daß er einen Monat lang wie von Sinnen war."

Der Klatsch gab sich damit nicht zufrieden: In den Manuskripten Huygens' findet sich folgende handschriftliche Aufzeichnung:

„Am 29. Mai 1694 hat mir der Schotte Colm erzählt, der berühmte Geometer Isaac Newton sei vor eineinhalb Jahren zum Teil infolge übermäßiger Arbeit, zum Teil jedoch infolge eines Kummers, der ihm durch einen Brand bereitet worden sei und sein chemisches Laboratorium und einige Manuskripte vernichtet habe, geisteskrank geworden. Als er darauf zum Erzbischof von Cambridge gekommen sei, hätten alle dort Anwesenden die Geistesstörung Newtons gemerkt. Deswegen hätten seine Freunde Vorkehrungen getroffen, ihn zu Hause eingesperrt und ihn genötigt, nolens volens Arznei einzunehmen, dank derer er sich bereits so sehr erholt habe, daß er beginne, sein Buch, die ‚Prinzipien', zu verstehen."

Man kann jedoch annehmen, daß die endgültige Heilung Newtons nicht so schnell vor sich ging. Nach der Aufzeichnung des Studenten de la Pryme ist der Beginn der Krankheit auf das Ende des Jahres 1691 oder den Anfang des Jahres 1692 festzusetzen, aber noch vom September 1693 sind sonderbare Briefe Newtons an den Sekretär der Admiralität und den Präsidenten der Royal Society, Pepys, und den Philosophen Locke erhalten geblieben, welche offensichtlich den anomalen Zustand Newtons bezeugen. In dem Brief an Pepys schrieb Newton: „Ich bin über die Verwirrung, in der ich mich befinde, beunruhigt und habe seit zwölf Monaten weder gut gegessen noch geschlafen, noch meine frühere Geistesfestigkeit wiederbekommen; ich hatte niemals die Absicht, irgend etwas durch Ihre Verwendung oder durch die Gunst des Königs Jakob zu erlangen; ich fühle nun, daß ich mich von Ihnen zurückziehen und weder Sie noch irgendeinen von meinen übrigen Freunden sehen muß, wenn ich sie nicht beunruhigen will." Der beunruhigte Pepys erkundigte sich über den Gesundheitszustand Newtons bei Millington in Cambridge. In der Antwort des letzteren wird folgendes mitgeteilt:

„Ich habe Newton am 28. September getroffen, und ehe ich ihn selbst fragte, sagte er mir, daß er Ihnen einen sehr seltsamen Brief geschrieben hat, worüber er sehr beunruhigt sei. Er fügte hinzu, daß es in einer Unpäßlichkeit geschah, die seinen Kopf stark angegriffen und ihn über fünf Nächte nacheinander wach gehalten hatte, was, wie er wünschte, ich Ihnen bei Gelegenheit vorstellen und Sie um Entschuldigung bitten möchte. Er befindet sich jetzt sehr wohl, und obgleich ich fürchte, daß er an einem geringen Grade von Melancholie leidet, so besteht, wie ich denke, kein Grund zu glauben, daß diese irgendwie seinen Verstand angegriffen hätte, und ich hoffe, daß dies nie geschehen wird."

Ein nicht weniger seltsamer Brief wurde drei Tage nach dem Brief an Pepys an Locke abgesandt: „Sir, da ich der Meinung war, daß Sie sich bemühen, mich durch Frauenzimmer und durch andere Mittel in Verlegenheit zu bringen, so wurde ich darüber so betroffen, daß, als man mir sagte, Sie wären krank und würden nicht wieder aufkommen, ich antwortete, es wäre besser, wenn Sie tot wären." Drei Wochen später, am 5. Oktober, schickte Newton ein Entschuldigungsschreiben an Locke, in welchem ebenfalls Sonderbarkeiten feststellbar sind: „Sir, als ich im vergangenen Winter oft beim Feuer schlief, gewöhnte ich mir eine schlechte Art zu schlafen an, und eine Krankheit, welche diesen Sommer epidemisch war, brachte mich noch mehr aus der Ordnung, so daß ich, als ich Ihnen schrieb, in vierzehn Tagen in keiner Nacht eine Stunde und seit fünf Tagen keinen Augenblick geschlafen hatte. Ich entsinne mich, Ihnen geschrieben zu haben, aber was ich von Ihrem Buch gesagt habe, daran erinnere ich mich nicht mehr."

Diese Dokumente beweisen einwandfrei, daß Newton im Laufe von nicht weniger als zwei Jahren (1692—1693) ein schweres körperliches Unbehagen empfand und anscheinend an Verfolgungswahn litt. Von einer ernstlichen Geistesverwirrung kann keine Rede sein. Anscheinend wurden die Anfälle von lange dauernden lichten Zuständen abgelöst. Die gewaltige geistige Anspannung bei der Schaffung der „Prinzipien" hinterließ ihre Spuren und endete mit einer krankhaften Übermüdung.

Die Legenden, welche um diese trübe Periode im Leben Newtons gewoben wurden, weisen unverändert auf den Brand in einem Zimmer oder Laboratorium Newtons als Hauptursache hin. Als Schuldiger erscheint sein Lieblingshund Diamond, der angeblich die Kerze auf das Bündel Manuskripte umgeworfen hatte. Der Ort der Handlung wird zuweilen auch nach London verlegt. Das von Conduitt gesammelte Material enthält Hinweise, denen zufolge optische Arbeiten, eine Abhandlung über Chemie und ein großes Werk über Akustik, das seinem Umfang und Stil entsprechend angeblich der „Optik" glich, verbrannt sind. Das Phantastische dieser Erzählung liegt auf der Hand, aber vielleicht ist dennoch auch ein Tröpfchen Wahrheit darin enthalten.

Nach seiner Rückkehr aus London nach Cambridge und bis zur

neuen Abreise nach London, d. h. von 1690—1696, kehrte Newton zu seiner früheren Lebensweise zurück. Der umfangreiche Inhalt der „Prinzipien" bedurfte dringend mancher Verbesserungen und Ergänzungen. Die interessanteste und praktisch wichtigste war das Problem der Mondbewegung. Infolge des Einflusses der Sonne und der verschiedenen Planeten ist die Bewegung des Mondes sehr kompliziert. Wir haben es mit einem Beispiel schwierigster Art des sog. Drei-Körper-Problems (oder sogar eines Vielkörperproblems) zu tun. Indem sich Newton auf die Beobachtungen Flamsteeds stützte, arbeitete er an dem Mondproblem bis zur Übersiedlung nach London und dann auch in London selbst. Die chemischen Experimente und die übliche akademische Tätigkeit im College wurden fortgesetzt. Zugleich aber machte sich im Leben Newtons ein scharfer Wandel spürbar. Die politische Tätigkeit und das Leben in London blieben nicht ohne Spuren. Noch vor seiner Rückkehr ins Trinity College erwog Newton die Möglichkeit der Erlangung einer in materieller Hinsicht vorteilhafteren Stellung in London. Bei seinen Bemühungen waren ihm seine Freunde Locke, Montague und andere behilflich. Ein solches Streben nach London und einer Verbesserung der materiellen Lage ist, erinnert man sich all dessen, was wir über den bescheidenen Cambridger Einsiedler und den Woolsthorper Landwirt wissen, wenig verständlich. Nach einer Berechnung Mores garantierten die Einkünfte in Cambridge Newton zweifellos alles, was für das ruhige und gesicherte Leben eines Gelehrten nötig war. Dagegen gab Newton in den neunziger Jahren, nach dem Triumph, welcher mit der Veröffentlichung der „Prinzipien" verbunden war, seine frühere Absicht, der „Philosophie" zu entsagen, auf.

Damals war Newton ungefähr 50 Jahre alt, und es mag sein, daß Übermüdung, Krankheit und die Furcht vor einer ungewissen Zukunft Newton veranlaßten, sich eine solidere Position zu schaffen.

Im Jahre 1694 erhielt ein Freund Newtons, ein ehemaliger Student des Trinity College, der glänzend begabte Charles Montague (später Graf Halifax) den Posten des Schatzkanzlers, und im Herbst ging in London das Gerücht um, Newton werde den Posten des Aufsehers der Münze (Warden of the Mint) bekommen. Am 14. März 1696 gab Newton in einem Brief an Halley zu erkennen, daß er verzichten wolle. Er schrieb: „Sollten erneut Gerüchte über den Vorschlag auftauchen, der mir in der Münze nach dem Tode Hoares oder aus anderem Anlaß gemacht wurde, bitte ich Sie, diese zu zerstreuen und Ihre Freunde zu benachrichtigen, daß ich keine Stelle in der Münze wünsche und nicht beabsichtige, Nachfolger des Mr. Hoare zu werden." Aber 14 Tage später, am 29. März 1696, benachrichtigte Montague Newton von seiner offiziellen Ernennung zum Aufseher der Münze. „Dies ist ein wichtiger Posten in der Münze mit 500 bis 600 Pfund Gehalt im Jahre, und die Sache verlangt nicht mehr Zeit, als Sie ihr widmen können", schrieb Montague.

Indem Montague Newton ein solches Angebot machte, beabsichtigte er wahrscheinlich nicht nur, Newton eine gute Stelle zu verschaffen, sondern er rechnete auch auf die Kenntnisse Newtons auf dem Gebiet der Metallurgie und der Chemie, was bei der Durchführung der großen Finanzreform (Umprägung der Münzen) von Wichtigkeit war.

Newton siedelte nach London über. Durch eine umfangreiche administrative und praktische Tätigkeit wurde Newton aus seiner wissenschaftlichen Arbeit herausgerissen. Seit der Zeit, da sich die Aufmerksamkeit des Hofes Newton zuwandte, wurde er mit äußeren Ehrenbezeugungen überschüttet. 1699 wurde Newton Direktor der Münze (Master of the Mint) mit einem noch größeren Gehalt, und er verzichtete auf die Einkünfte, welche mit seinem Lehrstuhl in Cambridge verbunden waren. Im Jahre 1701 entsagte er endgültig dem Lucasischen Lehrstuhl. 1697 erhielt er über Cassini ein Pensionsangebot des französischen Königs, welches er ablehnte; 1699 wurde er zum Mitglied der Pariser Akademie der Wissenschaften gewählt.

1703 wurde Newton Präsident der Royal Society, welches Amt er bis zu seinem Lebensende innehatte. 1705 erhob die Königin Anna Newton in den Adelsstand. Newton wurde zum „Sir Isaac" und Mitglied verschiedener Parlaments- und Ministerkommissionen ernannt, weilte am Hofe und wurde Salonphilosoph der Prinzessin von Wales. Der berühmte Streit Newtons mit Leibniz interessierte den Hof und den König.

Dies waren die äußeren Lebensverhältnisse Newtons in den letzten 30 Jahren seines Lebens.

DREIZEHNTES KAPITEL

Die mathematischen Forschungen Newtons
Der Streit mit Leibniz

Die mathematische Begabung ist ähnlich der musikalischen häufig angeboren, tritt früh in Erscheinung und bestimmt organisch die Veranlagung des betreffenden Menschen. Newton war ein solcher geborener Mathematiker. „Um Mathematik zu studieren", sagte Fontenelle in einer Rede zum Gedenken Newtons im Jahre 1727, „studierte Newton nicht Euklid, der ihm viel zu klar, viel zu einfach erschien und ihm nicht des Zeitaufwandes wert war; er kannte ihn in einem gewissen Sinne im voraus, ehe er ihn gelesen hatte; ein Blick auf den Text der Theoreme lieferte augenblicklich den Beweis. Er ging sofort zu solchen Büchern wie die ‚Geometrie' Descartes' und die ‚Optik' Keplers über. Hinsichtlich Newtons könnte man das anwenden, was Lukian über den Nil sagte, dessen Quellen den Alten unbekannt waren: ‚Den Menschen ist es nicht gestattet, den Nil schwach und bei seiner Geburt zu sehen.'" In diesem prunkvollen Satz des 18. Jahrhunderts liegen selbstverständlich eine gewisse Übertreibung und sogar Fehler, denn gerade Euklid, die klassische geometrische Methode der Alten, war das Hauptwerkzeug der mathematischen Forschungen Newtons; Newton dachte geometrisch, und am Rande eines Exemplars der Geometrie Descartes' ist ein eigenhändiger Vermerk Newtons erhalten geblieben: „Das ist keine Geometrie!" Vor kurzem wurde der Newtonsche Euklid gefunden, dessen Ränder voll von Notizen und Skizzen Newtons sind (Abb. 27).

Das mathematische Denken Newtons ist zweifellos von Barrow, seinem Lehrer, beeinflußt worden. Er war sein unmittelbarer Vorläufer in bezug auf die Fluxionsmethode. Die „Vorlesungen über Geometrie" (Lectiones geometricae) I. Barrows, an deren Redigierung Newton teilhatte, wie auch die „Vorlesungen über Optik" erinnern in vieler Hinsicht an den großen Schüler I. Barrows. Es ist bemerkenswert, daß die geometrischen Kurven für Barrow im wesentlichen kinematisch sind, da die in ihnen ausgedrückten Veränderungen als eine Funktion der Zeit behandelt werden. Die erste Einführungsvorlesung Barrows ist dem Begriff der Zeit gewidmet. Die Zeit ist nach Barrow „die Beständigkeit des Dinges in seinem Sein“ und ist „eine absolute Größe“. Auf die Frage, ob die Zeit vor den Dingen bestand und ob man von der Zeit dort sprechen kann, wo nichts ist, antwortet Barrow ebenso wie hinsichtlich des Raumes bejahend. „Die Zeit“, schreibt er, „ist kein wirkliches Sein, sondern die Möglichkeit eines ständigen andauernden Seins, genau wie der Raum die Fähigkeit des Seins der Größe bezeichnet.“ Wir erkennen in diesen Worten die ersten Skizzen der Newtonschen Bestimmungen des Raumes und der Zeit in den „Prinzipien“.

Unlängst veröffentlichte More einen unbekannten Brief Newtons, der für das Verständnis der Quellen, aus denen das mathematische Denken Newtons schöpfte, wichtig ist: „Einen Hinweis auf die Methode (der Fluxionen) erhielt ich aus dem Verfahren der Ziehung der Tangenten durch Fermat: indem ich sie auf die abstrakten Gleichungen direkt und umgekehrt anwandte, verallgemeinerte ich sie. Mr. Gregory und Dr. Barrow wendeten diese Methode der Ziehung der Tangenten an und verbesserten sie. Einer meiner Artikel veranlaßte Dr. Barrow, mir seine Methode der Tangenten vor ihrer Aufnahme in die zehnte Vorlesung über Geometrie zu zeigen. Denn ich bin jener Freund, den er dort erwähnt.“ Aus dem Brief geht somit zweifellos der Einfluß der Arbeiten Fermats sowohl auf Barrow als auch auf Newton hervor. Große Bedeutung für alle beide hatten auch die Arbeiten John Wallis', die in dem Buch „Universal-Arithmetik oder neue Methode zur Untersuchung der Quadratur der krummen Linien“ (Arithmetica universalis seu nova methodus inquirendi in curvilinearum quadraturam) (1665) zusammengefaßt sind.

Alle wichtigen mathematischen Arbeiten Newtons wurden bis zu jenem Wendepunkt in den neunziger Jahren durchgeführt, von dem im vorhergehenden Kapitel die Rede war, aber im Druck erschienen sie erst nach der Übersiedlung Newtons nach London. Hierbei wurde die Veröffentlichung der mathematischen Arbeiten Newtons fast in allen Fällen hauptsächlich infolge Streitigkeiten mit Leibniz um die Priorität erzwungen. Dieser Umstand ist sehr bemerkenswert. Es offenbart sich, daß die mathematische Arbeit für Newton hauptsächlich nur die Bedeutung eines Hilfsmittels für die physikalischen Forschungen hatte.

Weiter oben wurde erwähnt, daß Newton sich während der Zeit der Schaffung der „Prinzipien“ gern als „Mathematiker“ bezeichnete. Aber hierbei, so muß man annehmen, schwebte ihm hauptsächlich das Ziel vor, die Physik der Prinzipien von der Physik der Hypothesen abzugrenzen. Die Physik der Prinzipien ist nach der formalen Seite hin der Geometrie ähnlich und rein mathematisch aufgebaut; die Physik der Hypothesen war, zumindest zur Zeit Newtons (Descartes, Hooke), sehr weit von der mathematischen harmonischen Gliederung entfernt, und erst Huygens machte in seinem „Traité sur la Lumière" den ersten Versuch der mathematischen Bearbeitung einer Hypothese (der Wellenhypothese). Die Mathematik in den Händen Newtons war ein gewaltiges Mittel der synthetischen Erforschung der Natur. Es ist charakteristisch, daß selbst die Terminologie der Infinitesimalrechnung, welche von Newton eingeführt wurde, wie „Fluxion", „Fluente" (von dem Wort fließend), „Moment", der mechanischen Denkweise entliehen und in diesem Sinne bedeutend konkreter als das „Differential" und das „Integral" Leibniz' ist. Charakteristisch ist gleichfalls, daß Newton in seiner „Universalen Arithmetik" (Arithmetica Universalis), indem er den Text erklärt, zuweilen rein physikalische Aufgaben stellt. Eine von diesen ist in die Lehrbücher für Physik übergegangen, obgleich ihre Herkunft wenigen bekannt sein dürfte: „Ein Stein fällt in einen Brunnen; es ist die Tiefe des Brunnens aus der Zeit festzustellen, nach der das Aufschlagen des Steines auf dem Boden hörbar wird."

Die dienende praktische Rolle der Mathematik in den Händen Newtons verringert selbstverständlich nicht die Bedeutung seiner großen Entdeckungen auf diesem Gebiet. Die neuen, der Physik gestellten Aufgaben erforderten auch eine neue Mathematik, neue Methoden. Eine Analysis des Unendlichen war für die Lösung der Aufgaben der neuen Mechanik unbedingt notwendig. Physik und Mathematik halfen stets einander, und ihre Entwicklung ist häufig untrennbar. Hierbei überflügelte zuweilen die Physik die Mathematik, indem sie ihr neue Aufgaben stellte, zuweilen wurden umgekehrt in der Mathematik ganz große Abschnitte und Kapitel „auf Vorrat" geschaffen. Die Physik benutzte sie in einigen Fällen erst lange nach ihrer Schaffung. So wurde im 19. Jahrhundert parallel der Theorie des elektromagnetischen Feldes die Vektoranalysis und die Theorie der „Quaternionen" entwickelt; in unserer Zeit erhielten im Zusammenhang mit der Relativitätstheorie die Tensorenrechnung und die nichteuklidische Geometrie Antriebe zu einer weiteren Entwicklung. Eine Anzahl von Aufgaben der Optik, der Gastheorie usw. verlangen dringend eine Entwicklung der Theorie der Integralgleichungen. Für die Interpretation der Quantenerscheinungen wurde die mathematische Theorie der Gruppen usw. angewandt. Heut-

Abb. 26. Rekonstruktion des Wohnzimmers in der Wohnung Newtons in der Straße St. Martin, wo er von 1710 bis 1725 wohnte

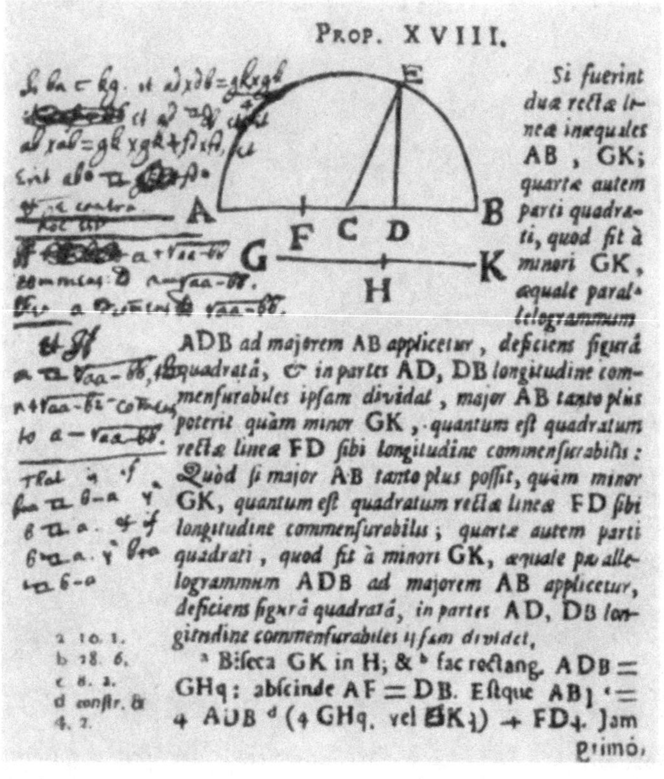

PROP. XVIII.

Si fuerint duæ rectæ lineæ inæquales AB, GK; *quartæ autem parti quadrati, quod fit à minori* GK, *æquale parallelogrammum* ADB *ad majorem* AB *applicetur, deficiens figurâ quadratâ, & in partes* AD, DB *longitudine commensurabiles ipsam dividat, major* AB *tanto plus poterit quàm minor* GK, *quantum est quadratum rectæ lineæ* FD *sibi longitudine commensurabilis: Quòd si major* AB *tanto plus possit, quàm minor* GK, *quantum est quadratum rectæ lineæ* FD *sibi longitudine commensurabilis; quartæ autem parti quadrati, quod fit à minori* GK, *æquale parallelogrammum* ADB *ad majorem* AB *applicetur, deficiens figurâ quadratâ, in partes* AD, DB *longitudine commensurabiles ipsam dividet,*

a 10. 1.
b 28. 6.
c 8. 2.
d constr. & 4. 2.

[a] Biseca GK in H; & [b] fac rectang. ADB = GHq: abscinde AF = DB. Estque ABq [c] = 4 ADB [d] (4 GHq. vel GKq) + FDq. Jam primò,

Abb. 27. Seite aus Newtons Handexemplar der „Elemente" Euklids, mit seinen Bemerkungen am Rande

zutage ist die Arbeit aufgeteilt worden. Die Physiker stellen die Aufgabe, und die Mathematiker liefern die Methoden ihrer Lösung. Newton tat beides gleichzeitig.

Die Entdeckung der Analysis des Unendlichen ist unbestritten ein wichtiges Faktum in der Entwicklung der Mathematik und des menschlichen Denkens überhaupt. Die klassische Methode eines Euklid, Archimedes, Apollonius und anderer Geometer des Altertums gibt die Möglichkeit, die quantitativen Wechselbeziehungen zwischen den verschiedenen veränderlichen Größen in gewissen sogar sehr komplizierten Fällen festzustellen. Jedoch ist das Verfahren der Lösung fast in jeder Aufgabe verschieden. Man müßte das besondere geometrische Genie eines Archimedes oder Newton mit ihrer unerschöpflichen Erfindungsgabe besitzen, um die geometrische Methode systematisch durchzuführen. Das große Werk Descartes' – die Schaffung der analytischen Geometrie – schlug eine Brücke zwischen Algebra und Geometrie. Mit Hilfe der Methode der Koordinaten wurde es möglich, ein und dieselbe Wechselbeziehung analytisch (mit einer Formel) oder geometrisch darzustellen. Für die Lösung geometrischer Aufgaben wurde ein neuer Weg entdeckt und umgekehrt; man konnte die geometrischen Aufgaben auf analytische zurückführen. Es blieb jedoch eine Schwierigkeit bestehen.

Die krummlinige Figur unterscheidet sich von einer Figur, welche von geraden Linien begrenzt ist, dadurch, daß die Richtung der begrenzenden Linie sich ständig und kontinuierlich ändert: die unendlich kleine Fortbewegung auf der Kurve wird auch von einer unendlich kleinen Veränderung der Richtung begleitet. Auf solchen kontinuierlichen Kurven vollziehen sich viele Veränderungen in der Natur: die Planeten beschreiben Ellipsen, die rotierenden Körper – Kreise, die fallenden Körper – Parabeln usw.; ein schwerer Faden, der an zwei Enden aufgehängt ist, hängt nach der sogenannten Kettenlinie herunter. Stellen wir mit Hilfe des Systems der Koordinaten eine Beziehung zwischen irgendwelchen Erscheinungen der Natur graphisch dar, so werden wir ebenfalls Kurven und kontinuierlich sich verändernde Linien erhalten. Stellen wir z. B. die Beziehung zwischen dem Volumen und dem Druck eines Gases nach dem Gesetz von Boyle-Mariotte dar, so werden wir eine Hyperbel erhalten; die Beugungserscheinungen in der Optik werden durch eine Spirale dargestellt usw.; die gradlinige Abhängigkeit ist ein seltener Fall in der Natur, und deswegen ist seit frühen Zeiten das Studium der Eigenschaften der krummen Linien eine wesentliche Aufgabe der Wissenschaft. Aber die Anwendung der mathematischen Verfahren des Altertums auf die krummen Linien war stets schwierig. Archimedes überwand diese Schwierigkeit in einigen Fällen. Die ersten allgemein befriedigenden Verfahren der Ziehung von Tangenten, welche die Richtung der Kurve in jedem Punkt bestimmen, wurden in der ersten Hälfte und in der Mitte des 17. Jahrhunderts von Descartes, Fermat, Pascal, Wallis, Barrow usw. vorgeschlagen. Diesen Verfahren hafteten jedoch viele Mängel an. Sie wurden nicht nur nicht auf die transzendenten Kurven ausgedehnt, sondern auch hinsichtlich der algebraischen Kurven wurden sie nicht in allen Fällen angewendet. Ein wesentlicher Fehler war auch die rein geometrische Behandlung der Frage. Es war erforderlich, ein analytisches Verfahren zu finden, welches das geometrische Bild der Tangente ersetzte. Diese Aufgabe der analytischen Charakteristik der unendlich kleinen Veränderungen der Kurven (oder allgemeiner der Funktionen) wurde zuerst von Newton anscheinend bereits in den sechziger Jahren des 17. Jahrhunderts und später – wahrscheinlich völlig unabhängig davon – von Leibniz gelöst. Eine Skizze, welche eine gewisse Kurve darstellt, die auf ein bestimmtes Koordinatensystem bezogen ist, zeigt gleichzeitig anschaulich die Fläche, welche durch die gegebene Kurve und ihren Abschnitt auf der Achse gebildet wird. Im Zusammenhang damit steht die zweite Hauptaufgabe der Analysis – die Formel solcher Flächen zu finden, wenn eine Gleichung der Kurve gegeben ist (die Quadratur oder Integralrechnung).

1669 überreichte Newton Barrow ein Traktat zur Durchsicht „De analysi per aequationes numero terminorum infinitas". Seinen Hauptgegenstand bildeten die Quadraturen. Newton berechnete eine Fläche, die von einer Kurve begrenzt wird, deren Gleichung

$$y = a x^{\frac{m}{n}} \tag{6}$$

lautet, und findet für die Fläche die Formel:

$$\frac{a \cdot n}{m+n} \cdot x^{\frac{m+n}{n}}.$$

Die Quadratur zusammengesetzter Kurven wird von Newton auf die Quadratur der einzelnen Glieder zurückgeführt; es werden Verfahren der vorherigen Umformung der Gleichungen zusammengesetzter Kurven vermittels der Auflösung der Brüche und Wurzeln in Potenzreihen usw. aufgezeigt. Indem Barrow das Manuskript Newtons Collins zur Kenntnisnahme übersandte, empfahl er Newton als einen noch sehr jungen Magister mit ungewöhnlicher Begabung. Diese Arbeit wurde unter Zustimmung Newtons erst im Jahre 1711 von Will. Jones im Zusammenhang mit der Polemik Newton-Leibniz herausgegeben; in ihr sind noch keine Spuren der Methode der Fluxionen zu finden. Die letztere wurde von Newton in einem Werk dargestellt, das erst nach seinem Tode von John Colson im Jahre 1736 unter der Überschrift „Methode der Fluxionen und der unendlichen Reihen“ (The method of Fluxions and Infinite Series) herausgegeben wurde; in den Sammlungen der Werke Newtons wird dasselbe Werk unter der Überschrift „Analytische Geometrie“ (Geometria analytica) gedruckt. Newton nennt Fluenten (fließende Geschwindigkeiten) die variablen Größen, die in den Gleichungen vorkommen. Die Geschwindigkeit der Veränderung des Wachstums der Fluenten, d. h. das Verhältnis des unendlich kleinen Zuwachses zu dem einer anderen Fluente, nennt Newton Fluxionen. Den unendlich kleinen Zuwachs der Fluente (in der allgemein gebräuchlichen Terminologie Leibniz' das Differential) bezeichnet Newton mit dem Symbol $o \cdot x$, die Fluxion selbst aber durch $\dot{x}$. In der angeführten Abhandlung gibt Newton zuerst eine Theorie der Reihenentwicklung und geht dann zur Fundamentalaufgabe der Differentialrechnung über: dem Auffinden des Verhältnisses der Fluxionen, wenn ein Verhältnis zwischen den Fluenten gegeben ist. Es wird das Verfahren der Berechnung des Verhältnisses der Fluxionen dargestellt. Weiter wird die zweite Fundamentalaufgabe der Analysis des Unendlichen untersucht: wenn das Verhältnis der Fluxionen gegeben ist, eine Relation zwischen den Fluenten zu finden. Nebenbei wird eine Reihe sehr wichtiger Aufgaben der Analysis gelöst: Auflösung der einfachsten Differentialgleichungen, Bestimmungen der Minima und Maxima der Funktionen, Lösung der Tangentenprobleme (Subtangenten), Bestimmung der Krümmung sowie der Wendepunkte der Kurven, Ausführung von Quadraturen und Rektifikationen.

Diese Andeutung dürfte den Lesern, welche mit dem Wesen der Analysis nicht vertraut sind, wenig sagen. Denjenigen jedoch, welche damit vertraut sind, wird bereits aus der Andeutung ersichtlich, daß die Differentialrechnung zumindest im wesentlichen in der Abhandlung Newtons dargestellt wurde. Die letzte wurde, wie wir bereits gesagt haben, erst nach dem Tode Newtons veröffentlicht, wobei der Verleger Manuskripte unsicherer Datierung verwandte. Von diesem Gesichtspunkt aus verliert die Abhandlung viel in den Augen eines peinlich genauen Richters, wenn man sie als juristisches Beweismittel der Ansprüche Newtons auf das Recht des ersten und alleinigen Erfinders nehmen will.

Newton erkannte den Wert seiner großen Entdeckung und suchte sich die Priorität der Entdeckung durch einen Brief an Collins vom Jahre 1672 zu sichern. Collins war, wie bereits gesagt wurde, das Zentrum der wissenschaftlichen Korrespondenz der englischen mit den ausländischen Mathematikern. Newton verständigte Collins von seiner Entdeckung in allgemeiner Form, ohne die Methode selbst mitzuteilen oder sie durch einige Beispiele zu erklären. Dieser Brief ist in der Folge in dem Streite mit Leibniz gegen dessen Erfinderrecht angeführt worden.

Im Zusammenhang hiermit lohnt es sich, kurz die Geschichte dieses unheilvollen langen Streites zu schildern. Der Brief an Collins wurde im Dezember 1672 abgesandt. Zu Anfang 1673 war Leibniz während einiger Monate in London und besuchte häufig den Sekretär der Royal Society, Oldenburg, der bis zu einem gewissen Grade über die mathematischen Arbeiten Newtons auf dem laufenden war.

Von London begab sich Leibniz nach Paris, wo er sich zusammen mit Huygens eifrig mit Mathematik beschäftigte. Im Jahre 1674 informierte Oldenburg Leibniz über das Bestehen einer neuen allgemeinen Methode Newtons, wobei jedoch das Wesen der Methode nicht dargelegt wurde.

Im Jahre 1676 war Leibniz auf der Durchreise wiederum in England und wurde persönlich mit Collins bekannt. In der Folge wiesen die Verteidiger der Ansprüche Newtons im Eifer der Auseinandersetzung darauf hin, Leibniz habe bei dieser Gelegenheit den Inhalt der Arbeiten Newtons aus den Manuskripten erfahren, die bei Collins aufbewahrt wurden. Im Jahre 1676 schrieb Newton Leibniz über Oldenburg einen Brief, in dem er ihm viel Neues über Reihenentwicklung und auch den berühmten Binomialsatz (ohne Beweis) mitteilte. Die Analysis des Unendlichen wurde in dem Brief jedoch nicht erwähnt. Erst in einem folgenden Brief an Oldenburg vom 24. Oktober 1676 sprach Newton von der neuen Methode. Er zitierte die bei dem Verfahren erzielten Resultate und Beispiele seiner Anwendung; das eigentliche Wesen der Methode teilte er in folgender Buchstabenversetzung mit:

6ae cc d ae 13e ff 7i 3l 9n 4o 4q rr 4s 9t 12v x.

Die Zahlenkoeffizienten, welche vor den Buchstaben stehen, zeigen an, wievielmal der gegebene Buchstabe im Text des verschlüsselten Satzes wiederholt wird. Weiß man, daß der Satz lateinisch geschrieben war, so kann man ihn bei guter Kenntnis der Sprache entschlüsseln. Aber auch damit wird keine Klarheit geschaffen. Der entschlüsselte Satz wurde in den „Prinzipien" veröffentlicht. Sein Wortlaut ist folgender:

Data aequatione quotcunque fluentes quantitates involvente fluxiones invenire et vice versa" (bei gegebener Gleichung zwischen beliebig vielen fließenden Größen, deren Fluxionen zu finden, und umgekehrt) *). Hieraus das Wesen der Entdeckung zu verstehen, war unmöglich. Die ausführliche Darstellung der Methode verbarg sich hinter einer komplizierten Buchstabenversetzung. Leibniz stellte dem Verheimlichungsverfahren Newtons in seinem Brief vom 21. Juli 1677 eine ziemlich offene Darstellung der Grundlagen der Differentialrechnung entgegen, die sich von der Fluxionsmethode im wesentlichen nur durch die Symbolik unterscheidet. Hiermit endete der Briefwechsel. Ein gründliches Studium der Frage führte die Historiker der Mathematik zu einer einheitlichen Schlußfolgerung: Die Grundlagen der Analysis des Unendlichen wurden von Newton und Leibniz unabhängig voneinander entdeckt, wobei außer Zweifel steht, daß die Entdeckung Newtons einige Jahre vorher gemacht wurde.

Das geheimnistuerische Verhalten Newtons in seinem Briefe an Leibniz und umgekehrt die offene, klare Darstellung der Methode durch Leibniz in seiner Antwort wird Newton von einigen Historikern vorgehalten. Der Vorwurf ist kaum berechtigt. Die Gepflogenheit, noch nicht völlig ausgearbeitete Ergebnisse einer wissenschaftlichen Arbeit vermittels Anagramm oder Chiffrierung geheimzuhalten, war in früheren Zeiten weit verbreitet und besteht in etwas veränderter Form auch heute noch. Hierbei ist das direkte Ziel, einen Parallelismus der wissenschaftlichen Arbeit zu vermeiden und die Prioritätsrechte der Autoren zu sichern. Nachdem Newton völlig klar jenen Bereich gekennzeichnet hatte, auf den sich seine Methode und die Hauptergebnisse der Anwendung der Methode erstreckten, blieb Leibniz selbstverständlich nichts anderes übrig, als Newton vollkommen deutlich zu zeigen, daß auch er unabhängig zu derselben Methode gelangt war, wobei es im Gegensatz zu der Verschlüsselung Newtons notwendig war, auch die Methode selbst darzulegen. Newton und Leibniz sagten in dem Schriftwechsel nur das, was sie sagen mußten, und deswegen erscheint ein Vergleich zwischen der Geheimnistuerei Newtons und dem Edelsinn Leibniz' nicht begründet.

Im Jahre 1684 erschien in der Leipziger Zeitschrift „Acta Eruditorum" (Abhandlungen der Gelehrten) die erste Druckschrift Leibniz' über die Analysis des Unendlichen; hierbei beging Leibniz eine unbegreifliche Taktlosigkeit, indem er den Namen Newtons unerwähnt ließ.

---

*) Wallis 1693 in Band II „Opera Mathematica"

Der Fehler wurde in der zweiten Druckschrift, in welcher die Elemente der Integralrechnung dargelegt werden, gut gemacht. Nach der Aufzählung einer langen Liste von Vorgängern, welche das Fundament für die Schaffung der Analysis des Unendlichen gelegt haben, verwies er auch auf Newton. „Newton sei zur Erfindung der Quadraturen mit Hilfe der unendlichen Reihen nicht nur ganz unabhängig gelangt, sondern er habe auch allgemein die Methode so weit vollendet, daß eine Herausgabe seiner Arbeiten, die er bis jetzt noch unterlassen hätte, ohne Zweifel einen neuen Zugang zu einem großen Fortschritt und Gewinn in dieser Wissenschaft geben würde." Dieser Satz gab keine klare Vorstellung von den Leistungen Newtons. Newton beurteilte im folgenden Jahre in der ersten Ausgabe der „Prinzipien" völlig objektiv die Arbeiten Leibniz'.

In dem berühmten „Scholium" des zweiten Buches der „Prinzipien" setzte Newton die Theorie seiner Fluxionsrechnung auseinander: „In Briefen, welche ich etwa vor zehn Jahren mit dem sehr gelehrten Mathematiker G. G. Leibniz wechselte, teilte ich ihm mit, daß ich mich im Besitz einer Methode befände, nach welcher man Maxima und Minima bestimmen, Tangenten ziehen und ähnliche Fragen lösen könne, und zwar lasse sich dieselbe ebensogut auf irrationale als auch auf rationale Größen anwenden. Indem ich die Buchstaben versetzte, welche meine Erfindung aussprachen (wenn eine Gleichung mit beliebig vielen veränderlichen Größen gegeben ist, die Fluxionen zu finden, und umgekehrt), verbarg ich dieselbe. Der berühmte Mann antwortete mir darauf, er sei auf eine Methode derselben Art verfallen, und teilte mir die seinige mit, welche von meiner kaum weiter abwich als in der Form der Worte und Zeichen, den Formeln und der Idee der Erzeugung der Größen."

Es drängt sich eine Frage auf, die für das Verständnis des Charakters Newtons sehr wesentlich ist: Warum hat er denn nicht rechtzeitig seine Methode veröffentlicht? Die Frage ist selbst heute noch ziemlich ungeklärt. Es besteht Grund zur Annahme, wie wir bereits gesagt haben, daß die Mathematik bei den physikalischen Forschungen Newtons nur eine untergeordnete Rolle spielte. Die endgültige Bearbeitung der Druckschrift über die Fluxionsmethode im Jahre 1671 (oder ungefähr in dieser Zeit) hätte die eingeleiteten umfangreichen experimentellen Forschungen im Bereich der Optik verzögert; Newton hielt die neue Methode für weniger wichtig als den sich vor ihm eröffnenden neuen Experimentalbereich, und er hatte keine Zeit, die mathematische Arbeit zu vollenden. Zur Zeit des Abschlusses der Hauptforschungen auf dem optischen Gebiet (1675—1676) setzte der obenerwähnte Briefwechsel zwischen Leibniz und Newton ein, aus welchem der letztere sich überzeugte, daß seine Methode durch einen anderen gefunden worden war. Newton behielt sich seine Rechte in den erwähnten Schreiben an Leibniz vor, aber die Veröffentlichung der neuen Methode war keine Sensation mehr, denn sie war bereits bekannt, und es war daher auch nur eine Wahrung der Priorität notwendig. Newton begnügte sich damit und machte sich alsdann an die Verwirklichung neuer gewaltiger physikalischer Pläne im Bereich der Mechanik. Warum hat Newton nicht die „Prinzipien“ im mathematischen Teil nach der neuen Methode bearbeitet? Hiervon war bereits bei der Beurteilung der „Prinzipien“ die Rede. Die „Prinzipien“ in der neuen mathematischen Sprache zu schreiben, hieß, sie jedem der Zeitgenossen unverständlich zu machen, bedeutete, in neue unvermeidliche Streitigkeiten rein mathematischer Natur hineingezogen zu werden. Sogar ein Mathematiker wie Huygens schrieb bereits 1692 an Leibniz, daß er den Wert des neuen Algorithmus im Vergleich zu dem früheren Verfahren nicht verstehe. Die mathematische Seite der „Prinzipien“ hatte im Vergleich zu ihrem physikalischen Inhalt für Newton nur eine Bedeutung zweiten Ranges. Newton bewegte sich wiederum auf der Linie des geringsten Widerstandes, indem er sich auf einen kurzen Hinweis auf das Vorhandensein der Fluxionsmethode und der Lösung einiger Aufgaben beschränkte. Nach der Herausgabe der „Prinzipien“ jedoch harrte eine wichtige physikalische Aufgabe ihrer Lösung: das gründliche Studium der Bewegung des Mondes. Wiederum fehlte es an Zeit und wiederum stand die Physik und Astronomie im Vergleich zur Mathematik an erster Stelle. Hieraus läßt sich vielleicht erklären, warum Newton nicht seine Fluxionsmethode vor den neunziger Jahren des 17. Jahrhunderts in Druck gab. Die gigantische Arbeit, welche keine Zeit für die Herausgabe seiner Arbeiten übrigließ, führte, wie wir gesehen haben, zu einer Überspannung und Geistesverwirrung, wonach auch Charakter und Arbeitsleistung Newtons eine starke Veränderung erfuhren. Seine Verwaltungstätigkeit, die in keiner Beziehung zu den Wissenschaften stand, das unruhige Londoner Leben, seine aktive Tätigkeit in der Royal Society — all dies stand selbstverständlich einer Fortsetzung seiner regulären Forschungen im Wege.

Dennoch blieb das mathematische Genie erhalten, und der alt gewordene Löwe zeigte dann und wann seine Klauen. Im Jahre 1697 forderte Johann Bernoulli die Geometer heraus: man solle die Kurve finden, längs deren ein Körper unter der alleinigen Einwirkung der

Schwere von einem Punkt zum anderen übergeht. Newton löste die Aufgabe in einigen Stunden. Als Bernoulli die nichtunterzeichnete Lösung in den „Philosophical Transactions" las, erriet er sofort den Autor „tamquam ex ungue leonem" (wie den Löwen an seinen Klauen).

In den neunziger Jahren begann die Differentialrechnung Leibniz' schnell Wurzel zu fassen. Anfangs erzielten Jacob Bernoulli, alsdann sein Bruder Johann mit der neuen Berechnung erstaunliche Erfolge. In Frankreich veröffentlichte der Marquis de L'Hospital im Jahre 1693 ein vollständiges Lehrbuch der Differentialrechnung*). Die neue Methode fand den Beifall der Mathematiker Europas und wurde natürlich nur mit dem Namen Leibniz' in Verbindung gebracht, welcher der Analysis eine passende und elegante Bezeichnungsweise gegeben hatte. Vielleicht weil Leibniz den unvermeidlichen Kampf um die Priorität ahnte, machte er 1693 Newton den Vorschlag, den Briefwechsel wieder aufzunehmen. Die Antwort Newtons war eine freundliche und ruhige. „Unser Wallis", schrieb Newton, „hat jetzt seiner ‚Algebra' einiges aus den Briefen eingefügt, die ich ehemals an Dich[35] geschrieben habe. Dabei forderte er von mir, daß ich die Methode, welche ich damals in versetzten Buchstaben Dir verheimlichte, nun offen darlegte. Und ich habe das, so kurz als ich konnte, getan. Ich hoffe, daß ich dabei nichts geschrieben habe, was Dir mißfällt; wenn das doch der Fall sein sollte, bitte ich um Mitteilung, weil ich doch lieber Freunde mache als mathematische Erfindungen." Der Briefwechsel wurde nicht fortgesetzt.

Die außergewöhnliche Ruhe und Sorglosigkeit Newtons in jener Zeit hinsichtlich seiner Ansprüche verdient einen Hinweis. Der Triumphzug der neuen Differentialrechnung Leibniz' fing jedoch an, die englischen Patrioten in ihrem Nationalstolz zu kränken. Im Jahre 1695 schrieb der hochbetagte Wallis an Newton einen kennzeichnenden Brief: „Ihr sorgt für Eure Ehre und die der Nation nicht so, wie Ihr solltet, wenn Ihr wertvolle Entdeckungen so lange zurückhaltet, bis andere den Ruhm für sich in Anspruch nehmen." Jedoch selbst solche Aufforderungen wirkten nicht auf Newton: er schwieg wie ehedem. Der unmittelbare Anstifter des Streites zwischen Newton und Leibniz war ein Genfer Mathematiker, der nach London übergesiedelt war, und zwar Fatio de Duillier. Der aus verschiedenen Gründen über Leibniz erboste Fatio gab 1699 eine Schrift heraus, in welcher er nicht nur hervorhob, Newton habe als erster die neue Methode entdeckt, sondern auch Leibniz ziemlich deutlich des Plagiats beschuldigte. Leibniz verhielt sich angesichts

*) „Analyse des Infiment Petits, pour l'intelligence des lignes courbes", par le Marquis de L'Hospital, Paris 1696

dieser Beschuldigung ruhig und wies darauf hin, er beabsichtige nicht, sich mit Newton in Diskussionen über die Priorität einzulassen: Er sei ihm gegenüber von einer tiefen Hochachtung erfüllt und überzeugt, daß Newton nicht die Schriften Fatios billige.

Der Streit entbrannte aufs neue im Zusammenhang mit dem Erscheinen der „Optik" Newtons im Jahre 1704. Der ersten Ausgabe der „Optik" hatte Newton zwei Abhandlungen zugefügt: „De quadratura curvarum" (über die Quadratur der Kurven) und „Enumeratio linearum tertii ordinis" (Aufzählung der Kurven dritter Ordnung). Mit der „Optik" waren diese Druckschriften nur rein äußerlich verbunden und sind in den späteren Ausgaben weggelassen worden; ihr Erscheinen stand ohne Zweifel mit den eben begonnenen Zwistigkeiten im Zusammenhang, wie dies auch in dem Vorwort angezeigt wurde. In der ersten Abhandlung gab Newton endlich die längst erwartete gedruckte Darlegung der Fluxionsmethode und wendete sie auf die Quadraturen an. Beide Druckschriften gehören ihrem Wesen nach ohne Zweifel in die sechziger Jahre. In einer anonymen, aber anscheinend von Leibniz geschriebenen Rezension der „Optik" in den „Acta Eruditorum" erläuterte der Rezensent, trotz reichlicher Belobigung Newtons, dessen Schlußfolgerungen in der Terminologie der Leibnizschen Differentialrechnung. Newton selbst faßte, wie er später bestätigte, diese Rezension als eine direkte Bezichtigung des Plagiats auf. Der Streit begann; einer der glühendsten Anhänger Newtons, der Oxforder Professor John Keill, verdrehte die Argumentation des Rezensenten und fügte in seine Schrift über „Die Gesetze der Zentralkraft" (The Laws of the Centripetal Force) im Jahre 1708 folgenden Absatz ein: „All diese Dinge folgen aus der jetzt so berühmten Fluxionsmethode, deren erster Erfinder ohne Zweifel Sir Isaac Newton war, wie das jeder leicht feststellen kann, der jene Briefe von ihm liest, die Wallis zuerst veröffentlicht hat. Dieselbe Arithmetik wurde später von Leibniz in den „Acta Eruditorum" veröffentlicht, der dabei nur den Namen und die Art und Weise der Bezeichnung wechselte." Leibniz beschwerte sich als Mitglied der Royal Society über Keill bei dem Sekretär der Society. Jedoch ertönten die Stimmen, die Leibniz des Plagiats beschuldigten, immer lauter.

Die Society ernannte eine Sonderkommission zur Untersuchung des Streites zwischen Leibniz und Keill. Die Mehrzahl der Kommission setzte sich aus Anhängern und Schülern Newtons zusammen. Mitte 1713 erschien als Ergebnis der Arbeit dieser Kommission ein Buch mit der Überschrift „Commercium epistolicum D. Johanius Collins et aliorum de Analysi promota" (Korrespondenz D. J. Collins und anderer über die neue Analysis). In dem Commercium wurde die uns bereits bekannte Korrespondenz angeführt, und ein begründetes Gutachten der Kommission mitgeteilt, welches mit folgendem Satze schließt: „Aus diesen Gründen halten wir Newton für den ersten Erfinder und sind der Meinung, daß Keill, indem er dasselbe behauptet, in keiner Weise ungerecht gegen Leibniz gewesen ist." Das „Commercium" erschien in zweiter Auflage im Jahre 1722 und kam auch in Frankreich heraus.

Wir haben nicht die Absicht, die komplizierten Wechselfälle dieses nutzlosen Streites zu schildern, welcher die letzten Lebensjahre sowohl Newtons als auch Leibniz' vergiftete. Leibniz antwortete auf das „Commercium" mit einem anonymen Flugblatt, in dem gegen Newton eine Anzahl Vorwürfe erhoben wurden. Die Polemik Newtons mit Hooke wurde aufgegriffen und die Aneignung der astronomischen Beobachtungen Flamsteeds und anderer durch Newton in Erinnerung gebracht. In den Streit wurden alle Schüler Newtons – Keill, Cotes, Taylor und andere – hineingezogen. Bis 1714 bemühte sich Newton, selbst im Schatten zu bleiben, aber später mußte er die Polemik in seinem eigenen Namen führen. Der Streit interessierte den Hof quasi als Sportereignis. Man suchte Vermittler und Friedensstifter, welche die Leidenschaften nur noch mehr entfesselten. Der Streit fand nicht einmal mit dem Tode Leibniz' im Jahre 1716 seinen Abschluß, da er den Charakter eines wissenschaftlichen Wettbewerbs in dem neuen mathematischen Arbeitsgebiet angenommen hatte. Die Kräfte Newtons schwanden allmählich dahin, die Schüler reichten bei weitem nicht an den Lehrer heran und erlitten zum Teil Niederlagen. Newton starb unausgesöhnt. Im Jahre 1717 schrieb er in den Bemerkungen zu der „History of Fluxions" (Geschichte der Fluxionsrechnung) des Joseph Raphson: Ob Leibniz die Methode nach ihm erfunden oder von ihm entlehnt habe, das sei von keinerlei Wichtigkeit, denn ein zweiter Erfinder habe kein Anrecht auf die Erfindung. In der dritten Ausgabe der „Prinzipien", welche von Pemberton herausgegeben wurde, ließ Newton auch jenes berühmte „Scholium" beiseite, welches wir oben anführten, und in welchem er Leibniz Gerechtigkeit widerfahren ließ. Das „Scholium" wurde durch ein anderes ersetzt, in welchem der Inhalt des Briefes an Collins wiedergegeben wird.

In unserer Zeit haben sich die Gemüter endlich beruhigt. Die englischen Historiker haben nun vollends die Verdienste Leibniz' gewürdigt, und umgekehrt haben die deutschen Historiker, zumindest vor der Hitlerzeit, die Priorität Newtons anerkannt. Der Streit bleibt ein sinnloses Faktum, auf das die letzten Kräfte zweier genialer Menschen verschwendet wurden. Sie selber wünschten keinen Streit, wurden aber durch eine Reihe von Zufälligkeiten hineingezogen.

Die große Entdeckung Newtons und Leibniz' – die Analysis des Unendlichen – entwickelte sich ununterbrochen weiter, und die Entwicklung ist auch jetzt noch nicht abgeschlossen. Sie ist die wesentliche mathematische Form der modernen Naturwissenschaft und Technik, und die unübersehbaren wertvollen Resultate, welche die Analysis im Bereich der Theorie und Technik im Gefolge hatte, lassen sich kaum aufzählen. In der Form der Differential- und Integralgleichungen und der sog. Variationsrechnung fanden die allgemeinen Prinzipien der Physik ihren Ausdruck. Der abstrakte Gedanke der Kontinuität der natürlichen Prozesse und Erscheinungen, welcher der Analysis des Unendlichen zugrunde liegt, erwies sich, wenn auch nicht vollkommen richtig, so doch ungewöhnlich fruchtbringend. Die neuere Physik verzichtete in einigen Punkten auf den Gedanken der Kontinuität, und die Idee der Atomistik, des Sprunghaften und Ruckartigen, ist tief in die moderne Wissenschaft eingedrungen. Masse, elektrische Ladung, Energie und Wirkung wurden atomisiert. Die klassischen Differentialgleichungen erhalten einen statistischen Sinn und werden nur für den Mittelwert einer großen Anzahl einzelner Elementarprozesse als richtig befunden. Aber selbst ungeachtet dieser Beschränkung bewahren die Prinzipien der Analysis des Unendlichen ihre führende Bedeutung.

Die mathematischen Arbeiten Newtons beschränken sich nicht auf die Erfindung der Fluxionsrechnung. Das berühmte Binomial-Theorem, eine Methode zur annähernden Auflösung von Gleichungen, eine ganze Reihe bemerkenswerter geometrischer Theoreme in den „Prinzipien", die glänzende Abhandlung über die Kurven dritter Ordnung stellen Newton, abgesehen von der Erfindung der Analysis, in die Reihe der ersten Mathematiker seiner Zeit. Das Lesen seiner „Universalen Arithmetik", welche aus den Vorlesungen in Cambridge und der erwähnten „Aufzählung der Kurven dritter Ordnung" zusammengestellt ist, verschaffen auch jetzt noch jedem Geometer und Liebhaber der Mathematik[36] großes Vergnügen.

Man muß jedoch noch einmal vermerken, daß alle mathematischen Forschungen Newtons im wesentlichen Teil bis zu den neunziger Jahren durchgeführt waren. Nach der Übersiedlung nach London im Jahre 1695 fand die eigentliche schöpferische Arbeit ihren Abschluß; von dieser Zeit an zog Newton mit Hilfe seiner Schüler und Mitarbeiter nur die Bilanz seiner schöpferischen Zeit.

VIERZEHNTES KAPITEL

Newton in London. Die Münze. Newton als Parlamentsabgeordneter. Die Royal Society. Newton und Flamsteed Die zweite Ausgabe der „Prinzipien". Newton und Cotes 1696–1713

Trotz der Versicherungen Montagues war das Amt eines Aufsehers der Münze in den neunziger Jahren, als es Newton übergeben wurde, keineswegs eine Sinekure. Montague, der die Finanzpolitik des Landes leitete, verstand es nicht nur, durch verschiedene Maßnahmen Ordnung in die englische Finanzwirtschaft zu bringen, sondern auch England auf den Weg des Wohlstandes zu führen, indem er es ihm ermöglichte, zum reichsten Lande und zum Zentrum des sich entwickelnden europäischen Kapitalismus zu werden.

England war Ende des 17. Jahrhunderts mit nicht vollwichtigen und falschen Münzen überschwemmt. Dies wurde in einem gewissen Grade durch die primitive Technik der Münzprägung verursacht. Das Metall wurde mit Scheren geschnitten, mit einem Hammer abgerundet und der Stempel ebenfalls im Handverfahren eingeprägt. Bei einem solchen Prägesystem ließen sich selbstverständlich beachtliche Abweichungen von der mittleren gesetzlichen Norm des Gewichts der Münzen nicht vermeiden, aber dieser Sache schenkte man lange Zeit keine Aufmerksamkeit. Bei einem derartigen Stand der Dinge war das Beschneiden der Münzen an den Rändern zu einem weitverbreiteten und nicht schwierigen Verfahren der Profitmacherei und Gaunerei geworden. Obwohl die Münzbeschneider und Geldfälscher gehängt wurden, waren seit alters her überall im Lande nicht vollwichtige, an den Rändern beschnittene Silberkronen und Schillinge im Umlauf.

Schließlich wurde im Tower eine neue Stanze aufgestellt, welche von einem Pferde in Bewegung gesetzt wurde. Die Münzen, die mit dieser Maschine geprägt wurden, unterschieden sich von den alten durch eine reguläre Form, und an den Rändern war eine Aufschrift angebracht, die das Beschneiden unmöglich machte. Macaulay beschreibt in seiner „Geschichte Englands“ mit folgenden Worten den Stand der Dinge, wie er nach dem Ingangsetzen der Maschine entstanden war: „Die damaligen Finanzpolitiker, so scheint es, erwarteten, daß die sehr guten Münzen neuer Prägung bald die stark beschädigten Münzen alter Prägung aus dem Verkehr drängen würden. Aber jeder vernünftige Mensch mußte sich darüber klar sein, daß, wenn der Fiskus die vollwichtigen und leichten Münzen als gleichwertig annehmen werde, die vollwichtige Münze nicht die leichte Münze aus dem Verkehr verdrängen, sondern selbst von ihr verdrängt werden müsse... Aber die damaligen Politiker dachten nicht so weit. Sie wunderten sich darüber, daß es die Bevölkerung sonderbarerweise vorzog, die leichtwichtigen Münzen und nicht die guten Münzen zu verwenden... Die Pferde im Tower fuhren fort, sich im Kreise zu bewegen. Ein Wagen nach dem anderen rollte mit guten Münzen aus der Münze, aber die guten Münzen verschwanden wie früher, kaum daß sie in den Verkehr kamen. Sie wurden massenweise umgeschmolzen, gingen in Mengen ins Ausland, wurden in großer Zahl in den Truhen verstaut. Aber es schien unmöglich, auch nur ein einziges neues Geldstück in dem Ladentisch eines Krämers oder in dem ledernen Geldbeutel eines Bauern zu finden, der vom Markte heimkehrte“[37].

Montague beschloß, dieser Lage vermittels einer obligatorischen Umprägung sämtlicher im Verkehr befindlicher Geldstücke und der Herausziehung der beschnittenen Münzen als gesetzlichem Zahlungsmittel aus dem Verkehr von einer bestimmten Frist an ein Ende zu machen.

Eine solche Reform erforderte eine starke Steigerung der Leistungskapazität der Münze. Um diese Zeit erhielt Newton den Posten des Aufsehers. Nach den Worten Montagues ist der Erfolg seiner Reform nur dank der Verwaltungsarbeit des Schöpfers der „Prinzipien“ und der „Optik“ möglich geworden.

Newton übernahm seine neuen Pflichten im März. Um diese Zeit hatte man im Tower zehn Öfen aufgestellt, in denen die alten Geldstücke umgeschmolzen wurden. In einigen anderen Städten hatte man Filialen der Münze eingerichtet; eine solche Filiale wurde auch in Chester eingerichtet, deren Leitung Newton seinem Freund, dem Astronomen Halley übertrug. Der Übergang von der alten zur neuen Münzordnung war für das englische Volk mit viel Unannehmlichkeiten verknüpft, und nach einer Äußerung Montagues zu urteilen, war es allein die organisatorische Befähigung Newtons, welche diese schweren

Monate abkürzte. Vor Newton brachte die Münze wöchentlich nicht mehr als 15000 Pfund Silbergeldstücke heraus, unter Newton steigerte sich die Leistung bald ums Vierfache und alsdann ums Achtfache. Übrigens war eine solche Beschleunigung der Produktion noch nicht hinreichend, und bereits zu Anfang 1697 machte sich im Lande ein Mangel an Münzen bemerkbar.

Die Umprägung dauerte bis 1699, dann war die Reform endlich abgeschlossen; offensichtlich als Belohnung für seine Verdienste wurde Newton in diesem Jahr der Titel des Direktors der Münze (Master of the Mint) verliehen, den er bis zu seinem Lebensende behielt.

Bis zum heutigen Tag ist das Archiv der Münze, welches gestatten würde, an Hand von Dokumenten diesen Tätigkeitsbereich Newtons zu untersuchen, nicht veröffentlicht worden.

Auf der gleichen Auktion der Schriftstücke Newtons im Jahre 1936, die bereits im 11. Kapitel erwähnt wurde, wurden drei dicke Bände in Folio mit Papieren Newtons verkauft, die sich auf die Münze bezogen. Insgesamt enthielten diese Bände 529 Konzepte von Parlamentsakten, die von Newton verfaßt worden waren, ferner Entwürfe für Vorträge, Projekte für Briefe, welche die Finanz- und Wirtschaftspolitik der Regierung betrafen, Berichte, Ergebnisse von Eichprüfungen usw. Das erhalten gebliebene Archiv berührt nicht nur Fragen der Prägung, sondern enthält auch ohne Zweifel für die Historiker wichtige allgemeine Angaben über Handel und Kredit. Unter den Papieren befinden sich ziemlich umfangreiche Aufzeichnungen, welche die großen Kenntnisse und die selbständigen Ansichten Newtons in Fragen der Finanz und der Wirtschaft verraten. Das Archiv enthält eine ausführliche Dokumentensammlung über die Umprägung von 1696—1699.

Falls infolge der Auktion das Archiv nicht zerstreut worden, sondern in zuverlässige Hände geraten ist, kann man damit rechnen, daß früher oder später die große Verwaltungsarbeit Newtons ins richtige Licht gestellt werden wird.

Es bleibt zu erwähnen, daß das noch nicht erforschte offizielle Archiv der Münze wahrscheinlich viele Dokumente hierüber enthält. Bis zum heutigen Tage sind die Mitteilungen über die Tätigkeit Newtons in der Münze sehr spärlich.

Das Verwaltungstalent Newtons, welches bei einer derartigen verantwortungsvollen Tätigkeit weit sichtbar und glänzend in Erscheinung trat, scheint für einen „Philosophen", der ständig in Gedanken vertieft war und dabei das Schlafen und Essen vergaß, ziemlich ungewöhnlich. Aber die Angaben Wilkins und Humphrey Newtons, welche viele Jahre nach diesen Geschehnissen aufgezeichnet wurden, sind vielleicht nicht ganz verläßlich. Schaut man sich nochmals den im Jahre 1669 geschriebenen und im 2. Kapitel zitierten Brief an Aston an, so ist es eher wahrscheinlich, daß dieser Brief von dem künftigen Aufseher der Münze und nicht vom Schöpfer der „Prinzipien“ und der „Optik“ geschrieben wurde. Andererseits erinnern wir daran, daß nach dem Tode Barrows im Jahre 1677 der Posten des Direktors des Trinity College Newton angetragen wurde, daß er Delegationsmitglied in der Angelegenheit des Alban Franciscus war, und schließlich, daß er auch von seiner Universität zu ihrem Vertreter im Parlament gewählt wurde. Die administrative Veranlagung Newtons vertrug sich anscheinend gut mit seinen wissenschaftlichen Bestrebungen und seiner geistigen Konzentriertheit.

Auf seinem neuen Posten mußte Newton mit dem Stadtleben in seiner ganzen, wenig angenehmen Vielfaltigkeit in Berührung kommen. Die politischen Leidenschaften der damaligen Zeit riefen Unruhen und Gärung unter den Angestellten der Münze hervor, inbesondere in Chester bei Halley. Newton selbst wurde denunziert, man versuchte, ihn von seinem Posten zu entfernen, indem man ihm andere, vorteilhaftere Stellen anbot. Man versuchte Newton zu bestechen. Aber zu einer Zeit, da die Bestechlichkeit eine ungewöhnlich weitverbreitete Erscheinung war, erfüllte Newton nach den vorliegenden Angaben streng und redlich seine Pflichten.

Über die Tätigkeit Newtons in der Münze während der letzten 25 Jahre seines Lebens ist wenig bekannt. Im Jahre 1718 berichtete er persönlich im Oberhaus über den Stand der Prägung. Unter anderem brachte er den Vorschlag ein, den Wert der Goldguinee auf 21 Silberschillinge festzusetzen. Dieses Verhältnis wurde bis zur heutigen Zeit beigehalten.

Die Stellung eines Aufsehers und alsdann eines Direktors der Münze verwandelte den bescheidenen Cambridger Professor in einen Höfling und Würdenträger. Für den russischen Leser ist es interessant, zu erfahren, daß Newton im Frühjahr 1698 in der Münze aller Wahrscheinlichkeit nach mit dem russischen Zaren Peter I. zusammenkam[38]. Aus dem Reisetagebuch der russischen Gesandtschaft in England ist zu ersehen, daß am 13. April der „Aufseher“ (das war das Pseudonym des Zaren im Reisetagebuch) im Tower war, wo man Münzen machte. Schriftliche Aufzeichnungen über die Zusammenkunft Newtons mit Peter sind nicht bekannt, doch dürfte kaum jemand anderes als der Aufseher der Münze den Zaren empfangen haben. Am 20. April war Peter wieder in der Münze und wiederholte seinen Besuch sogar noch am 21., dem Tage seiner Abreise aus England. Im „Reisetagebuch" ist eingetragen: „Nach dem Essen fuhr der ‚Aufseher' in die Stadt, weilte im Tower und sah zu, wie die Münzen gemacht werden." Wir wollen hoffen, daß die neuen Archivforschungen genaueren Aufschluß über den Besuch Peters in der Münze und die eventuellen Unterredungen mit Newton geben werden. Das Zusammentreffen dieser beiden sehr bedeutenden Zeitgenossen stellt jedenfalls ein erhabenes Symbol für den Verkehr des russischen Genies mit den Spitzen der westeuropäischen Kultur dar.

Für den Leser dürfte es von Interesse sein, zu erfahren, daß Peter zweimal das Greenwicher Observatorium besuchte, wobei er selbst beim zweitenmal das Vorüberziehen der Venus beobachtete, was in der Historia Coelestis Flamsteeds vermerkt ist.

Als die angespannten Jahre der Umprägung zu Ende waren, und Newton vom Aufseher zum Direktor der Münze wurde, erschien er seltener im Tower: gewöhnlich weilte er dort nur einmal in der Woche. Das Haus, in dem Newton in London wohnte, war weit vom Tower entfernt, lag jedoch in der Nähe des Schatzamtes in Piccadilly, hinter der Kirche von St. James[39]. In diesem Haus stellte sich alsbald eine Wirtschafterin ein, und zwar seine Nichte, die junge Katharina Barton, die Tochter einer Stiefschwester Newtons, der Anna Smith und des Pfarrers Barton. Die sehr hübsche Nichte lenkte die Aufmerksamkeit des ganzen Hauses auf sich. Ihr Verehrer war viele Jahre lang Montague, und man darf annehmen, daß Montague und Katharina insgeheim eine Ehe eingingen. Im Jahre 1717, nach dem Tode Montagues, heiratete Katharina John Conduitt, der Stellvertreter Newtons in der Münze und nach dessen Tode sein Nachfolger auf dem Posten des Direktors war. Es gibt eine ziemlich große Literatur über die Beziehungen zwischen der Barton und Montague. Forscher, welche große Gebiete der wissenschaftlichen Arbeit Newtons im Bereich der Chemie und der Optik außer acht ließen, beschäftigten sich in der leichtfertigen Weise eines Voltaire besonders eifrig mit dem Kapitel Montague—Katharina Barton, das nur indirekte Bedeutung für das Leben und die Arbeit Newtons hatte. Eine derartige Ersetzung der Geschichte der Wissenschaft durch chronique scandaleuse trug selbstverständlich wenig zur Verwandlung der Geschichte der Wissenschaft in eine Wissenschaft bei.

Die Einkünfte Newtons auf dem neuen Posten erreichten nach einer Berechnung Villamils die recht beachtliche Summe von etwa 2000 Pfund im Jahre, und es ist nicht verwunderlich, daß Newton bei seiner bescheidenen Lebensweise ein großes Vermögen hinterließ – ungefähr

Abb. 28. Isaac Newton als Präsident der Royal Society
Gemälde von Charles Jervas, der Royal Society übergeben am 16. Mai 1717

32000 Pfund. Nach einem Vergleich mit dem Haushalt in Cambridge wuchsen die Einkünfte Newtons in London um das Zehnfache.

Mit der Übersiedlung Newtons nach London konnte er im Verlauf einiger Jahre nicht mehr seinen Verpflichtungen als Professor in Cambridge nachkommen; deswegen mußte er im Dezember 1701 seine Professur und die Mitgliedschaft im Trinity College aufgeben. Auf Empfehlung Newtons wurde der Lucasische Lehrstuhl dem Astronomen Whiston übergeben. In Anbetracht seines Namens und seiner hohen Stellung wählte die Universität Newton wiederum als ihren Vertreter im Parlament. Dieses Parlament existierte nur ungefähr zwei Monate. Es wurde nach dem Tode des Königs Wilhelm III. aufgelöst. In dem neuen Parlament schwieg Newton ebenso wie im ersten. Dennoch verzichtete Newton bei den Wahlen in das Parlament im Jahre 1705 und unter der Königin Anna nicht darauf, wieder als Kandidat der Cambridger Universität aufgestellt zu werden. Die politische Lage war so, daß, obgleich die Königin im wesentlichen auf die Unterstützung der Tories rechnete, sie dennoch für die Fortsetzung des Spanischen Erbfolgekrieges in Frankreich, der von Wilhelm begonnen worden war, auch der Unterstützung der Whigs, deren Partei Newton angehörte, bedurfte.

Im April 1705 fuhr Newton, teils im Zusammenhang mit den Wahlen, teils wegen des bevorstehenden Besuchs der Königin Anna in der Universität, nach Cambridge.

Die Königin traf in Cambridge am 16. April ein. Ihr Besuch ist durch die Erhebung Newtons in den Adelsstand gekennzeichnet. Man darf vermerken, daß eine derartige Aufmerksamkeit, welche eine der Arten der königlichen Belohnungen darstellte und häufig Militärs, Beamten und Persönlichkeiten des öffentlichen Lebens zuteil wurde, einem Gelehrten gegenüber zum erstenmal bekundet wurde. Nach den Worten L. Mores wurde in einem Zeitraum von mehr als 100 Jahren nach Newton eine solche Auszeichnung in der wissenschaftlichen Welt Englands nur noch dem Chemiker Davy zuteil.

Die heitere Laune des Sir Isaac wurde nach Erlangung der Adelswürde allerdings durch die Wahlen verdorben, welche einen Monat später, am 17. Mai, stattfanden. Alle beiden Kandidaten der Whigs, Newton und Godolfin, fielen unter dem Ruf „Die Kirche ist in Gefahr“ durch. Damit endete die parlamentarische Laufbahn Newtons.

Kampfplatz der wissenschaftlich-öffentlichen Betätigung Newtons in London war selbstverständlich die Royal Society. Am 30. November 1703 wurde Newton zum Präsidenten der Gesellschaft gewählt und blieb es bis zu seinem Lebensende, d. h. während eines Vierteljahrhunderts. Einer der ersten Akte des neuen Präsidenten bestand darin, daß er der Society ein neues, von ihm ersonnenes Brennglas übergab, das aus einer Kombination von sieben Linsen bestand. Das Instrument wurde von Newton auf einigen Sitzungen der Gesellschaft demonstriert, wobei es gelang, Metalle und Stückchen roten Ziegelsteins zu schmelzen. Im Jahre 1705 wurde Prinz Georg von Dänemark zum Mitglied der Gesellschaft gewählt. Bei den damaligen Verhältnissen bedeutete dies für die Gesellschaft ein nicht zu unterschätzendes Ereignis wie auch den Ausdruck des Wohlwollens des Hofes. Am 7. Dezember wohnte der Prinz einer Tagung der Gesellschaft bei und versprach Newton, die Kosten für die Herausgabe eines großen Sternenkataloges zu übernehmen, der von Flamsteed als dem königlichen Astronomen an Hand von Beobachtungen im Greenwicher Observatorium zusammengestellt worden war. Die Freigebigkeit des Prinzen gab jedoch Anlaß zu einem heftigen Zusammenstoß mit Flamsteed. Bei den Beziehungen Newtons und Flamsteeds, welche mehr als fünfzig Jahre dauerten, muß man ausführlicher verweilen.

Flamsteed wurde 1646 in Derby geboren und interessierte sich frühzeitig für astronomische Beobachtungen und Instrumente. Mit Newton und Barrow wurde er bereits 1670 bekannt. Die Veröffentlichung astronomischer Mitteilungen Flamsteeds nach eigenen Beobachtungen begann 1671. Im Jahre 1673 veröffentlichte er Ephemeriden, welche insbesondere eine Tabelle der Mondaufgänge und -untergänge enthielten. Auf Bitten seines Gönners John Moore berechnete er auch eine Tabelle der Durchgangszeiten des Mondes durch einen gegebenen Meridian für das laufende Jahr. Moore nahm hierbei das bemerkenswerte Zusammentreffen der Durchgangszeiten mit den Gezeiten wahr. Im Zusammenhang hiermit interessierte Moore den König Karl II. für die astronomischen Beobachtungen, empfahl ihm Flamsteed, erbat für ihn den Titel eines „Königlichen Astronomen“ und ein Gehalt von 100 Pfund im Jahre. Bald darauf erging auch der königliche Befehl für den Bau eines Observatoriums in Greenwich. Im Jahre 1676 wurde es auf dem Fundament der Reste früherer Bauten geschaffen; der Bau kostete 520 Pfund. Moore erbaute auf eigene Kosten einen eisernen Sextanten für das Observatorium, welchen er gleichfalls Flamsteed zusammen mit einigen Uhren und Mikrometern übergab. Zusammen mit eigenen Instrumenten des Königlichen Astronomen stellte dies die wissenschaftliche Ausstattung des Observatoriums dar. Später gelang es Flamsteed, mit eigenen geringen Mitteln in dem Observatorium einen noch größeren Mauerquadranten zu bauen, mit Hilfe dessen die genauesten Messungen angestellt wurden. Die unbedeutenden Mittel, welche vom Fiskus zum Unterhalt des Greenwicher Observatoriums bewilligt wurden, reichten niemals für die laufenden Bedürfnisse aus, so daß schließlich das Observatorium aus den eigenen Einnahmen Flamsteeds als Gemeindepfarrer und aus einer kleinen Erbschaft, welche ihm sein Vater hinterlassen hatte, unterhalten wurde.

Flamsteed war ein ausgezeichneter Beobachter und genauer Systematiker, er war frei von der Suggestion vorgefaßter Theorien und fand sich anscheinend auch sehr schwer in solchen zurecht. Auf Grund des erhalten gebliebenen Archivs Flamsteeds und sorgfältiger Bemerkungen auf jedem eingegangenen Schreiben und seiner Tagebücher kann man sich noch heute eine Vorstellung von seiner Genauigkeit und systematischen Natur machen.

Wie bereits gesagt wurde, lernte Newton Flamsteed bereits 1670 kennen. Im Jahre 1680 begann zwischen ihnen ein Briefwechsel über den großen Kometen des Jahres 1680, der wie immer größte Aufmerksamkeit und Neugierde erregt hatte. Flamsteed, der die beiden nacheinander sichtbar werdenden Kometen beobachtet hatte, folgerte auf Grund seiner Beobachtungen, daß der Komet in beiden Fällen tatsächlich ein und derselbe war. Newton und andere Astronomen verfochten die Zweiheit der Kometen, wobei, wie auch aus dem Briefwechsel ersichtlich ist, Newton hartnäckig seine Behauptung verteidigte. Aber auch Flamsteed gab nicht nach, da er den festen Boden genauer Beobachtungen unter sich hatte. Dies war der Beginn der Zwistigkeiten zwischen Newton und dem Königlichen Astronomen. Später, im Jahre 1685, als die Ideen Newtons im Bereich der Mechanik und Gravitation heranreiften und er die Lehre von der Schwere auch für die Erklärung der Bewegung der Kometen anwendete, bekannte er sich auch zur Hypothese Flamsteeds, was er auch in der ersten Ausgabe der „Prinzipien" zugab.

Die Hilfe Flamsteeds wurde Newton besonders notwendig, als er sich an die Schaffung einer genaueren Theorie der Bewegung des Mondes machte, d. h. nach der ersten Herausgabe der „Prinzipien" im Jahre 1687. Es entspann sich wegen dieser Frage ein Briefwechsel, der bis Mitte 1692 andauerte und alsdann fast eineinhalb Jahre lang, möglicherweise im Zusammenhang mit der Geisteserkrankung Newtons, von welcher bereits früher die Rede war, unterbrochen wurde. Aus den Aufzeichnungen in dem Tagebuch Flamsteeds ist ersichtlich, daß Flamsteed im September 1694 Newton Zahlen übergab, welche 150 Mondörter betrafen. In einem Brief vom 7. Oktober 1694 schrieb Newton, er habe die Beobachtungen mit der Theorie verglichen und sie in ziemlich guter Übereinstimmung gefunden.

Als Mittelsmann zwischen Newton und Flamsteed diente häufig Halley, ein Freund Newtons und erster Herausgeber der „Prinzipien". Halley war nach der Beschreibung Flamsteeds ein Weltmann, dessen Höflichkeit nicht immer ganz echt war und der in religiöser Beziehung freien Ansichten huldigte. Das mag allerdings schlecht zu dem kränklichen, weltflüchtigen und streng religiösen Flamsteed gepaßt haben. Die Vermittlung Halleys war eine der wichtigsten Ursachen der Zuspitzung der Beziehungen zwischen Newton und Flamsteed. In einem Antwortschreiben Flamsteeds vom 11. Oktober sind vor allem verschiedene Klagen über Halley (darunter auch die Besorgnis vor einem eventuellen Plagiat) enthalten. Die Briefe Newtons an Flamsteed während dieser Zeit besitzen ein großes wissenschaftliches Interesse für die Astronomie. In ihnen wird in gedrängter Form die Theorie der astronomischen atmosphärischen Refraktion mitgeteilt, die bereits früher erwähnt wurde, und theoretisch wird die Notwendigkeit einer „Parallaktischen Ungleichheit" in der Bewegung des Mondes gefolgert, die so genannt wird, weil sie zum Teil von den Winkeln abhängt, unter denen ein Beobachter auf der Sonne die Mondbahn sehen würde. Der Korrespondent Newtons hat zweifelsohne weniges in den Briefen verstanden, um so weniger als sich Newton unklar und knapp ausdrückte. Die wahre Bedeutung des wissenschaftlichen Inhalts dieser Briefe wurde erst im 19. Jahrhundert erkannt – nach der Veröffentlichung der Korrespondenz Flamsteeds –, welche auf einem Londoner Speicher gefunden und 1835 von der englischen Admiralität unter der Redaktion des Präsidenten der Astronomical Society, Baily, herausgegeben wurde.

Indem Flamsteed auf Bitten Newtons astronomisches Beobachtungsmaterial lieferte, beschwerte er sich über den wenig freundschaftlichen Ton der Briefe Newtons: „Ich gebe zu", schrieb er, „daß der Draht mehr wert ist als das Gold, aus dem er gefertigt wurde. Ich habe aber dieses Gold gesammelt, gereinigt und gewaschen, und ich will nicht hoffen, daß Sie meine Mithilfe darum gering schätzen, weil Sie sie so leicht erhalten können." Am 14. September 1695 schrieb Newton Flamsteed, er habe keine Zeit mehr, sich mit der Mondtheorie zu befassen (zu dieser Zeit begannen die Verhandlungen über das Amt des Aufsehers der Münze), und die Beziehungen wurden vorübergehend abgebrochen. Fünf Jahre später, im Jahre 1699, drückte Newton Flamsteed im Zusammenhang mit dem Erscheinen der mathematischen Arbeiten Wallis' seine Unzufriedenheit in folgenden charakteristischen Zeilen aus: „Ich hörte zufällig von einem für den Druck bestimmten Briefe von Ihnen an Wallis, worin Sie auch über meine Bemühungen um die Mondtheorie geschrieben haben. Ich war darüber beunruhigt, daß ich an die Öffentlichkeit gebracht werden sollte in einer Sache, die vielleicht nie für das Publikum reif sein und über die es vielleicht niemals eine Arbeit von mir erhalten wird. Ich liebe es nicht, bei jeder Gelegenheit gedruckt, noch weniger über mathematische Dinge von Freunden belästigt und gequält oder sogar von den Mitbürgern beargwöhnt zu werden, daß ich die Zeit, die ich den Geschäften des Königs widmen sollte, mit anderen Dingen verbringe."

Wie bereits gesagt wurde, gab Prinz Georg der Royal Society die Mittel für den Druck eines großen Flamsteedschen Fixsternkatalogs. Die Initiative hierzu ging von Newton aus. In dem Tagebuch Flamsteeds findet sich eine Eintragung vom 10. April 1704, in der über den Besuch Newtons in Greenwich berichtet wird. Newton aß bei Flamsteed zu Mittag und erkundigte sich, was er druckfertig habe. Nachdem Newton aufmerksam das Manuskript des fertigen Katalogs betrachtet hatte, versprach er, ihn dem Prinzen zu empfehlen. Die Einstellung Flamsteeds zu Newton kann man an Hand folgender Zeilen des Tagebuches beurteilen: „Ich wunderte mich über einen solchen Vorschlag. Sein Wesen war mir von früher bekannt, und ich hielt ihn stets für tückisch, ehrgeizig, außerordentlich geizig im Lob und keinen Widerspruch duldend." Natürlich ist eine solche Charakteristik Newtons nur eine Karikatur und war das Ergebnis vieler vorhergehender Zusammenstöße, Beleidigungen und scharfer charakterlicher Verschiedenheit.

Der Prinz schlug zur Beaufsichtigung des Druckes eine Kommission unter dem Vorsitz Newtons vor. Die Kommission besuchte Flamsteed und billigte den Druck aller Beobachtungen in einem zweibändigen Fixsternkatalog (insgesamt 1200 Blatt).

Bald danach kam es jedoch zwischen der Kommission und dem Autor zu Auseinandersetzungen. Die Kommission benahm sich, als ob ihre Mitglieder die Herausgeber des Katalogs seien. Flamsteeds Briefe und Tagebücher sind voller Klagen über den unerlaubten Druck seiner „Historia Coelestis". Im Dezember 1707 wurde dennoch der erste Band gedruckt. Des weiteren gab es Streitigkeiten über den Inhalt des zweiten Bandes und über die Autorenkorrektur. Im Jahre 1707 starb der Prinz, und die Frage der Finanzierung des zweiten Bandes blieb bis 1710 ungeklärt. Newton erlangte schließlich die Zustimmung der Königin für eine Fortsetzung der Herausgabe. Zugleich wurde von der Königin die Kommission der Royal Society unter Vorsitz Newtons für eine Unterstützung und Beaufsichtigung des Greenwicher Observatoriums bestätigt. Angesichts der gespannten Beziehungen zwischen Flamsteed und Newton war dies ein neuer Schlag für den Königlichen Astronomen. Er wandte sich zwecks Liquidierung der Kommission mit einer Petition an die Königin, hatte aber keinen Erfolg.

Flamsteeds Befürchtungen hinsichtlich der Kommission erwiesen sich als berechtigt; die letztere begann, unbegründete und erniedrigende Forderungen an ihn zu stellen. Am 11. Oktober 1711 erhielt er von Newton die Aufforderung, im Hause der Royal Society über den Zustand der Instrumente des Observatoriums und ihre Beobachtungstauglichkeit Bericht zu erstatten, ungeachtet dessen, daß Newton der Zustand der Instrumente sehr wohl bekannt und ein Teil von ihnen Eigentum Flamsteeds war. Flamsteed beschrieb folgendermaßen diese schimpfliche Sitzung: „Ich wurde ins Komitee gerufen, welchem außer Newton noch zwei Ärzte – Dr. Sloane und noch ein anderer, der genau so sachunkundig war – angehörten. Der Präsident ereiferte sich außerordentlich und geriet in eine völlig unschickliche Aufregung. Ich beschloß jedoch, seine Schimpfreden nicht zu beachten, und sagte ihm, sämtliche Instrumente im Observatorium gehörten mir. Dies ärgerte ihn, da er im Besitz eines Briefes des Staatssekretärs über die Ernennung zum Kurator des Observatoriums war. Er sagte, daß ich künftig weder ein Observatorium noch Instrumente haben werde. Darauf begann ich, mich darüber zu beschweren, daß mein Katalog ohne mein Wissen von Halley gedruckt würde, und daß man mir die Früchte meiner Arbeit gestohlen habe. Hierüber geriet er in Wut und belegte mich mit allen möglichen Schimpfworten. Ich antwortete ihm, er solle seine Leidenschaft zähmen und sich beherrschen!" Man darf übrigens diese häßliche Szene nicht vom heutigen Gesichtspunkt aus betrachten. Dies war wahrscheinlich in jener Zeit eine häufige Erscheinung. Nachdem Flamsteed von dem Geschimpfe Newtons erzählt hatte, schrieb er anschließend ruhigen Tones, er habe Halley getroffen, mit ihm eine Tasse Kaffee getrunken und friedlich über das grobe Benehmen Newtons gesprochen und ihn einen Narren genannt.

Der Druck des Flamsteedschen Buches war seinerseits von neuen Skandalen und Streitigkeiten begleitet. Flamsteed beschuldigte Newton u. a., er habe widerrechtlich das Siegel des Katalogs der Fixsterne erbrochen.

Der Herausgeber der „Historia Coelestis" war somit faktisch Halley;

sie erschien 1712. Flamsteed erhielt 300 Exemplare dieser Ausgabe, die er verbrannte. Seinerseits verfaßte er eine neue Kopie seines erweiterten Kataloges, starb jedoch 1720, ohne daß es ihm gelungen war, den zweiten Band zu vollenden.

Während des Streites mit Leibniz benutzten die Gegner Newtons die Zwischenfälle mit Flamsteed, um Newton zu verleumden. Es ist das Los der Biographen, in deren Besitz nur einzelne und dazu einseitig beleuchtete Episoden gelangen, sie im Vergrößerungsglas zu betrachten und ziemlich willkürliche Verallgemeinerungen anzustellen. Aber allerdings traten in den aufsehenerregenden Streitigkeiten Newtons mit Hooke, Leibniz und Flamsteed Newtons krankhafte Eitelkeit, seine Empfindlichkeit und Herrschsucht zutage. Die Wechselbeziehungen in allen drei Streitigkeiten waren übrigens sehr verschieden. Das sowohl in der Theorie als auch im Experiment klassisch exakt arbeitende Genie Newtons steht in den Auseinandersetzungen mit Hooke der „romantischen", unausgeglichenen, aber sehr begabten Natur Hookes gegenüber, der ein glänzender Experimentator und Verfasser scharfsinniger qualitativer Hypothesen war. In dem Streit mit Leibniz stößt der verschlossene, konzentrierte, aber wenig mitteilsame und eigensinnige Newton mit einem Weltmann, dem geselligen, Hast und äußeren Ruhm liebenden, äußerst vielseitigen Leibniz, zusammen. Der Kampf wird zwischen Talenten geführt, ein elementarer und sinnloser Kampf, welcher durch die Stiche von kleinen Geistern begünstigt wurde. Die Streitigkeiten mit Flamsteed sind der typische Zusammenstoß eines Faust mit einem Wagner, wo ein Genie der Geduld gegenübergestellt wird. Newton selbst identifizierte das wissenschaftliche Genie mit der Geduld des Denkens, das in einer Richtung konzentriert ist. Das ist kaum ganz richtig. Der bloße wissenschaftliche Gedanke, welcher plötzlich in einem genialen Geist entsteht, etwa beim Anblick eines herabfallenden Apfels, kann der Geduld sehr fernstehen. Newton vereinigte in sich die Intuition Hookes mit der Geduld, der Genauigkeit und der Behutsamkeit der Beobachtungen Flamsteeds und dem weitreichenden synthetischen Denken Leibniz'.

Es ist nicht leicht, die wissenschaftliche Arbeit Newtons in London mit der Arbeit im Trinity College zu vergleichen. Der außergewöhnliche Elan der schöpferischen Kräfte war längst dahin, und es begannen die Jahre der Sammlung der Resultate. Im Jahre 1704, nach dem Tode Hookes, gab Newton endlich die „Optik" heraus, welche sich fast gänzlich auf Materialien stützte, die viele Jahre zuvor zusammengestellt worden waren.

Im Jahre 1701 veröffentlichte Newton ohne Unterschrift in den „Philosophical Transactions" eine kleine, aber sehr bedeutsame Schrift über „Die Tabelle der Wärmemengen und Wärmegrade" (Tabula quantitatum et graduum caloris) [40]. Im wesentlichen dürfte mit dieser Denkschrift die Geschichte der Lehre von der Wärme beginnen, da das vor ihm auf diesem Gebiet der Physik Geleistete nur eine episodische Bedeutung hatte. Newton stellte eine Skala für „die gleichen Wärmegrade" auf (d. h. die Temperatur der verschiedenen Körper in verschiedenem Zustand). Als Null gilt die Temperatur des schmelzenden Schnees, die Temperatur des kochenden Wassers ist gleich 34 Teilen, oder mit anderen Worten, ein Grad Celsius ist gleich 0,34 Newtonschen Graden. Die Messungen wurden zum Teil mit Hilfe eines Thermometers mit Leinöl und eines rotglühenden Eisens angestellt, „denn", schreibt Newton, „die Wärme, welche erhitztes Eisen in einer gegebenen Zeit verliert, ist proportional zu der Gesamtwärme des Eisens, und wenn also die Zeiten des Erkaltens gleich genommen werden, so wird die Hitze in geometrischer Progression stehen und kann demnach leicht mit Hilfe der Logarithmentafel gefunden werden." Unter kalten Körpern versteht Newton hierbei die Körper mit einer Temperatur nahe 0. In dem angeführten Satz wird das Gesetz der Erkaltung der Körper formuliert, welches in der Lehre von der Wärme unter dem Namen des Newtonschen Gesetzes bekannt ist. Hiermit stellte Newton eine Reihe von Temperaturen fest. In der Tabelle führen wir einige Ziffern Newtons an, und zwar in ^{0} Celsius umgerechnet. In der benachbarten Spalte sind die Werte angeführt, die uns jetzt bekannt sind:

Schmelzpunkt des Schnees	0°	0°
Wärme des menschlichen Körpers	35,5	36–37
Schmelzpunkt des Wachses	80	ungefähr 68
Siedepunkt des Wassers	100	100
Schmelzpunkt des Bleies	281	327

Newton gab gleichzeitig Ziffern für die räumliche Ausdehnung des Leinöls an, wobei für den Zwischenraum von 0 bis 100^0 (nach Celsius) der Koeffizient der Ausdehnung eine Größe von 0,000725 hat.

Aus dieser kurzen Schrift ist zu ersehen, daß Newton auch auf dem Gebiet der Wärmeerscheinungen experimentelle Beobachtungen begann, indem er auch hier getreu seiner Gewohnheit genaue quantitative Messungen anstellte. Die Anwendung des scharfsinnigen Verfahrens der Temperaturmessung mit Hilfe der Abkühlungsgeschwindigkeit dient als klarer Beweis dafür, was man von Newton auch im Bereich der Wärmelehre hätte erwarten können, wenn er Zeit gehabt hätte, sich weiter damit zu beschäftigen. Es besteht Grund zur Annahme, daß Newton seine Temperaturexperimente bereits 1693 in Cambridge durchgeführt hatte.

Nicht geringe Arbeit erforderte die Neuausgabe der „Prinzipien“, an die Newton sich im Frühjahr 1709 machte. Die erste Ausgabe war längst vergriffen. Der Streit mit Leibniz über die Priorität der Entdeckung der Analysis des Unendlichen war von zahlreichen Angriffen der Partei Leibniz' auf die „Prinzipien“ begleitet gewesen. Die größte Feindschaft wurde durch die Form der Einführung und der Darlegung des Gesetzes der Weltgravitation in den „Prinzipien“ hervorgerufen. Man beschuldigte Newton, er führe unbegreifliche Eigenschaften der Materie ein, die Wirkung in die Ferne, anstatt der Descartesschen vollkommen klaren Berührungswirkung. Leibniz warf Newton beinah Gottlosigkeit vor. Nach Leibniz' Meinung war Gott in der Philosophie Newtons nur der Schöpfer, der sich nicht weiter in die Weltmaschine eingemischt hatte. Selbst Leute wie Huygens begriffen die „Prinzipien“ nicht, weder deren Aufbau, Stil, Methode noch Unwiderlegbarkeit. Außerdem mußte eine verbesserte Theorie der Mondbewegung veröffentlicht werden.

Newton war 1709 bereits 67 Jahre alt. Er begriff, daß er für die Neuausgabe der „Prinzipien“ einen guten Gehilfen brauchte. Auf Empfehlung des Masters des Trinity College, Bentley, wählte er hierfür einen jungen Cambridger, den 27jährigen Professor und Mathematiker Cotes. Die Wahl war ausgezeichnet. Später, als Cotes unerwartet im Alter von 34 Jahren starb, sprach Newton voll Kummer: „Wäre Mr. Cotes am Leben geblieben, hätten wir noch mancherlei in Erfahrung gebracht.“

Newton schlug vor, die erste Ausgabe der „Prinzipien“ zu überprüfen, Fehler zu verbessern, ein Vorwort zu schreiben und damit die Arbeit zu beenden, indem er Cotes das Lesen der Korrektur übertrug. In Wirklichkeit gestaltete sich die Arbeit ganz anders. Cotes erwies sich nicht nur als ein gelehrter Korrektor, sondern auch als ein außerordentlich aufmerksamer Kritiker, der mit großer eigener Anspannung auch den alten Newton zur Arbeit zwang. Von dieser Arbeit Newtons und Cotes' zeugt eine große Korrespondenz zwischen ihnen, welche von Edleston herausgegeben wurde und die von sehr großem wissenschaftlichen und historischen Interesse ist.

Newton versuchte anfangs, sich zu widersetzen: „Ich danke Ihnen“, schrieb er, „für die zwei Verbesserungen betreffs der Quadraturen. Aber ich möchte nicht, daß Sie sich mit der Prüfung aller Beweise abgeben, die in den ‚Prinzipien' enthalten sind. ... Es ist unmöglich, ein Buch zu drucken, ohne daß in ihm nicht einige Fehler enthalten sind." Cotes änderte jedoch den Charakter der Arbeit nicht, er las das Manuskript Newtons Zeile um Zeile durch, überarbeitete erneut die Zahlen und Berechnungen und spürte Fehler auf. Er analysierte die Beweise sowohl dem Wesen als auch der Form nach, indem er häufig von Newton Erklärungen verlangte. Die geringste Zahl der Verbesserungen waren im ersten Teil der „Prinzipien" erforderlich. Cotes erhielt den größten Teil des Manuskriptes im Oktober 1709, und bereits am 15. April 1710 war fast die Hälfte des Buches gedruckt.

Viel größere Schwierigkeiten traten jedoch im zweiten und besonders im dritten Teil auf. Cotes stellte die Mangelhaftigkeit und sogar Ungenauigkeit einiger Beweise des zweiten Teils fest, welche die Bewegung der Körper in widerstehenden Mitteln betrafen. Zum Beispiel unterlief Newton in der ersten Ausgabe der „Prinzipien" ein Fehler, indem er behauptete, daß ein Wasserstrahl aus einer Öffnung in einem Gefäß sich bis zur halben Niveauhöhe der Flüssigkeit in dem Gefäß erhebe, was bei einer experimentellen Untersuchung in der Royal Society 1691 in Erscheinung trat. Cotes zwang den Greis, nachdem er dessen Aufmerksamkeit hierauf gelenkt hatte, zum Experimentieren, wobei Newton die wichtige hydrodynamische Entdeckung der Einschnürung des Strahles beim Herausfließen (vena contracta) machte. Diese Erscheinung erklärte die Nichtübereinstimmung des Experiments mit der Berechnung.

Unter Zustimmung Newtons änderte Cotes ganze Seiten im zweiten Teil des Buches. Manchmal machte Cotes Fehler, worauf Newton ihn seinerseits verbesserte.

Die Korrespondenz wurde ziemlich lange, vom September 1711 bis Februar 1712, unterbrochen, weil Newton durch die Streitigkeiten mit Flamsteed und Leibniz abgelenkt wurde. Sie wurde beim schwierigsten, dem dritten Teil der „Prinzipien", wo die großen prinzipiellen Fragen der Natur der Gravitation, der Kräfte und Massen, der Methoden der wissenschaftlichen Erforschung usw. behandelt werden, wieder aufgenommen. Der Anteil Cotes' an der Redigierung dieses Teiles der zweiten Ausgabe der „Prinzipien" war sehr beachtlich. Biot, welcher die Korrespondenz Newtons mit Cotes analysierte, schrieb: „Man kann sich kaum eine Vorstellung davon machen, wieviel Sorgen und Arbeit Cotes mit der Beurteilung, Untersuchung, Verbesserung und Abstimmung der Berechnungen hatte, die im dritten Buch gesammelt sind. Seine Tätigkeit beschränkte sich jedoch nicht allein auf diese ermüdenden Einzelheiten. Er analysierte die Grundlage und die Form eines jeden Satzes, entdeckte Ungenauigkeiten und Widersprüche, wies auf Fehler hin, und mehrmals war der Lehrer genötigt, seine Fehler einzugestehen ..."

Außer den wissenschaftlichen und philosophischen Verbesserungen gab die zweite Ausgabe auch einen Einblick in die neue Phase persönlicher Beziehungen zu verschiedenen Leuten: Der Name Flamsteed verschwand fast überall dort, wo er früher erwähnt wurde. Die Beteiligung Leibniz' an der Schaffung der Analysis wurde auf neue Art und Weise beleuchtet.

Der Druck des Buches wurde im März 1713 fertiggestellt, aber es fehlte noch das Vorwort, dem man unter den gegebenen Verhältnissen große Bedeutung beimaß. Newton schlug Cotes über Bentley vor, auch das Vorwort zu schreiben. Im Zusammenhang damit begann eine neue Korrespondenz mit Newton, die u. a. aufzeigte, daß dieser begabte Schüler Newtons von der universalen Gültigkeit des Gesetzes der Gleichheit der Wirkung und Gegenwirkung nicht völlig überzeugt war. Cotes dachte, man könne nur von der Gravitation eines Planeten gegen die Sonne, nicht aber umgekehrt sprechen! Hierbei war Cotes so sehr von seiner Sache überzeugt, daß er Newton vorschlug, einen neuen Paragraphen in die „Prinzipien" einzufügen oder zumindest eine Berichtigung in dem Druckfehlerverzeichnis zu machen. Diesmal ärgerte sich Newton nicht und überzeugte ihn mit einfachen Beispielen von seinem Irrtum. Diese Episode zeigt besonders deutlich die außergewöhnliche Tiefgründigkeit der elementaren Grundsätze und Gesetze, welche von Newton aufgestellt worden waren; sogar dem nächsten und begabtesten Schüler Newtons war in den „Prinzipien" vieles unverständlich.

Das begeistert und scharfsinnig geschriebene Vorwort Cotes'[41] enthält eine Apologie der Newtonschen Lehre und eine Widerlegung der Descartesschen Wirbel sowie der Monaden Leibniz'! Aber es ist weit von dem erhabenen und stets ruhigen Stil des Autors der „Prinzipien" entfernt.

Im Juni 1713 erschien die zweite Auflage der „Prinzipien", von welcher Newton der Königin Anna ein Exemplar überreichte.

Die Korrespondenz Newtons mit Cotes bleibt bis zum heutigen Tage ein bemerkenswertes Denkmal in der Geschichte des Entstehens eines bedeutenden Werkes und zugleich ein lehrreiches Beispiel einer echten wissenschaftlichen Zusammenarbeit der älteren und jüngeren Generation.

FÜNFZEHNTES KAPITEL

Die theologischen und historischen Arbeiten Newtons und seine religiösen Ansichten

Newton war ohne Zweifel ein tief religiöser Mann und außerdem ein gelehrter Theologe. Locke schrieb im Jahre 1703 an seinen Neffen King folgendes: „Newton ist wirklich ein bemerkenswerter Gelehrter, und nicht nur dank seiner erstaunlichen Leistungen in der Mathematik, sondern auch in der Theologie und dank seinen großen Kenntnissen in der Heiligen Schrift, worin sich kaum einer mit ihm messen kann!" Auch in weiten Kreisen galt Newton als gelehrter Theologe. Wir haben bereits Auszüge aus dem Tagebuch des Cambridger Studenten de la Pryme vom Jahre 1692 angeführt, wo Newton ein „glänzender Mathematiker, Philosoph, Theologe usw." genannt wird.

In unserer Zeit scheint eine solche Verbindung von Spezialfächern ohne Zweifel sonderbar. Im 17. Jahrhundert war dies fast die Regel, besonders in England. Boyle schrieb theologische Abhandlungen und stiftete einen besonderen Lehrstuhl für den „wissenschaftlichen" Kampf gegen den Atheismus. Der berühmte Mathematiker Wallis, dessen Namen wir mehrmals erwähnten, gab eine Menge theologischer Werke heraus; der Lehrer Newtons, Barrow, war Geistlicher. Hooke schrieb theologische Forschungen über den „Turmbau zu Babel". Viele Schüler und Freunde Newtons waren gleichzeitig Theologen. Newton machte in diesem Sinne keine Ausnahme, um so mehr, als seine Familienverhältnisse in Wooltsthorpe (die Verwandten waren Geistliche) ihn seit den frühesten Jahren zu theologischen Studien verleiteten. In diesem Sinne ging die Theologie erblich und traditionell an Newton über.

Bis jetzt sind bei weitem noch nicht alle Manuskripte Newtons veröffentlicht worden. Der Herausgeber der Gesamtwerke ist Bischof Horsley, der sich genötigt fühlte, nur solche Manuskripte für den Druck zu sammeln, welche auf Newton keinen Schatten als Ketzer warfen. Die ausführlichste Biographie Newtons, mit einer großen Menge neuer Dokumente, wurde von dem englischen Physiker Brewster verfaßt, der sich mit allen Mitteln bemühte, die Vollkommenheit und Tadellosigkeit Newtons in jeder Hinsicht, auch im Sinne der Rechtgläubigkeit zu beweisen. Der Biograph L. More, der keine derartigen Tendenzen aufweist und der von neuem das Archiv Newtons prüfte (die sogenannte „Portsmouth Collection"), förderte jedoch nicht wenige Dokumente theologischen Charakters zutage, aus welchen die „ketzerische" Einstellung des Sir Isaac Newton hervorgeht.

Anfang der neunziger Jahre verfaßte Newton eine kurze theologische Schrift über „Zwei wichtige Verfälschungen des Textes der Heiligen Schrift", welche wir bereits erwähnt haben. Die Schrift gelangte über Locke nach Holland, wurde aber erst 1754 gedruckt. Ihr Inhalt ist eine historisch-philosophische Kritik der lateinischen Übersetzungen zweier Texte aus den Episteln, welche eine Stütze des Kirchendogmas der Wesenseinheit sind. Allein schon auf Grund dieser Schrift kann man eine negative Einstellung Newtons zum Dogma der Dreieinigkeit vermuten. More fand viele bis jetzt nicht bekannte Schriften Newtons, welche hauptsächlich dem Dogma der Dreieinigkeit und dem Streit des Arius und Athanasius auf dem Konzil von Nikäa gewidmet sind. Aus diesen Dokumenten geht nach den Worten Mores hervor, daß Newton ein Arianer war, d.h. er leugnete die göttliche Natur Christi.

Für eine richtige Beurteilung der religiösen Ansichten Newtons darf man nicht den ununterbrochenen Zusammenhang politischer und religiöser Strömungen in dem England der damaligen Zeit aus dem Auge lassen. Der Protestantismus und der Arianismus Newtons waren eine der Formen des Kampfes gegen den Katholizismus der Stuart und gegen die Tories. Solche politischen Wurzeln lassen sich in fast allen historisch-theologischen Arbeiten Newtons verfolgen. Von ihnen sind am bekanntesten „Die Auslegungen zu dem Buch des Propheten Daniel und zur Apokalypse St. Johannis", welche selbst in russischer Übersetzung, ohne Nennung des Übersetzers, erschienen sind. Das Buch wurde gleichfalls zu Beginn der neunziger Jahre geschrieben, und erst sechs Jahre nach dem Tode Newtons durch seinen Neffen B. Smith herausgegeben. Indem Newton die Göttlichkeit der erwähnten Bücher außer Zweifel stellt, verfaßte er sozusagen ein „Wörterbuch der Symbole". Er ist z. B. der Ansicht, daß der Mond das „einfache Volk" bezeichnet, die Stürme und die Bewegung der Wolken dagegen die Kriege usw. Indem er weiter die Prophezeiungen in Anwendung auf die historischen Ereignisse erklärte, bewies er, daß die Prophezeiungen angeblich in Erfüllung gegangen seien. Dabei zeigte er eine äußerst skeptische Einstellung hinsichtlich der Möglichkeit der Voraussage der Zukunft auf Grund der heiligen Bücher: „Gott gab diese Offenbarung“, schreibt Newton, „ebenso wie die Prophezeiungen des Alten Testamentes nicht deswegen, um die Neugier der Menschen zu befriedigen, sie zu befähigen, die Zukunft im voraus zu erkennen, sondern deswegen, damit durch ihre tatsächliche Erfüllung der Welt das heilige Werk und nicht der Scharfsinn der Deuter offenbar werde.“ Die offensichtliche Tendenz Newtons in seinen Kommentaren zu den Prophezeiungen war, den Untergang des Papsttums und die Zerstörung der römischen Kirche zu beweisen. Deswegen suchte er mit besonderem Eifer Beweise zugunsten dessen, daß das „kleine Horn des vierten Tieres“ nichts anderes als die römische Kirche bedeute. Die „Auslegungen“ Newtons sind ein typisches Beispiel der anglikanischen, theologischen und rationalistischen Literatur. Newton erblickt in der Ausbreitung der Verehrung der Heiligen einen Götzendienst, in der Askese und dem Mönchstum eine Ketzerei. Andererseits spricht das theologische Werk Newtons beredt von seiner umfangreichen historischen und theologischen Gelehrsamkeit.

In den nachgelassenen Papieren Newtons wurden auch sehr viele kleine oder unvollendete theologische Werke gefunden, von denen ein Teil in der Sammlung der Arbeiten Newtons gedruckt ist, die von dem Bischof Horsley herausgegeben wurde.

Kurz vor dem Tode Newtons, im Jahre 1725, wurde ohne seine Zustimmung eine französische Übersetzung seines historischen Werkes „Kurze Chronologie“ (Abrégé de Chronologie) herausgebracht. Mit der Thronbesteigung Georgs I. im Jahre 1714 wurde Newton zum Gegenstand besonderer Aufmerksamkeit des englischen Hofes, insbesondere der Prinzessin von Wales, der späteren Königin von England. Die Prinzessin unterhielt gleichzeitig einen lebhaften Schriftwechsel mit Leibniz und versuchte auf verschiedene Art und Weise Newton mit ihm auszusöhnen. Im Verlauf einer Salonunterhaltung bei der Prinzessin legte Newton sein chronologisches System dar, das sich auf eine Reihe von Erwägungen, z. T. auf die Verwertung astronomischer Beobachtungen des Altertums, hauptsächlich auf die Karte des Eudoxos stützte, die noch in Cambridge zusammengestellt worden waren. Die Prinzessin wünschte eine schriftliche Darlegung. Das Manuskript fiel in die Hände des Abbé Conti, eines der Freunde der Prinzessin, der bei den Aussöhnungsversuchen Newtons mit Leibniz eine große Rolle spielte. Infolge des allzu großen Unternehmungsgeistes des Abbé erschien die obenerwähnte, stark entstellte französische Ausgabe, die dazu noch mit einer Widerlegung der Chronologie Newtons ausgestattet worden war. Newton mußte deswegen in den „Philosophical Transactions" eine Erklärung abgeben und die letzten Monate seines Lebens auf das Schreiben einer vollständigen Chronologie verwenden, welche erst nach seinem Tode im Jahre 1728 im Druck erschien unter der Überschrift „Verbesserte Chronologie der alten Königreiche nebst einer vorangeschickten kurz gefaßten Chronik von den Uranfängen des Geschehens in Europa bis zur Eroberung Persiens durch Alexander den Großen" („The Chronology of the Ancient Kingdoms amended, to which is profixed a short Chronicle from the first memory of Things in Europe to the conquest of Persia by Alexander the Great").

Mit der „Chronologie" hatte sich Newton mit Unterbrechungen etwa 40 Jahre lang beschäftigt; es liegen Mitteilungen darüber vor, daß er das erste Kapitel des Buches eigenhändig achtzigmal umschrieb. Für seine Zusammenstellung war ein aufmerksames Studium einer ganzen Bibliothek historischer und philosophischer Werke erforderlich. Das Hauptziel, welches Newton mit der „Chronologie" verfolgte, war ohne Zweifel ein religiöses. Viele chronologische Angaben stimmen nicht mit den Behauptungen der Bibel überein und erschütterten ihre Autorität. Newton wollte diese Autorität stützen, indem er die chronologischen Widersprüche in der Geschichte beseitigte und von neuem die verschiedenen Texte und Mythen auslegte. Hierbei bestand die Hauptaufgabe darin, die ägyptischen und griechischen traditionellen Zeitangaben so zu kürzen, daß sie mit der Bibel übereinstimmten.

Das Werk Newtons geht von dem Gedanken aus, daß die chronologischen Darstellungen, die uns von den alten Ägyptern und Griechen überkommen sind, phantastisch und in vielen Fällen nichts als reine Erdichtung sind. Der gewaltige Umfang der alten Geschichte mit den einzelnen Völkerrassen, Königreichen und Ereignissen mußte seiner Meinung nach bedeutend verringert werden. Bei der Berechnung der alten Chronologie spielt die mittlere Dauer einer Generation, welche von Herodot gleich 33 Jahren angenommen wurde, eine große Rolle. Newton erhebt Einwände gegen die Anwendung dieses Maßes auf die mittlere Dauer der Regierungen der Könige, wie dies derselbe Herodot tut, und schlägt anstatt dessen 18—20 Jahre vor, wobei er sich auf geschichtliche Beispiele stützte. Weiter beginnt nach Newton die Geschichte im wahren Sinne des Wortes gleichzeitig mit der Zivilisation. Das Merkmal des Beginns der Zivilisation, nimmt Newton an, ist der komplizierte verschiedenartige Götzendienst. Schließlich zieht Newton für die Bestimmung der Chronologie Erwägungen historisch-astronomischen Charakters heran. Die Punkte der Tag- und Nachtgleichen und der Sonnenwenden bewegen sich von Osten nach Westen in umgekehrter Ordnung zu den Sternbildern des Tierkreises. Diese rückwärtige Bewegung nennt man Präzession der Äquinoktien; sie erreicht ungefähr einen Grad in 72 Jahren. Hieraus bestimmte Newton die Zeit, welche den Argonautenzug von der Zeit der Erfindung des Metonschen Zyklus trennt. Er nimmt an, daß die Argonauten die Sphäre benutzten, welche von Chiron geschaffen wurde, auf welcher die Frühlings-, Sommer-, Herbst- und Winterpunkte sich inmitten (oder auf 15^0) der Sternbilder des Widders, des Krebses, der Waage und des Steinbocks befanden. Zur Zeit Metons aber befanden sich die Äquinoktien und Solstitien nicht auf dem $15.^0$, sondern auf dem $8.^0$ derselben Sternbilder. Daher betrug die Präzession 7^0, was 504 Jahren entspricht. Meton erfand seinen Zyklus 432 v. Chr., weswegen der Argonautenzug ungefähr 936 v. Chr. erfolgte. Auf Grund all dieser Erwägungen erhält man nach Newton eine verkürzte chronologische Skala. Die älteste uns bekannte historische Epoche entspricht nach dieser Chronologie annähernd 1125 v. Chr.[42]. Die Chronologie Newtons ist aber falsch, wie an Hand der modernen historischen Angaben ersichtlich ist. Genau so wie die „Auslegungen" ist die „Chronologie" nur im Zusammenhang mit der Persönlichkeit ihres Verfassers von Interesse.

Es muß erwähnt werden, daß die historisch-theologischen Studien Newtons trotzdem das klare Gepräge seiner exakten physikalisch-mathematischen Methode tragen, die hier nur auf ein völlig ungeeignetes Material und kaum taugliche Vorbilder angewandt wurde. Dieserhalb wurde der Theologe Newton mehrmals von seinen Zeitgenossen beschuldigt. Whiston erzählt z. B., Bentley habe Newton vorgehalten, er lege die Prophezeiungen genau so wie Beweise mathematischer Sätze dar. Uns, die wir uns auf ein mehr als zwei Jahrhunderte altes Erbe Newtons und auf große Revolutionen stützen, ist es kaum vorstellbar, warum der Verfasser der „Prinzipien" und der „Optik" sowie der Fluxionsmethode seine wertvolle Zeit auf seltsame historische und theologische Studien verschwendete. Die Ansicht des modernen Biographen L. More ist: „Hätte er in unseren Tagen gelebt, so hätte er sich wahrscheinlich in seiner Freizeit mit dem zeitfüllenden, leidenschaftlichen Lesen von Detektivromanen oder dem Lösen von Kreuzworträtseln und nicht mit einer alten Chronologie und biblischen Prophezeiungen befaßt." Solche Worte erscheinen selbstverständlich nur als Witz und als Ergebnis einer falschen historischen Perspektive.

Mit den erwähnten Werken erschöpft sich nicht die religiöse Tätigkeit Newtons. Im praktischen Leben unterschied er anscheinend streng die konfessionellen Formen von der allgemeinen religiösen Philosophie. Als sich die „Gesellschaft für die Entwicklung des christlichen Wissens" an ihn als den Präsidenten der Royal Society mit der Bitte um Überlassung einer Räumlichkeit wandte, antwortete er: „Erster Grundsatz unserer Society ist Nichteinmischung in religiöse Dinge; darum ist es klar, daß wir religiösen Gesellschaften nicht Anlaß geben dürfen, sich in unsere Angelegenheiten zu mischen"[43].

Es gibt noch andere Zeugnisse seines Freidenkertums und seines Skeptizismus. In der „Portsmouth Collection" ist z. B. folgende Bemerkung Newtons über die „Wunder" erhalten geblieben: „Die Wunder werden nicht deswegen so genannt, weil sie von Gott getan werden, sondern deswegen, weil sie sich selten ereignen und darum verwunderlich erscheinen. Wenn sie sich ständig nach bestimmten Gesetzen der Natur der Dinge vollzögen, würden sie aufhören, verwunderlich und wunderbar zu erscheinen und könnten in der Philosophie als ein Teil der Naturerscheinungen (in Anbetracht dessen, daß sie die Folge der Naturgesetze sind, welche der Natur durch die Kraft Gottes auferlegt wurden) angesehen werden, obgleich uns ihre Natur dennoch unbekannt bliebe."

Obwohl in diesem Sinne ein Freidenker, sah Newton ohne Zweifel seine gesamte wissenschaftliche Arbeit nur vom religiösen Gesichtspunkt. Seine beiden Hauptwerke, die „Prinzipien" und die „Optik", haben ein religiöses Schlußwort, das mit einem ungewöhnlichen Pathos geschrieben ist. In dem letzten Scholium der „Prinzipien" schreibt Newton ganz offen: „Die Betrachtung Gottes auf Grund der sich vollziehenden Erscheinungen ist selbstverständlich Gegenstand der Naturphilosophie."

Das Hauptargument der religiösen Beweisführung Newtons, wenigstens bei der Anwendung auf die astronomischen Erscheinungen, steckt in den sogenannten „elementaren Bedingungen". Die Prinzipien der Mechanik und das Gravitationsgesetz gestatten eine Beschreibung der Bewegung der Gestirne, insofern die verschiedenen elementaren Bedingungen gegeben sind: die Maße des Himmelskörpers, die Anfangsgeschwindigkeit und der Ort, die Lage der Bahn am Firmament usw. Bloße Prinzipien genügen demnach nicht für die Lösung der Aufgabe, und es sind wesentliche Angaben notwendig, welche bei der gegebenen Aufgabenstellung willkürliche sein können. „Die wunderbare Verbindung der Sonne, der Planeten und Kometen konnte nicht anders als nach dem Plan und der Macht eines mächtigen und weisen Wesens vor sich gehen", sagt Newton hierüber in den „Prinzipien".

F. Engels charakterisiert in der „Dialektik der Natur“ das wesentliche Merkmal der wissenschaftlichen, religiösen Philosophie Newtons wie folgt: „Was jedoch insbesondere den betrachteten Zeitraum charakterisiert, ist die Herausarbeitung einer originellen allgemeinen Weltanschauung, deren Mittelpunkt die Vorstellung von der absoluten Unveränderlichkeit der Natur ist. Gemäß dieser Anschauung blieb die Natur, sobald sie nur einmal vorhanden war, und gleich auf welche Art und Weise sie entstanden sein mochte, stets unverändert, solange sie selbst besteht. Die Planeten und ihre Trabanten fuhren, nachdem sie einmal durch einen geheimnisvollen ‚ersten Anstoß‘ in Bewegung versetzt waren, fort, sich auf den für sie vorgesehenen Ellipsen in alle Ewigkeit, oder auf jeden Fall bis zum Ende aller Dinge, zu drehen“[44].

„Seinem Gott ließ Newton“, nach Engels[45], „noch den ‚ersten Anstoß‘ übrig, verbat sich jedoch jede Einmischung in sein Sonnensystem.“

Indem Newton, der Gegner der Hypothesen, mit „elementaren Bedingungen“ als etwas Ursprünglichem, weiter nicht Erklärbarem argumentierte, führte er selbstverständlich eine völlig willkürliche Hypothese ein, welche sich im weiteren Verlauf der Wissenschaft nicht bewährte. Wenn auch die kosmogonischen Theorien (Kants, Laplaces usw.) nicht das Problem der elementaren Bedingungen lösten, so wiesen sie zumindestens auf eine prinzipielle Möglichkeit der Lösung hin.

Der leidenschaftliche Protestant Robert Boyle hatte in seinem Vermächtnis Mittel eingesetzt, damit man jährlich acht Vorlesungen zum Schutze des Christentums gegen den Atheismus abhalte. Im Jahre 1692 wurden diese Vorlesungen dem Direktor des Trinity College, Richard Bentley, übertragen. Bentley beschloß, seine beiden letzten Vorlesungen auf die „Prinzipien“ Newtons aufzubauen. Nachdem Bentley die „Prinzipien“ und eine Reihe mathematischer Hilfswerke geprüft hatte, wandte er sich unmittelbar zwecks Aufklärung einiger unklarer Stellen an Newton. Vier Briefe Newtons an Bentley, die aus diesem Anlaß geschrieben wurden (1692–1693), enthalten sehr wichtiges Material sowohl für die Beurteilung der Ansichten Newtons über die Natur der Gravitation als auch über seine religiösen Anschauungen. Einige Auszüge aus diesen Briefen wurden bereits zitiert. Der erste Brief beginnt mit einer bemerkenswerten Erklärung: „Als ich diese Arbeit über unser Weltsystem schrieb, hatte ich mein Augenmerk auf solche Prinzipien gerichtet, welche bei denkenden Menschen den Glauben an ein göttliches Wesen hervorrufen möchten; und nichts kann mir größere Freude bereiten, als zu sehen, daß sie in dieser Hinsicht von Nutzen gewesen ist. Wenn ich aber der Menschheit auf diese Weise einen Dienst erwiesen habe, so verdanke ich dies nichts anderem als dem Fleiße und einem geduldigen, ausharrenden Nachdenken (industry and patient thought)." Weiter berührte Newton eine sehr wichtige kosmologische Frage über die Verteilung der Massen im Weltall. Wenn die Masse im Raum gleichmäßig verteilt wäre, nimmt Newton an, so müßte sie infolge der Weltgravitation in eine sphärische Masse irgendwo im Raum zusammengezogen werden. Im unendlichen Raum müßte sich eine unendliche Anzahl solcher Massen zusammenballen. In der Verschiedenheit der Gestirne erblickt Newton einen neuen Beweis des Vorhandenseins eines freien schöpferischen Willens.

Das Problem der Verteilung der Massen im Weltall wurde vor zwanzig Jahren hauptsächlich im Zusammenhang mit der Relativitätstheorie lebhaft diskutiert. Die Vermutung Newtons, daß sich im unendlichen Weltall bei der Gültigkeit des Gravitationsgesetzes unzählige Zentren der Gravitation (Gestirne) bilden müssen, kann nur bei einer bestimmten Anfangsverteilung der Massen in Erfüllung gehen. Einsteins allgemeines Gesetz der Schwere gestattet es, neue Wege zur Lösung dieses Problems zu finden.

In den Briefen an Bentley entwickelte Newton die gleichen Ansichten über die „elementaren Bedingungen", von denen wir bereits gesprochen haben, und lehnte kategorisch den mechanischen „Ursprung" der Gravitation ab. Wenn die Gravitation nicht durch Druck oder Stoß mechanisch erklärbar ist, kann ihre Ursache nach der Meinung Newtons nur immateriell sein. In diesem letzteren Sinne verstand Bentley auch die Behauptungen Newtons und legte sie in seinen Predigten dar. Das Axiomatische und Unbeweisbare der „Prinzipien" gestattete Newton, sie als ursprüngliche Vorausbestimmungen des Schöpfers anzusehen: „Mit Hilfe dieser Prinzipien bestehen anscheinend alle materiellen Gegenstände aus festen Teilchen, welche auf verschiedene Art und Weise durch ein denkendes Agens bei der weiteren Schöpfung verbunden wurden", schreibt Newton in der „Optik".

Wir leben in einer Zeit, in der die Prinzipien Newtons umgestaltet und verallgemeinert werden. Eine Reihe von Faktoren, welche von Newton als ursprünglich angesehen wurden, werden in einfachere zerlegt, und uns ist besonders das Labile der Brücke klar, welche von Newton zwischen Physik und Religion geschlagen wurde. Die Geschichte der Wissenschaft zeigt eindeutig, wie riskant Behauptungen jeder Art über ein prinzipielles „ignorabimus" (wir werden nicht erkennen) sind.

Die religiöse Beweisführung Newtons wurde von den Zeitgenossen und Nachfolgern leicht erfaßt. Die „Prinzipien" Newtons wurden nicht nur von der gelehrten Welt, sondern auch von den Theologen und religiös gesinnten Kreisen angenommen (wenn auch kaum verstanden)! Die erste Ausgabe der „Prinzipien" in englischer Übersetzung von Motte im Jahre 1729 trägt auf dem Titelblatt einen Kupferstich. Die von Motte eigens angefertigte Darstellung illustriert jenes religiöse Schema Newtons, von dem Engels in dem oben angeführten Zitat sprach. Der Schöpfer überreicht der Weisheit einen Zirkel und gibt die Vorschriften – die „Prinzipien" –, nach denen der Plan des Weltalls entworfen wurde.

Es läßt sich eine lange Reihe von Philosophen nennen, welche sich die religiösen Ideen und Anschauungen Newtons im 18. und 19. Jahrhundert zu eigen machten und sie entwickelten, weswegen man vom historischen Standpunkt mit einem großen Einfluß Newtons auch in dieser Hinsicht rechnen muß. Die Verbindung des primitiven mechanischen Materialismus mit dem Deismus wurde für sehr viele Naturforscher des 19. Jahrhunderts zum Leitziel. Der Stammvater einer solchen Anschauung (wenn auch nicht in einer ganz so groben und primitiven Form) war ohne Zweifel Newton, und ihre endliche Überwindung ist ein großer Sieg des dialektischen Materialismus, welcher insbesondere die „Unveränderlichkeit der Natur" und den mit ihr verbundenen „ersten Anstoß" des Newtonschen Schemas aufhob.

SECHZEHNTES KAPITEL

Die letzten Lebensjahre Newtons, sein Tod. Schlußwort

1713-1727

Rosenberger beschreibt mit folgenden Worten die Stellung Newtons als Gelehrter in den letzten Jahren seines Lebens: „Die Royal Society wurde sein Parlament, in dem Seiner Majestät allergetreuste Opposition sich kaum jemals offen zu zeigen wagte, und die talentvollsten jüngeren Physiker und Mathematiker seines Landes formten sich zu einem Generalstab, der an seiner Stelle die Schlachten schlug und dieselben so geschickt führte, daß der oberste Kriegsherr, vor persönlichen Niederlagen geschützt, in voller Sicherheit dem Kampfe fast wie ein Unbeteiligter zuschauend, sich im geheimen Kriegsrat mit Andeutungen seiner Gedanken und Hinweise auf seine veröffentlichten Werke begnügen konnte." Diese Kämpfe endeten im allgemeinen und im wesentlichen mit Siegen. Die Physik Newtons eroberte allmählich Europa, das cartesianische Frankreich und das Deutschland Leibniz'.

In Rußland schrieb man: „Da insbesondere in der Heiligen Schrift geschrieben steht, daß die Sonne sich dreht und die Erde unbeweglich ist, soll man der Heiligen Schrift mehr glauben als der menschlichen Meinung. Dieses Argument verteidigte besonders der berühmte dänische Mathematiker Tycho Brahe, dem auch bis heutzutage alle diejenigen zustimmen, die der Heiligen Schrift ungern widersprechen[46]." Aber bald entstand hier auf den Rat von Leibniz und auf Befehl Peters des Großen die „St. Petersburger Akademie der Wissenschaften" (1724) und durch den Einfluß Bernoullis, Eulers und Lomonossows drang die neue Physik Newtons durch; hier erklärte Euler, „daß die Lehre Newtons am besten zur Lösung der Schwierigkeiten bei der Bewegung des störrischsten aller Planeten, des Mondes, geeignet sei, obgleich er selbst (Euler) die Anziehungskraft, welche die Anhänger Newtons restlos allen Körpern zuschrieben und als der Materie anhaftend betrachteten, als ein sehr kühnes Unterfangen ablehne" (Aus den Beurteilungen der Gelehrten der Akademie der Wissenschaften 1746). Lomonossow begann davon zu träumen, „daß die russische Erde einen eigenen Newton hervorbringe". Newton wurde allmählich zur unbestrittenen Autorität der gesamten Kulturwelt, und sogar seine Irrtümer und anfechtbaren Behauptungen (von der Art des immateriellen Ursprungs der Schwere und der Emissionstheorie des Lichtes) fanden begeisterte Verteidiger. Der Name Newton wurde von Voltaire und anderen Enzyklopädisten in die Massen getragen, während der Marquis Algarotti den „Newtonismus für Damen" schrieb, in dem er eine glänzende populäre Darstellung der „Optik" (1739) gibt. Die Lehre Newtons wurde zu einer klassischen und orthodoxen Lehre erhoben, und erst in unserer Zeit setzt ein vorsichtiger Kampf gegen diesen Klassizismus ein. Als anschauliches Beispiel für das Ansehen Newtons und seine Popularität in der Royal Society zu Beginn des 18. Jahrhunderts dient ein Brief (in französischer Sprache) eines Gefährten Peters des Großen, des Fürsten A. D. Menschikow, an Newton vom 23. August 1714 mit der Bitte, ihn als Mitglied der Society aufnehmen zu wollen. Von dem Antwortschreiben Newtons an Menschikow sind drei eigenhändig in lateinischer Sprache geschriebene Konzepte Newtons erhalten geblieben. Eines dieser Konzepte wurde im Jahre 1943 von der Royal Society der Akademie der Wissenschaften der UdSSR (Abb. 31) geschenkt und wird zur Zeit im Archiv der Akademie[47] aufbewahrt. Wir zitieren die Übersetzung des für uns besonders wertvollen Dokuments:

„An den mächtigsten und ehrwürdigsten Gebieter, Herrn Alexander Menschikow, Fürst des Römischen und Russischen Reiches, Herrscher Oranienburgs[48], Erster im Rat Seiner Majestät des Zaren, Marschall und Verwalter der unterworfenen Gebiete, Ritter des Elefantenordens und des höchsten Ordens des Schwarzen Adlers usw., sendet Isaac Newton einen Gruß."

„Da der Royal Society zur Kenntnis gelangt ist, daß Euer Zar[49] und kaiserliche Majestät in seinen Besitztümern mit größtem Eifer die Kunst und Wissenschaft pflegt und Ihr ihm durch Eure Dienste nicht nur in der Militär-, sondern auch in der Zivilverwaltung wie auch vor allem bei der Verbreitung guter Bücher und der Wissenschaften behilflich seid, wurden wir alle mit Freude erfüllt, als uns englische Kaufleute mitteilten, daß Eure Excellenz aus allerhöchstem Bildungsdrang und besonderem Streben nach den Wissenschaften und auch aus Anhänglichkeit zu unserem Volke wünschen, sich unserer Gesellschaft anzuschließen. Um jene Zeit hatten wir der Gewohnheit entsprechend die Sitzungen bis Ende des Sommers und Herbst unterbrochen. Aber als wir von Eurer Absicht hörten, versammelten wir uns alle, um Eure Excellenz zu wählen, wobei wir alle einstimmig dafür eintraten. Und jetzt bestätigen wir gleich in der ersten Sitzung diese Wahl durch ein Diplom, welches mit dem Siegel unserer Gesellschaft bekräftigt ist. Die Society hat auch ihrem Sekretär die Anweisung gegeben, Euch das Diplom zuzustellen und Euch über die Wahl zu informieren. Lebt wohl.

Geschrieben in London am 25. Oktober 1714."

Somit wurde Menschikow erstes russisches Mitglied der Royal Society. Selbstverständlich war diese Wahl nur ein politischer, in zweierlei Hinsicht bemerkenswerter Akt. Er war der Ausdruck der hohen Wertung des großen kulturellen Umbruchs, welcher sich in Rußland in Anlehnung an das europäische Kulturniveau vollzog, aber zugleich ist er ein Beweis dessen, welche Bedeutung der wissenschaftliche Nimbus Newtons und die Royal Society für das neue Rußland hatten.

Selbst als hochbetagter Greis setzte Newton noch seine persönlichen, wissenschaftlichen und sogar experimentellen Arbeiten fort. Im Zusammenhang damit bringen wir einen Brief Newtons an einen Dr. Law vom 15. Dezember 1716:

„Lieber Doktor! Derjenige, welcher tief in den Schächten des Wissens gräbt, muß sich wie ein Bergmann von Zeit zu Zeit nach oben begeben, um frische Luft zu schöpfen. In einem solchen Augenblick der Erholung schreibe ich Ihnen jetzt, mein lieber Freund. Sie fragen, wie es mir möglich ist, bei einer solchen Beschäftigung gesund zu bleiben. Ach, mein lieber Doktor, Sie haben eine viel bessere Meinung von Ihrem trägen Freund als er selbst von sich. Morpheus ist mein ständiger Begleiter; ohne acht bis neun Stunden Schlaf taugt Ihr Korrespondent zu nichts. Die wissenschaftlichen Experimente waren anfangs meinem Verdauungssystem wenig bekömmlich. Aber jetzt esse ich mit großem Appetit, wie Sie sich überzeugen können, wenn ich Sie besuchen werde. Ich habe mich viel mit den bemerkenswerten Erscheinungen befaßt, die erfolgen, wenn man eine Nadel mit einem Stückchen Bernstein oder auf Seidengewebe geschabtem Gummi in Berührung bringt. Der Funke erinnerte mich an einen sehr kleinen Blitz. Aber ich möchte mich nicht in Briefen mit Philosophie befassen; wir werden uns zur Genüge unterhalten, wenn ich Sakley besuche. Ich begann den Brief fünf Minuten vor neun und brauchte dazu zehn Minuten. Eben wird Mylord Sommerset gemeldet."

Erinnert man sich, daß Newton zumindest theoretisch auch im Bereich der Akustik arbeitete, so kann man insgesamt die Spuren der

Arbeit Newtons auf allen Gebieten der Physik, der Mechanik, der Wärme und der Lehre vom Schall, vom Licht, von der Elektrizität und dem Magnetismus sowie auf dem Gebiet jener Erscheinungen feststellen, welche jetzt unter der Bezeichnung „Molekularphysik" zusammengefaßt werden.

Die letzten Lebensjahre Newtons waren mit dem Schreiben der „Chronologie" und der Vorbereitung der dritten Ausgabe der „Prinzipien" ausgefüllt. Die zweite Ausgabe hatte keine große Auflage und war schnell vergriffen. Bei Newton hatten sich nicht wenige Verbesserungen und Bemerkungen zur zweiten Ausgabe angesammelt. Anscheinend versuchte er von neuem, sich mit der Mondtheorie und der Bewegung der Kometen zu befassen; zumindest forderte er von dem neuen Direktor des Greenwicher Observatoriums, Halley, im Dezember 1724 (im Alter von 82 Jahren) ergänzende Angaben über den Kometen des Jahres 1680, indem er plante, sie in der dritten Ausgabe der „Prinzipien" zu verwenden. Zu seiner Unterstützung bei der Neuausgabe der „Prinzipien" wurde Newton der junge Mediziner Pemberton empfohlen, welcher ungeachtet des Mangels einer besonderen physikalisch-mathematischen Ausbildung die „Prinzipien" las und sie verstand. Es begann wiederum, wie damals mit Cotes, eine lange Korrespondenz. Die Briefe Pembertons sind erhalten geblieben, die Antworten Newtons aber verlorengegangen. In der dritten Ausgabe waren nicht so viele und wichtige Veränderungen wie in der zweiten Ausgabe erforderlich, und die Arbeit für die Neuauflage ging leichter und einfacher vonstatten. Newton ließ in der neuen Ausgabe einen Absatz aus, in welchem er früher eingestanden hatte, daß Leibniz die Analysis des Unendlichen unabhängig von ihm entdeckt hatte. Diese Unbilligkeit wird Newton als Spur des unheilvoll-unsinnigen Streites der beiden großen Geister ewig anhaften.

Der Druck des Buches begann Ende 1723 und endete im März 1726.

Dem wissenschaftlichen Triumph Newtons in seinen letzten Lebensjahren entsprach gewissermaßen auch das äußere Wohlergehen: die Ehrenbezeugungen des Hofes, die Achtung der Schüler, die besorgte häusliche Pflege. Seine Nichte blieb weiter bei ihm und verließ ihn auch nicht, als sie in zweiter Ehe Conduitt heiratete. Er verlebte ein ruhiges schönes Alter ohne Aufregungen und Verwicklungen. Erst im 80. Lebensjahre erkrankte Newton an einem ernstlichen Blasenleiden, das von der Bildung von Gallensteinen begleitet war. Ungeachtet seiner hohen Stellung blieb Newton bis zu seinen letzten Tagen einfach und bescheiden im Umgang mit den Menschen und in der Kleidung. Nach

Abb. 29. Basrelief Newtons (wahrscheinlich eine Arbeit Wedgwoods)

Abb. 30. Kopfbildnis Newtons von Stukeley
Anfang des 18. Jahrhunderts nach der Natur gezeichnet

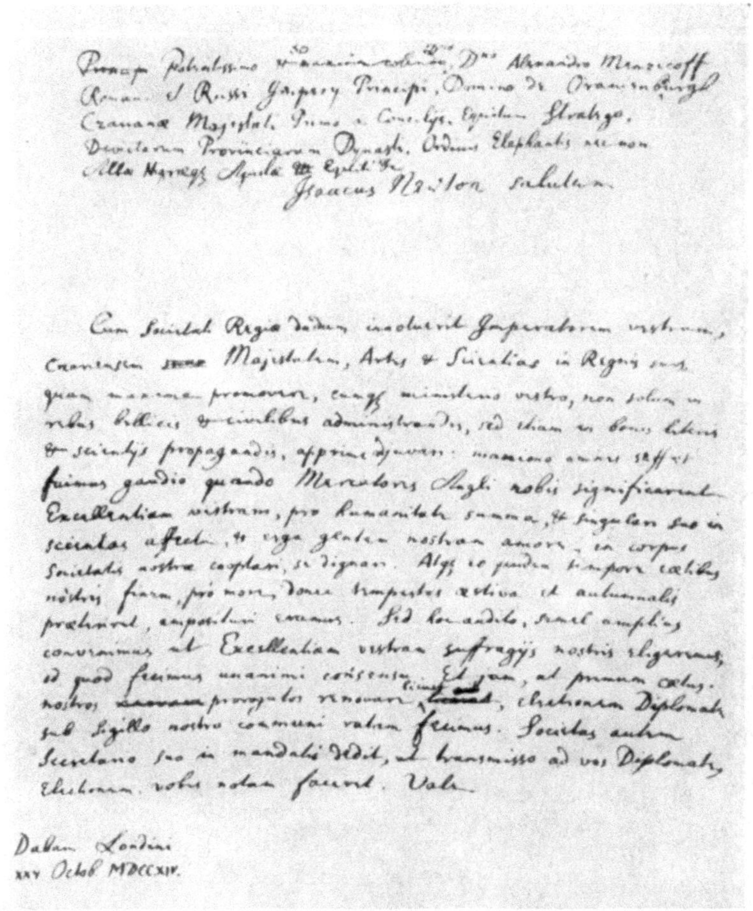

Principi Potentissimo & amplissimo Dno Alexandro Menzicoff
Romani et Russici Imperii Principi, Domino de Oranienburgh
Czareae Majestati Primo a Consiliis, Equitum Stratego,
Devictarum Provinciarum Dynastae, Ordinis Elephantis nec non
Albae Aquilae Equiti &c
Isaacus Newton salutem

Cum Societati Regiae dudum innotuerit Imperatorem vestrum,
Czarensem Majestatem, Artes & Scientias in Regnis suis
quam maxime promovere, eumque ministerio vestro, non solum in
rebus bellicis & civilibus administrandis, sed etiam in bonis literis
& scientijs propagandis, apprime adjuvari: maximo omnes affecti
fuimus gaudio quando Mercatores Angli nobis significarunt
Excellentiam vestram, pro humanitate summa, et singulari suo in
scientias affectu, et erga gentem nostram amore, in corpus
Societatis nostrae cooptari se dignari. Atque eo quidem tempore coetibus
nostris finem, pro more, donec tempestas aestiva et autumnalis
praeterirent, imposituri eramus. Sed his auditis, semel amplius
convenimus ut Excellentiam vestram suffragiis nostris eligeremus,
id quod fecimus unanimi consensu. Et jam, ut primum coetus
nostros prorogatos renovavimus, diploma electionis
sub Sigillo nostro communi ratum fecimus. Societas autem
Secretario suo in mandatis dedit, ut transmisso ad vos Diplomate,
Electionem vobis notam faceret. Vale

Datum Londini
XXV Octob. MDCCXIV.

Abb. 31. Manuskript der Botschaft Newtons an den Fürsten A. D. Menschikow
(S. 198)
Es wird im Archiv der Akademie der Wissenschaften der UdSSR aufbewahrt.

Abb. 32. Titelbild aus dem Buche Voltaires „Die Elemente der Philosophie Newtons", 1738

dem Zeugnis vieler Zeitgenossen war an dem Äußeren Newtons nichts, was die Aufmerksamkeit hätte auf sich lenken können. Newton war von niedrigem und stämmigem Wuchs und hatte einen lebendigen und scharfen Blick. Eine ziemlich große Anzahl erhalten gebliebener Ölgemälde vermittelt einen Eindruck, der mit der angeführten Schilderung in Einklang steht. Die Gesundheit Newtons war im allgemeinen ausgezeichnet. Nach dem Zeugnis Conduitts verlor Newton bis zu seinem Lebensende nur einen Zahn und behielt seine dichten schönen — im Alter schneeweißen — Haare. Er band die Haare zuweilen mit einer Schleife zusammen, wie aus dem Bilde Stukeleys (Abb. 30) zu ersehen ist. Newton war ein schlechter Gesellschafter und ständig in Gedanken versunken. Im Zusammenhang hiermit sind viele Erzählungen über sein außerordentlich zerstreutes Wesen erhalten geblieben. Sparsam und haushälterisch bewirtete Newton trotzdem stets gern Freunde und Verwandte. Er hinterließ ein großes Vermögen von ungefähr 32000 Pfund.

Die Gesundheit Newtons verschlechterte sich merklich im Jahre 1725. In diesem Jahre besuchte der Erzieher Ludwigs XV., der Abbé Alary, London, wobei Newton der feierlichen Sitzung der Royal Society präsidierte, welche aus diesem Anlaß einberufen worden war. Von diesem Besuch Alarys ist folgende Erzählung in den „Historischen Briefen" Bolingbrokes erhalten geblieben: „Als der Abbé Alary um neun Uhr morgens Newton besuchte, begann der letztere die Unterhaltung mit der Bemerkung, er sei schon 83 Jahre alt. Der Abbé war in lateinischen und griechischen Autoren belesen und gefiel dem alten Gelehrten; Newton lud den Abbé zum Mittagessen ein. Newton war geizig, das Essen schrecklich; die Getränke, mit denen er den Gast bewirtete, waren schlechter Madeira und Palma. Nach dem Essen führte Newton den Gast in die Royal Society und setzte ihn an seine rechte Seite. Gleich nach Beginn der Sitzung schlief Newton ein. Der Abbé mußte in das Haus Newtons zurückkehren und dort bis neun Uhr abends verweilen."

Vom Jahre 1725 an gab Newton faktisch den Dienst in der Münze auf, indem er die Ausübung seiner Pflichten dem Mann seiner Nichte, Conduitt, übertrug. Die Verwandten schickten Newton zur Luftveränderung nach Kensington (damals Umgebung Londons). Dort besserte sich seine Gesundheit wesentlich, und er fuhr oft nach London. Am 28. Februar 1727 weilte er in London, um den Vorsitz auf einer Tagung der Royal Society zu führen. Nach seiner Rückkehr nach Kensington am 4. März litt er unter heftigen Anfällen, die durch seine

Gallensteine verursacht waren. Im Verlauf einiger Tage gab es noch Hoffnung auf eine Gesundung; am 18. März las Newton noch Zeitungen und unterhielt sich mit dem Doktor und Conduitt. Am Abend desselben Tages jedoch wurde er bewußtlos, und in der Nacht vom 20. auf den 21. März starb er sanft im Alter von 84 Jahren.

Der Leichnam Newtons wurde von Kensington nach London überführt und feierlich in der Westminster Abtei beigesetzt. Vier Jahre später errichteten die Verwandten Newtons über dem Grab einen Denkstein mit einer Plastik und vielen Emblemen und Symbolen.

Die Grabschrift hat folgenden Wortlaut:

> „Hier ruht Sir Isaac Newton, welcher als Erster mit nahezu göttlicher Geisteskraft die Bewegungen und Gestalten der Planeten, die Bahnen der Kometen und die Fluten des Meeres durch die von ihm entwickelten mathematischen Methoden erklärte, die Verschiedenheit der Lichtstrahlen sowie die daraus hervorgehenden Eigentümlichkeiten der Farben, welche vor ihm niemand auch nur geahnt hatte, erforschte, die Natur, die Geschichte und die Heilige Schrift fleißig, scharfsinnig und zuverlässig deutete, die Majestät des höchsten Gottes durch seine Philosophie darlegte und in evangelischer Einfachheit der Sitten sein Leben vollbrachte. Es dürfen sich alle Sterbliche beglückwünschen, daß diese Zierde des menschlichen Geschlechts ihnen geworden ist. Er wurde am 25. Dezember 1642 geboren und starb am 20. März 1727."

Auf einer Statue, die zur Erinnerung an Newton im Jahre 1755 im Trinity College in Cambridge errichtet wurde, ist folgende lakonische Inschrift aus Lukrez angebracht: „Qui genus humanum ingenio superavit" („Er überragte an Geist das Menschengeschlecht").

Man könnte eine lange Liste von Äußerungen über Newton anführen, in denen die Menschen die prunkvollsten Worte für die Charakterisierung seines ungewöhnlichen Wesens und seiner Größe fanden: genial, fromm, groß, Übermensch usw. Besonders bekannt sind zwei Verse des englischen Dichters Pope:

> „Die Natur und ihre Gesetze lagen verborgen in Nacht,
> Gott sprach: Es werde Newton – und alles ward Licht." [50]

Der Herausgeber der „Elemente der Philosophie Newtons", Voltaire, schmückte im Jahre 1738 das Buch mit einem Kupferstich, auf dem Newton in der Gestalt einer Gottheit mit einem Zirkel in den Händen auf den Wolken sitzt und sich auf die Himmelssphäre stützt (Abb. 32).

Am unmittelbarsten drückte der Mathematiker de L'Hospital seine Begeisterung aus, wenn er sich darüber wundert, daß der Autor der „Prinzipien" wie die übrigen Menschen aß, trank und schlief. In bezug auf Newton klingen diese prunkvollen Epitheta jedoch gar nicht rhetorisch, in ihnen ist zweifellos Aufrichtigkeit. Mit den unvollkommenen Mitteln der menschlichen Rede wollen wir kurz die Bedeutung des Werkes Newtons in der Geschichte des menschlichen Denkens ausdrücken und auch das Ungewöhnliche und Anomale seiner Persönlichkeit selbst.

Wir wollen für einen Augenblick folgendes Gedankenexperiment durchführen: Stellen wir uns vor, der Name Newtons sei aus der Geschichte der Wissenschaft gestrichen, er habe nicht existiert. Was wäre geschehen? Man darf nicht daran zweifeln, daß durch die vereinten Bemühungen von Menschen wie Hooke, Halley und Leibniz sowie deren Nachfolgern die Menschheit so oder so zu den Ergebnissen gelangt wäre, welche in den „Prinzipien", in der „Optik" und in den mathematischen Arbeiten Newtons enthalten sind. Aber andererseits ist unbestritten, daß dies viel später geschehen wäre. Wann? — Das ist eine Frage, auf die es keine Antwort gibt. Auf jeden Fall haben weder Hooke, Leibniz noch Huygens etwas den „Prinzipien" und der „Optik" Gleichwertiges geschaffen und konnten es kaum schaffen. Der Gedanke der Gravitation selbst hat als mathematische Fiktion, welche formal mit jedem materiellen Punkt verbunden ist, noch viele nach dem Erscheinen der „Prinzipien" abgeschreckt und schien weder Leibniz noch Huygens und später weder Euler noch Lomonossow zulässig. Man kann annehmen, daß die Physiker ähnlich Hooke und Huygens noch auf lange Zeit in den Hypothesen über „die Ursache der Schwerkraft" steckengeblieben wären, ehe sie zu dem formalen Gesetz Newtons gelangt wären.

Newton gehört die gewaltige „Methode der Prinzipien", welche es gestattet, ungelöste Rätsel vorläufig zu umgehen. Die Prinzipien zu formulieren, bedeutete, auf lange Zeit dem menschlichen Denken eine bestimmte Richtung zu geben. Die „Prinzipien" hätten eine andere Form annehmen können, man hätte, wie Hertz zeigte, z. B. ohne den Begriff der Kraft auskommen können; in diesem Sinne zwang Newton die Physik, nach seiner Art „klassisch" zu denken, wie wir uns jetzt ausdrücken. Wir haben in der Sprache Newtons gedacht und geredet, und erst jetzt werden Versuche unternommen, eine neue Sprache zu bilden. Darum darf man behaupten, daß der gesamten Physik der individuelle Stempel seines Denkens aufgeprägt wurde. Ohne Newton hätte sich die Wissenschaft anders entwickelt. Lagrange, welcher häufig Newton als das größte Genie, das je gelebt hat, bezeichnete, fügte einmal hinzu: „Er ist der Glücklichste, das System der Welt kann man nur einmal entdecken.“ In der Geschichte der Wissenschaft gibt es viele Namen Glücklicher, welche zufällig fundamentale Tatsachen entdeckten; die Entdeckung der Wirkung des Stromes auf die Magnetnadel durch Oersted im Jahre 1820, die in einer Schrift veröffentlicht wurde, welche zwei kleine Seiten umfaßte, schuf eine Epoche sowohl in der Wissenschaft als auch in der Technik. Die zufällige Entdeckung der Radioaktivität durch Becquerel schuf die Physik des Atomkerns. Newton war nicht so glücklich. Seinen Erfolg verdankt er allein, nach seinen eigenen Worten, „dem Fleiß und dem geduldigen Denken“. Dieses Denken war neu und genial, aber auch außerordentlich konstant und beharrlich. Zur Charakteristik des Genies Newtons gehört außer einer qualitativen eine quantitative Seite.

Newton war Physiker und vor allem Physiker. Die astronomischen Räume waren sein gigantisches Laboratorium, die mathematischen Methoden das geniale Instrument. Newton ließ sich nicht von der rein astronomischen und rein mathematischen Seite der Arbeit ablenken, sondern blieb in erster Linie Physiker. Hierin liegt die außergewöhnliche Ausdauer und das Wirtschaftliche seines Denkens. Vor Newton und nach ihm hat die Menschheit bis in unsere Tage keine Äußerung eines wissenschaftlichen Genies von größerer Kraft und Dauer gesehen. Aber ohne Zweifel gab es und wird es Werke geben, die ihrer Bedeutung nach den „Prinzipien“ gleichkommen (die Theorie des elektromagnetischen Feldes, die Theorie der Atome und der Elektronen, die Relativitätstheorie, die Quantenmechanik usw.). Newton erkannte dies als erster. Spence überliefert uns die folgenden Worte Newtons, welche er kurz vor seinem Tode geäußert hat: „Ich weiß nicht, wie ich der Welt erscheinen mag, aber mir selber komme ich nur wie ein Junge vor, der am Meeresstrande spielt und sich darüber freut, daß er ab und zu ein ungewöhnlich buntes Steinchen oder eine rote Muschel findet, während sich der große Ozean der Wahrheit in seiner unermeßlichen Unerforschtheit vor ihm ausdehnt.“

Anmerkungen

[1] In Rußland wurde der Name Newtons zu verschiedenen Zeiten auf verschiedene Art und Weise geschrieben und ausgesprochen.

[2] Polyhistor — ein universal gebildeter Mensch.

[3] Geographische Punkte, die im Leben Newtons Bedeutung besaßen.

[4] Der biblische Vorname Newtons und seines Vaters sind ohne Zweifel ebenfalls der Ausdruck der religiösen Spannungen jener Zeit.

[5] E. N. da C. Andrade. Nature 135, 360, 1935.

[6] E. N. da C. Andrade. Newtons Verse. Proc. of the Phys. Society of London, 55, 426, 1943.

[7] Lectiones Opticae et Geometriae. Auctore Isaaco Barrow. Londini, 1674. (Die Druckerlaubnis wurde allerdings bereits im März 1668 gegeben.)

[8] Quoniam colorum incedit mentio, quid si de illis (et si praeter morem ac ordinem) paucula divinavero? l. c., Seite 85.

[9] Auf Abb. 8 ist ein Reklameschild des Londoner Optikers Yarwell wiedergegeben, das anscheinend ins Jahr 1672 zurückreicht und anschaulich zeigt, was man in Newtons jungen Jahren an optischen Dingen in London kaufen konnte. Auf dem Plakat sind Brillen, Lupen, Mikroskope und Prismen dargestellt.

[10] Diese Schlußfolgerung der neuen Biographen Newtons weicht wesentlich von den Behauptungen Brewsters und anderer Forscher ab, die von einer großen materiellen Not Newtons in jenen Jahren sprachen.

[11] Daniil Wellanskij. Versuchs-, Beobachtungs- und Spekulativphysik. St. Petersburg, 1831. Seite 122.

[12] In der Jetztzeit bezeichnet man als „sphärische Aberration" eine engere Fehlerklasse.

[13] Das Teleskop Herschels unterscheidet sich nach seinem Mechanismus von den Entwürfen Newtons und anderer Entwürfe Gregorys und Cassegrains dadurch, daß die Achse des reflektierenden Spiegels etwas nach der Achse des Geräts geneigt ist, wodurch die Arbeitsfläche des Spiegels vergrößert wird. Jedoch wurde zuerst ein solcher Entwurf eines Reflektors nicht von Herschel, sondern von M. W. Lomonossow etwa 1762 beschrieben und verwirklicht. Ähnlich wie Newton hat Lomonossow eigenhändig mit Hilfe der Meister Kolotoschin, Kirjuschka, Ignat, Grischka und des Schmiedes Andrej die Legierung für den Spiegel vorbereitet, ihn geschliffen und poliert und das ganze Instrument geschaffen. Der Apparat ist nicht erhalten geblieben.

[14] Die russische Übersetzung der „Vorlesungen über Optik" wurde von dem Autor dieses Buches angefertigt. Die „Vorlesungen" werden als einzelnes Buch

in der Serie der „Klassiker der Wissenschaft" der wissenschaftlich-populären Serie der Akademie der Wissenschaften gedruckt.

[15] D. h. die Vorlesungen Barrows.

[16] Diese Schlußfolgerung Newtons ist falsch, wenn wirklich nur von jenem Holzextrakt die Rede ist, bei dessen Beobachtung der spanische Arzt Nicolo Monardez im 16. Jahrhundert die Erscheinung der Fluoreszenz entdeckte. Im durchgehenden Licht erscheint das Extrakt des Lignum Nephriticum blaßgelb; wenn man aber von der Seite auf das Gefäß mit dem vom Licht durchdrungenen Extrakt schaut, ist deutlich ein schönes zerstreutes blaues Licht zu sehen. Die Beobachtungen des Monardez wurden mit Erfolg von Grimaldi, Boyle u. a. wiederholt. Die Fluoreszenz ist eine sehr komplizierte Erscheinung sekundärer Herkunft. Bei der Absorption des Lichts kann die Materie in einen besonderen Zustand übergehen, der von einem Leuchten begleitet ist. Eben dieses Leuchten ist die Fluoreszenz. Ihr Licht ist gegenüber dem auffallenden Licht stets nach der roten Seite des Spektrums verschoben. Das Irrtümliche der Schlußfolgerung Newtons findet anscheinend seine Erklärung darin, daß er die Lösung mit einem Licht beleuchtete, das nicht oder nur schwach in der Lösung absorbiert wurde und keine Fluoreszenz hervorrief. Das systematische Studium der Fluoreszenz begann erst in der ersten Hälfte des 19. Jahrhunderts mit den Arbeiten Stokes.

[17] In dem Lichtfilter E. M. Brumbergs wird der Zwischenraum zwischen den Prismen, anstatt mit Luft, mit einer Flüssigkeit von einer entsprechenden Dispersion gefüllt.

[18] Bernhardi Varenii Geographia generalis ... aucta et illustrata ab Isaaco Newton Math. Prof. Lucasiano apud Cantabrigenses. Cantabrigiae, 1672.

[19] Hier begegnen wir der ersten Variante der Newtonschen Theorie der Gravitation.

[20] N. I. Lobatschewskij. Totale Sonnenfinsternis in Pensa am 26. Juni 1842. Wissenschaftliche Notizen der Universität Kasan, 1842, 3, Seite 74.

[21] W. Biot. Journal des Savants. 1836.

[22] A. N. Krylow. Die Newtonsche Theorie der astronomischen Refraktion. Leningrad 1935.

[23] Es ist nicht klar, wen Newton unter diesen „anderen" verstand. Vielleicht Hooke oder Grimaldi.

[24] Es schwebt das Hängenbleiben des Quecksilbers vor, das Newton später selbst durch die Molekularkohäsion erklärte.

[25] Oldenburg begriff wahrscheinlich die neue Kulturströmung in Rußland in der Zeit vor Peter d. Gr.; Nachrichten hierüber waren von Deutschen und Engländern, die in Rußland gewesen waren, mitgebracht worden.

[26] Dies ist ein latinisierter Familienname. Der französische Name ist Bouilleaud. Bouilleaud ist ein französischer Astronom (1605—1694).

[27] D. h. Humphrey glaubte, Newton beschäftige sich mit Magie und Alchimie.

[28] Es liegt eine sehr schöne Übersetzung der „Prinzipien" von dem Akademiker A. N. Krylow vor. (Herausgegeben von der Nikolajewsker Meeresakademie, 1916.) Die meisten Zitate sind dieser Übersetzung entnommen.

[29] In Abb. 24 ist eine Seite der ersten Ausgabe der „Prinzipien" mit den Gesetzen Newtons wiedergegeben. Unter dem Zeichen dieser Gesetze vollzog sich die gesamte Entwicklung der Physik bis mindestens zum 20. Jahrhundert.

[30] F. Zwicky. Newton's Law of gravitation. Astr. Society of the Pacific. Leaflet N. 163 September 1942.

[31] Sotheby and Co. Catalogue of the Newton papers sold by order of the Viscount Lymington, an den sie über Katharina Conduitt, Viscountess Lymington, Großnichte des Sir Isaac Newton, gelangten. 114 Seiten. London 1936.

[32] Douglas McKie. Some notes on Newton's chemical philosophy. Phil. Mag. 33, 847, 1942.

[33] Der zweite Satz besteht darin, daß der „Äther alle Körper so durchdringt, daß er in den Poren dünner als im eigentlichen Raum ist, und um so dünner, je kleiner die Poren sind".

[34] Die Biographen und Forscher Newtons haben aus irgendeinem Grunde dieser wesentlichen Stelle in den chemischen Arbeiten Newtons keine Aufmerksamkeit geschenkt. Deswegen führen wir sie im Original an: „Aurum particulas habet se mutuo trahentes; harum summae vocentur primae compositionis; harum summarum summae, secundae etc. Potest Mercurius, potest Aqua Regis poros pervadere, qui particulas ultimae compositionis interjacent, at non alios. Si posset menstrum alios illos pervadere vel si auri partes primae et secundae compositionis possent separari, fieret aurum fluidum et malleabile. Si aurum fermentescere posset, in aliud quodvis corpus posset transformari." I. Newton Opera, t. IV. Londini 1782, Seite 399 und 400.

[35] Der Brief wurde lateinisch geschrieben; in der lateinischen Sprache gibt es die Form „Sie" nicht.

[36] In russischer Sprache im Jahre 1937. Von D. D. Morduchai-Boltowskij wurden in einem Bande folgende mathematische Werke Newtons herausgegeben: 1. Die Fluxionsmethode und die Methode der unendlichen Reihen mit einer Beilage zur Geometrie der Kurven; 2. Eine Abhandlung über die Quadratur der Kurven; 3. Aufzählung der Kurven der dritten Ordnung; 4. Die Methode der Differenzen. Die Übersetzung ist mit reichlichen Kommentaren versehen.

[37] Zitiert nach dem Buche M. M. Bogoslowskijs, Peter I. Band II, 1941, Seite 371.

[38] Die unten zitierten Angaben sind dem oben angeführten Buch M. M. Bogoslowskijs entnommen.

[39] Später, im Jahre 1710, siedelte Newton nach einer anderen Stelle in der Stadt, nach der St.-Martin-Straße, in der Nähe des Leicester Square, über. Das Haus, in welchem Newton wohnte, blieb bis zum Jahre 1915 erhalten.

[40] Diese Notiz wurde fast vollkommen in der russischen Ausgabe der „Prinzipien" des Akademikers A. N. Krylow übersetzt.

[41] Das Vorwort Cotes' wurde von dem Akademiker A. N. Krylow in seiner russischen Ausgabe der „Prinzipien" übersetzt.

[42] In unserer Zeit wurde ein nicht weniger radikaler, aber ebenso erfolgloser Versuch wie der Newtons zur Überprüfung der Chronologie von N. A. Morosow in seinem umfangreichen Werk „Christus" unternommen.

[43] Der Brief Newtons wurde in der „Nature" im Jahre 1923 veröffentlicht.

[44] F. Engels. Die Dialektik der Natur. Seite 8, 1944.

[45] F. Engels. Die Dialektik der Natur. Seite 60.

[46] Kurze Beschreibung des amphibischen Kreises von Jagan Gibner. Sammlung SP 6. 1719. (W. W. Bobynin. Russische physikalisch-mathematische Bibliographie. Moskau 1885, Seite 67.)

[47] Zusammen mit dem Autogramm Newtons schenkte die Royal Society der Akademie der Wissenschaften ein Exemplar der ersten Ausgabe der „Prinzipien" in einem modernen Saffian-Prachteinband.

[48] Offensichtlich ein Schreibfehler: anstatt Oranienbaum.

[49] Newton schreibt Peter den Zarentitel zu früh zu. In Wirklichkeit wurde Peter von dem Senat und der Synode anläßlich der Feierlichkeit des berühmten Friedens von Niestadt im Jahre 1721 ersucht, den Titel Zar, Vater des Vaterlandes und der Große anzunehmen. Dieser Akt führte anfangs jedoch zu einem Protest vieler ausländischer Staaten.

[50] Wir bringen das berühmte Distichon Popes (1688—1744) im Original:

„Nature and nature's laws lay hid in night.
God said: ‚Let Newton be!' And all was light."

Die im Text angeführte russische Übersetzung erhielt ich von dem verstorbenen Professor A. I. Batschinski. Sie ist seinen Angaben zufolge dem Akademiker und Geologen A. P. Pawlow zuzuschreiben. In seinem Briefe erwähnt Batschinski aus diesem Anlaß, Lomonossow habe dem Distichon Popes eine andere Wendung gegeben, und zwar:

„Rußland war für viele Jahre in Dunkelheit gehüllt
und Gott sagte: Es werde Peter! Und in Rußland ward Licht."

Kurze bibliographische Übersicht

I. Ausgaben der Werke und der Korrespondenzen Newtons

1. Lateinische Ausgabe in drei Bänden. Lausanne und Genf. 1744.

Isaaci Newtoni equitis aurati Opuscula mathematica, philosophica et philologica. Collegit partimque latine vertit ac recensuit Joh. Castillioneus Jurisconsultus. Lausannae et Genevae. 1744.

2. Vollständigste fünfbändige Ausgabe in der Sprache des Originals (d. h. englisch und lateinisch). London, 1779—1785.

Isaaci Newtoni Opera quae existant omnia. Commentariis illustravit. Samuel Horsley. Londini (1779—1785). 5 vol.

Andere Ausgaben einer einigermaßen vollständigen Sammlung der Werke Newtons gab es bisher nicht. Vor Beginn des Krieges im Jahre 1939 lagen Nachrichten darüber vor, daß in England eine erste vollständige und kritische Ausgabe der Arbeiten Newtons vorbereitet wird.

Die Korrespondenz Newtons ist bis zum heutigen Tage nicht gesammelt. Viele veröffentlichte Briefe sind in den mannigfaltigsten Zeitschriften (insbesondere „Nature" und „Isis") zerstreut. Eine einzelne Ausgabe der ausgewählten Korrespondenz ist die folgende:

3. Edleston, Correspondence of Sir Isaac Newton and professor Cotes, including letters of other eminent men, now first published from the originals in the Library of Trinity College, Cambridge; together with an appendix containing other unpublished letters and papers of Newton, with notes, synoptical view of the philosopher's life and a variety of details illustrative of his history. London and Cambridge. 1850.

In dem Buche ist, wie angezeigt, eine chronologische Darstellung des Lebens Newtons enthalten.

II. Russische Ausgaben der Arbeiten Newtons

4. I. Newton, Die mathematischen Prinzipien der Naturphilosophie. Übersetzt durch den Akademiker A. N. Krylow. 1916. Sammlung der Arbeiten des Akademikers A. N. Krylow, Band VII, Leningrad 1936.

5. Sir Isaac Newton, Die Optik oder Abhandlung über die Reflexion, Brechung und Beugungen und die Lichtfarben. Übersetzung der 3. englischen Ausgabe durch S. I. Wawilow. Moskau 1927.

6. Isaac Newton, Vorlesungen über Optik. Übersetzung aus dem Lateinischen durch S. I. Wawilow. Im Druck befindlich.

7. Isaac Newton, Mathematische Arbeiten. Übersetzung aus dem Lateinischen. Einleitung und Kommentare von D. D. Modruchai-Boltowskij. Moskau-Leningrad 1937.

8. Sir Isaac Newton, Bemerkungen über das Buch „Die Prophezeiungen Daniels und die Apokalypse des Heiligen Johannes". SP 6, 1916. (Der Name des Übersetzers ist nicht angeführt.)

III. Ausländische Biographien Newtons

9. Sir David Brewster, Memoirs of the life, writings and discoveries of Sir Isaac Newton. Edinburgh, Band 2, zweite Ausgabe, 1860.

Die ausführlichste Schilderung des Lebens Newtons. In dem Buche sind eine große Menge von Dokumenten veröffentlicht.

10. Sir David Brewster, Life of Sir Isaac Newton. London 1875.

Verkürzte Ausgabe der vorhergehenden.

11. J. B. Biot, Mélanges scientifiques et littéraires. Paris 1858.

Enthält eine Biographie Newtons und einen Artikel über Newton.

12. F. Rosenberger, Isaac Newton und seine physikalischen Prinzipien. Leipzig 1895.

Die ausführliche Schilderung der wissenschaftlichen Arbeit Newtons. Eine große Anzahl von Auszügen aus den Werken Newtons und seiner Zeitgenossen.

13. Augustus de Morgan, Essays on the life and work of Newton. Edited by P. E. Jourdan, Chicago and London 1914.

Großes bibliographisches Material aus Anlaß des Streits Newtons mit Leibniz. Der Autor erforscht sorgfältig die Charakterzüge Newtons. Die Beziehungen der Nichte Newtons zu Montague werden eingehend untersucht.

14. L. T. More, Isaac Newton. A biography. 1934, 675 Seiten. Die vollständigste und modernste Darstellung der Tätigkeit Newtons; es wurden viele Dokumente, darunter zum Teil zum erstenmal angeführt.

15. W. Stukeley, Memoirs of Sir Isaac Newton's Life. Edited by A. Hastings White, 1936.

Wichtigste Urquelle, insbesondere hinsichtlich der Kinderjahre Newtons.

16. J. W. N. Sullivan, Isaac Newton (1642—1727). 1938.

Eine kurze Biographie, die sich im dokumentarischen Teil auf das Buch Mores stützt. Der Autor versucht, den zweifelhaften Standpunkt vorzubringen, wonach Newton sich nur ungern und „gegen seinen Willen" mit den exakten Wissenschaften beschäftigte.

17. R. de Villamil, Newton: the man.

Ein Jahr ist nicht angegeben, das Buch ist nach 1927 erschienen. Enthält ein Besitzverzeichnis Newtons und einen Bibliothekskatalog.

18. John Dougall, Sir Isaac Newton. London, 1939.

Die Bibliographie ist kürzer als die vorhergehende. Es werden einige vorher unbekannte Dokumente zitiert.

IV. Russische Biographien Newtons

19. J. B. Biot, Biographie Newtons. Übersetzung W. Asonows mit Anmerkungen des Übersetzers. 1871. (Einzelausgabe, und auch zusammen mit der Biographie G. Galileis.)

20. P. Remusat, Newton, sein Leben, seine Werke und seine Tätigkeit. Übersetzung aus der Zeitschrift „Revue de deux Mondes". 1856.

21. N. N. Marakujew, Newton, sein Leben und seine Arbeiten (es gab 4 Ausgaben). Vierte Ausgabe. Moskau 1908.

22. M. M. Filippow, Newton, sein Leben und seine wissenschaftliche Tätigkeit. SP 6, 1892. (Biographische Bibliothek F. Pawlenkows.)

23. S. I. Wawilow, Isaac Newton. 1943. Erste Ausgabe dieses Buches.

24. P. S. Kudrjazew, Isaac Newton. Moskau 1943. Staatlicher wissenschaftlich-pädagogischer Verlag. Volkskommissariat für Aufklärung der RSFSR.

Kurze Bibliographie mit ziemlich ausführlicher Schilderung der „Optik" und der „Prinzipien".

V. Die Philosophie I. Newtons

25. L. Bloch, La philosophie de Newton. Paris 1890.

26. J. Snow, Matter and gravity in Newton's philosophy. London 1927.

27. P. Burett, The metaphysics of Sir Isaac Newton. 1930.

28. F. Engels, Die Dialektik der Natur. 1941.

29. H. Metzger, Attraction universelle et réligion naturelle chez quelques commentateurs anglais de Newton. Paris 1938.

30. H. G. Steinmann, Über den Einfluß Newtons auf die Erkenntnistheorie seiner Zeit. 1913.

VI. Einzelne Bücher und Artikel über Newton

31. G. J. Gray, A bibliography of the works of Sir Isaac Newton together with a list of books illustrating his works (Second edition, Cambridge 1907).

Einzige vollständige Bibliographie Newtons bis 1907.

32. Zweihundertjähriger Gedenktag Newtons (1687—1887). Reden, vorgetragen in einer Gemeinschaftsversammlung der kaiserlichen Gesellschaft der Freunde der Naturwissenschaften und der Moskauer Mathematischen Gesellschaft am 20. Dezember 1887. Von Prof. N. E. Shukowskij, Prof. A. G. Stoletow, Prof. W. K. Zerasskij und Prof. W. Ja. Zinger. Moskau 1888.

33. S. Zeitlin, Die Wissenschaft und die Hypothese. 1925.

Es wird die Frage über die zweite Ausgabe der „Prinzipien" und über den Einfluß Cotes' geprüft. In der Beilage wird eine Übersetzung der chronologischen Darstellung aus dem Buche Edlestons gegeben sowie eine ausführliche Bibliographie der Arbeiten über Newton in russischer Sprache angeführt.

34. David Gregory, I. Newton and their Circle. Extracts from D. Gregory's memoranda. 1677—1708. Ed. by Hiscock, 1937.

35. Isaac Newton (1642—1727). A memorial volume edited for the Mathematical Association by W. J. Greenstreet. London 1927.

Ein Sammelwerk, das viel neues Material enthält.

36. Sir Isaac Newton (1727—1927). Published by the History of Science Society. Baltimore 1928. Großes amerikanisches Sammelwerk von Artikeln im Zusammenhang mit dem Jubiläum Newtons.

37. „Die Leistungen der physikalischen Wissenschaften", März 1927, Sondernummer der Zeitschrift mit Artikeln, die Newton gewidmet sind, und mit einer Übersetzung zweier von ihm verfaßten Schriften.

38. Newton (1727—1927). Sammelwerk der Akademie der Wissenschaften der SSSR. Leningrad 1927. Mit Artikeln von A. A. Belopolskij, A. N. Krylow, P. P. Lasarew und A. A. Iwanow.

39. Akademiker A. N. Krylow, Newton und seine Bedeutung in der Weltwissenschaft (1643—1943). Moskau 1943.

40. Isaac Newton (1643—1727). Sammelwerk von Artikeln zum dreihundertjährigen Geburtstag Newtons. Unter der Redaktion von S. I. Wawilow. Moskau 1943. Großes Sammelwerk (440 Seiten) mit Artikeln von A. N. Krylow, S. I. Wawilow, N. N. Lusin, S. Ja. Lurje (2 Artikel), N. G. Tschebotarew, G. G. Sljusarew, I. A. Chwostikow, N. I. Idelson, L. N. Sretenskij, A. D. Dubjago, M. W. Kirpitschew, T. P. Krawez, T. I. Rainow, A. M. Deborin, A. D. Ljublinskij, E. G. Skrshinskaja, P. M. Dulskij. Das Sammelwerk vermittelt ein fast vollständiges Bild der wissenschaftlichen Tätigkeit Newtons.

41. Isaac Newton (1643—1943). Kasan 1943. Ausgabe des Kasanischen Luftfahrtinstituts. Ein kleines Buch mit Jubiläumsvorträgen M. M. Kusakow, P. M. Dulskij, B. M. Stolbow, L. F. Rakuschew.

42. L. I. Mandelstamm, Die optischen Arbeiten Newtons.

Ausgabe der Akademie der Wissenschaften der SSSR. Physikalische Serie. IX, 1945, 1—2, Seite 999.

Vortrag, gehalten auf einer Gemeinschaftsversammlung der Akademiker im Erholungsheim „Borowoje" am 16. Januar 1943.

Abbildungsverzeichnis

Weitere Sie interessierende Veröffentlichungen
des gleichen Fachgebietes
finden Sie auf den folgenden Seiten
vermerkt

FSC
www.fsc.org
MIX
Papier | Fördert gute Waldnutzung
FSC® C083411

Kolibri 360 GmbH
Ferdinand-Jühlke-Straße 7
99095 Erfurt, Deutschland
produktsicherheit@kolibri360.de